科技农业
高效农业

养猪节粮与赚钱之道

张贵林　编著

科学技术文献出版社
SCIENTIFIC AND TECHNICAL DOCUMENTATION PRESS
·北京·

图书在版编目（CIP）数据

养猪节粮与赚钱之道/张贵林编著.—北京：科学技术文献出版社，2015.7

ISBN 978-7-5189-0403-7

Ⅰ.①养…　Ⅱ.①张…　Ⅲ.①养猪学　Ⅳ.①S828

中国版本图书馆 CIP 数据核字（2015）第 145921 号

养猪节粮与赚钱之道

策划编辑:孙江莉　责任编辑:孙江莉　张　红　责任校对:张燕育　责任出版:张志平

出　版　者	科学技术文献出版社	
地　　　址	北京市复兴路 15 号　　邮编　100038	
编　务　部	（010）58882938，58882087（传真）	
发　行　部	（010）58882868，58882874（传真）	
邮　购　部	（010）58882873	
官 方 网 址	www.stdp.com.cn	
发　行　者	科学技术文献出版社发行　全国各地新华书店经销	
印　刷　者	北京时尚印佳彩色印刷有限公司	
版　　　次	2015 年 7 月第 1 版　2015 年 7 月第 1 次印刷	
开　　　本	850×1168　1/32	
字　　　数	246 千	
印　　　张	10.125	
书　　　号	ISBN 978-7-5189-0403-7	
定　　　价	23.80 元	

前　言

　　在养猪产业中，饲料成本占总成本的70%左右，饲料成本的高低是决定养猪盈亏的重要指标之一。近年来，我国养猪所需饲料都需要通过进口来补充不足，使得猪肉的价格连年上涨，也损害了我国的经济利益。虽然我国粮食连续十一年增产增收，国际上粮食短缺的局面也有所好转，但是我国养猪饲料仍需进口。为此，《俄罗斯报纸网》2015年1月8日报道，"中国人对猪肉的偏好威胁全球。"英国《经济专家报》警告称："中国人对猪肉的趋之若鹜给本国乃至全球带来严峻经济及生态后果"。所以，节粮养猪、减少粮食进口是养猪产业的头等大事。怎样降低养猪成本，增加养猪经济效益，走出亏损的困境，保证市场需求，使我国的养猪业立于不败之地，本书对此进行了探讨。主要从节省粮食，开发可代替粮食的资源，以粗代精，废物利用，变废为宝和提高养猪经济两大主题，展开全面论述。

　　本书的主要内容和特点如下：

　　一、在养猪节粮方面，作者查阅了全国大量资料，特别是在20世纪80年代，我国粮食充足，但是猪肉价格偏低，广大养猪户开发出很多节粮方法，效果十分突出。这些方法虽然年代较久，但并不陈旧，至今仍然适用。全国各地的养猪能手研制出的节粮养猪法多种多样，各具特色，在我国粮食短缺的情况下，这些方法是提高养猪经济效益与节粮最佳选择。

　　二、百日养猪出栏技术已在全国推广20多年，这种方法可使15～20kg的仔猪100天即达到出栏标准，比其他养猪方法节省了 60～80 天，节粮效果明显。如果全国 30%～40% 的养猪户都达到这个水平，那么全国粮食则无需进口，所以书中再次提出全面推广这种方法。

三、养猪可以利用的饲料资源十分丰富，广泛推广是当务之急。书中提出了猪饲喂粗饲料的好处，总结了国内外的成功经验，提出将甜菜渣、秸秆、酒糟、稻谷、玉米芯、花生壳等农业生产中的废弃物经过一系列加工工艺，制成粗饲料，可部分代替精饲料，即节粮又环保，值得大力推广。

四、蛋白质是维持生命活动最重要的营养物质之一，在养猪产业中，猪摄入蛋白质的主要来源是鱼粉和黄豆。我国每年对这两种资源的进口量很大，而且还面临着资源逐年减少，价格不断攀升的局面。怎样解决这一难题，书中提出了一些解决办法。全国各地正在兴起各种昆虫养殖技术，这些昆虫是高蛋白、高质量畜禽饲料的宝贵资源，如能在养猪场内建一个昆虫养殖车间，就等于建了一个高蛋白质储备库，可以代替鱼粉，而且随用随取、十分便利，有利于提高养猪经济效益。另外，屠宰场的废弃物肉渣、血液、骨头、病死畜禽，禽类加工中的下脚料羽毛等，都是生产高蛋白饲料的主要原料，均可以代替鱼粉喂猪，起到变废为宝的功用。

五、此外，书中对母猪的配种方法、提高母猪年产窝数，仔猪的高效饲养、快速增重，地方土猪的特色、饲养方法，猪饲料中各类添加剂的有效使用等各方面也进行了比较详细的探讨。

目前，全国养猪业的发展并不乐观，多数养猪企业和个体户都面临亏损的局面，笔者认为要使养猪产业立于不败之地，必须要充分发挥人的聪明才智，找到养猪致富的窍门。如能将书中列举的一些方法，结合自身实际情况，运用到实际生产中，可以帮助当前全国养猪企业和养猪户走出困境，提高经济效益。

目　　录

第一章　猪的生长离不开饲料添加剂

第一节　正确认识饲料添加剂的重要作用

在养猪生产中使用饲料添加剂的目的，在于完善饲料中营养的不足，保证或者改善饲料品质，促进动物的生长，提高饲料的利用率，抑制有害物质，防止疾病，促进动物的健康，从而达到提高动物生产能力，改善动物产品质量，节约饲料，提高养殖者经济效益的目的。所以，养猪生产中饲料添加剂是现代配合饲料中不可缺少的部分，也是现代化家养猪不可缺少的重要内容。当然，对饲料添加剂的使用是有原则的，如果使用违禁饲料添加剂，不但会影响动物产品的安全性，还会使动物产品有害残留超标，对人体健康造成严重的威胁。为此，国家对饲料添加剂的使用有严格规定。目前农业部已经批准使用的饲料添加剂品种173 类，饲料药物添加剂 33 类。饲料添加剂总的发展趋势是高效、低毒、无残留。

猪生长所需的主要营养物质大约有 40 多种，通常为能量、蛋白质、矿物质和维生素四大类。

1. 能量：是猪生活、生长、繁殖过程中必需的营养物质，主要通过饲料中的碳水化合物、蛋白质、脂肪，经过猪体氧化作用便产生了能量。缺乏了能量在寒冷地区猪将被冻死。

2. 蛋白质：是猪生命中的基础物质，是构成动物细胞的主要成分，在猪的内脏器官，组织（肌肉、骨骼、神经、结缔组织）和产品中都含有大量蛋白质。如果缺少蛋白质猪将无法生存。

3. 矿物质：是猪生长过程中不可缺少的营养物质，虽然不含能量，但具有同样重要的生理功能。它对猪体物质代谢、调节渗透压、保持酸碱平衡等起到重要作用。如果缺乏会影响猪生长速度。

4. 维生素：是一组有不同化学结构和生理功能的化合物，能够控制和调节猪体物质代谢。如缺乏会导致猪发育迟缓，生产力下降，疾病增加或死亡。

在全国广大消费者迫切需求绿色、环保、安全食品心态的影响下，很多动物的养殖者按照广大消费者的心愿，在动物产品价格低迷的形势下，开动脑筋，千方百计地提高经济效益。按照人们向往回归自然生态的需求，广大养殖者在全国各地推出了"三无猪""五戒猪""爬山猪""土猪""牛奶猪""羊奶猪""水果猪"等名目繁多的品种，并且多数都申请了注册商标。由于他们打出了绿色猪肉品牌，普遍卖高价，多者每斤 398 元、120 元、80 元、40 元、30 元等，而且产品供不应求。这类猪肉都有专卖店，由开始市场占有 5%，到目前短短两年中大约占有市场 15% 份额左右。这些猪肉产品确实味道鲜活，口感香嫩。而且在宣传上他们说：我养的猪全靠自由生长，听音乐、吃牧草、喝山泉水和吃山上中草药，而且没有任何添加剂。按照绿色、环保、安全的要求应该说：无抗生素有害残留，无重金属超标，无瘦肉精和化学激素等药物的违禁使用。但是猪生长所必需的四大支柱营养物质是绝对不可缺少的。如四大类营养物质缺乏猪不仅不可能长肉，生存都会受到严重威胁。所以，他们宣传我养猪没有任何添加剂是不正确的，说明他们对养猪应用饲料添加剂缺乏正确的认识，这种宣传既不科学，又误导了消费者。

过去农家养猪不注意猪的营养需求，不讲科学，有啥就喂啥，以至于养到一年才够屠宰重量，主要是因为猪生长需要的四大类营养成分不齐全。那时候农家常说："猪往前拱，鸡往后刨"那叫各有各的本事。猪的大耳朵没有白长，听力超群，它们能听到5里之外的声音；猪的大鼻子嗅觉敏捷而发达，地下2米以下储备的营养物质也能嗅到，所以，嗅到之后就一个劲地往下拱，找到所需要的物质后，嘴咀嚼之声十分响亮。尽管在过去散养的情况下，不受限制，它们费尽万千辛苦，寻找的一些营养物质也是有限的，只够维持生长，与其营养物质不足有直接关系，所以饲养周期长也是必然的。

按照猪生长规律，"小猪长骨，中猪长肉，大猪长肚，肥猪长油"，正常情况下，猪长到50~60kg是其长肉高峰，每天日增重700~800g，在全国全价饲料还没被广大养猪者完全认知的情况下，一些聪明的养猪者看到了饲料添加剂的巨大威力，在自配饲料中增加了微量元素之后，使猪的日增重达到了1.5~2.0kg以上。这种情况在20世纪80年代的养猪生产中是屡见不鲜的。事实证明，饲料添加剂在养猪生产中只以克或毫克加入，但所起的作用非常巨大。有关资料报道，在1吨猪饲料中添加1~3kg赖氨酸，可使猪日增重提高15%~25%，相对饲料消耗减少15%~20%，如以减少15%计算，每吨赖氨酸可节省精饲料7吨以上。在当前养猪饲料因为粮食短缺，饲料价格不断提升，少量的赖氨酸添加剂有如此大的作用，可见饲料添加剂威力穷。所以养猪离不开饲料添加剂，除了国家规定违禁的添加剂以外，各种有益添加剂要大胆使用。不管什么品种的猪，只要是允许使用的添加剂不会改变猪肉的风味与质量，更不会危害人体健康，也大胆使用。被称为养的猪是绿色食品，不信可通过国家检测，希望那些养猪企业老板和合作社经理不妨一试，将会给你带来滚滚财源！

第二节　猪饲料中微量元素的重要作用

传统的农家养猪，不讲科学，对猪的生长特点并不完全掌握，营养需求也不清楚，饲养没标准，饲喂没配方，有啥喂啥，饲料单一习以为常，一切靠其自由生长。猪所需四大营养需求必不可少，否则影响生长和增重。农家养猪除了基本蛋白质和能量之外，猪生长所需的微量元素、维生素根本没有保证，并不注意饲料添加剂应用，所以生长周期长是必然的。

在养猪生产中大家都知道蛋白质饲料和碳水化合物等饲料的重要作用，并在猪的日粮中注意鱼粉、血粉、豆饼、棉饼、玉米、高粱、麸皮等的供给。但有的却忽视了营养物质"微量元素"的供应，导致猪生长发育受阻和繁殖能力下降的情况。在猪生长发育和繁殖过程中，数量不多的微量元素，如铁、钴、碘、锌、镁、硒等，发挥着极其重要的作用。现将它们在猪生长发育和繁殖过程中所起的重要作用介绍如下：

铁：是猪的血红蛋白、肌红蛋白和各种氧化酶的组成物之一。初生仔猪体内铁的储存量和母猪中铁的含量都很少，哺乳期仔猪除了从奶中获得铁以外，如果不能从其他途径获得铁，就容易发生贫血或死亡。

铜：铜对猪的血红蛋白形成有催化作用，并和骨骼的发育、中枢神经系统的正常代谢有关，是猪机体内各种酶的组成物和活化剂。

钴：钴是维生素 B_{12} 的组成物。如果缺钴，会影响铁的代谢。猪对钴的需要量极微，饲料中加入百万分之十五的氯化钴或硫酸钴，就可促进其生长发育。

锰：锰具有促进猪体内钙和磷的代谢、加速骨骼形成等作用。解决猪缺锰的方法是：多喂小麦麸皮、燕麦和青绿饲料。冬春季节青绿饲料缺乏时，喂些含锰丰富的发芽饲料。

　　碘：猪体内缺乏碘时，主要表现为甲状腺肿胀，代谢机能降低，生长发育受阻，丧失生殖能力，严重缺乏时还会造成死亡。怀孕母猪如果缺碘，易产死胎或产无毛仔猪。

　　锌：锌是构成碳酸水解酶的金属元素。碳酸水解酶起着催化体内碳酸合成和分解的作用。如果饲料中缺锌，易导致皮肤发炎、结痂、脱毛直至停止生长。

　　镁：镁是构成骨质所必需的元素，在体内起着活化各种酶的作用。镁供应不足时，骨骼钙化不正常，生长发育不良，易发生神经性震颤。常喂些混合饲料即可满足猪对镁的需要。

　　硒：仔猪缺硒常发生白肌病。发生此病后，应立即改善饲养条件，并配合使用亚硒酸钠制剂进行治疗。仔猪补充硒，应和维生素 E 同时使用，这样效果才好。

第三节　养猪生产的几种新型饲料添加剂

一、奥来可养猪的新型添加剂

（一）显著改善猪只外观体型和肉质

1. 奥来可能够显著改善猪的外观体型，增大背宽，降低皮下脂肪，正常使用 40 天左右猪只收肚提腹，股二头肌、股四头肌和背最长肌等显著提高，肌肉更加结实。商品猪 110kg 体重出肉率可达 79.3%。

2. 改善猪的肉色和提高肌肉中肌苷酸的含量，屠宰后的猪肉颜色鲜红、有弹性、不黏手，并且增加了肉的嫩度和口感。

3. 大幅提高商品猪的瘦肉率，提高猪肉系水力，减少滴水损失，延长猪肉的货架寿命，可以更好地销售。

（二）有效促进生长

1. 奥来可有特殊的芳香味，刺激食欲。通过信息反馈系统有效激活消化酶，使食糜的黏稠度发生变化；促进饲料中营养物质充分消化吸收；能防止和限制动物消化道病原微生物的生长，具有激活消化酶的活性，增强营养物质的消化吸收和利用，从而大大提高蛋白质的合成速度。

2. 奥来可具有营养筛选适配功能，通过调控猪只生长轴的相关激素，有效激发下丘脑分泌生长激素（GNRH），进而显著提升血浆中 RHRH 的浓度，促进内源 GH 的分泌，最终提高机体瘦肉率，改善肉质。

3. 促进哺乳仔猪、断奶仔猪、育肥猪的快速生长，从而提高瘦肉率、日增重和降低料肉比。

（三）提升机体非特异性免疫能力

1. 通过调节机体神经—内分泌—免疫系统，促进机体免疫器官的生长发育，激活机体吞噬细胞吞噬功能，而巨噬细胞是在非特殊性免疫、体液免疫、细胞免疫及抗感染免疫等方面起重要作用的参与机体免疫应答的重要细胞。

2. 显著提高猪只对猪繁殖与呼吸综合征、猪圆环病毒 II 型、副猪嗜血杆菌病、链球菌病等疾病的抵抗力。

3. 显著提高肠道中双歧杆菌和乳酸菌等有益菌和降低有害大肠杆菌的数量，从而提高猪体对肠道病的抵抗力。

（四）抗菌谱广

奥来可中的酚类化合物有较强的抗菌作用，其抗菌活性主要是通过使细菌细胞壁的结构蛋白变性和凝固来实现的，通过改变 H^+ 和 K^+ 的渗透性使细胞质膜上的酚相互作用，离子成分的分散导致细胞内关键过程受阻，从而使细胞成分渗漏，水分失去平衡，最终使细菌发生死亡。同时进入菌体的酚类还可阻止线粒体吸取氧，从而发挥杀菌作用。

（五）独特专利配方，特殊工艺制作，威远专用包衣技术

1. 多种天然植物提取物活性成分组方。

2. 选用亲水性、柔性纳米基质与活性成分螯合。

3. 威远专用三重包衣技术有效提高了药物生物的利用度。

（六）绿色、安全、无配伍禁忌，使用方便省心

1. 国家大力推广的绿色产品，无药物残留、无停药期，可改善肉质，增加肉的香味，其抗氧化作用能保护油脂，提高肉的嫩度，使畜产品达到绿色安全无残留，生产出动物源的绿色食品，尤其能改善受应激作用下动物产品的肌肉品质。

2. 无配伍禁忌，具有环保性、安全性、可靠性、实用性、方便性。

（七）减少工人的劳动强度，提高猪舍的环境质量

1. 虽然猪的采食量增加，但粪便的数量明显减少。

2. 提高对饲料中含氮类营养物质的吸收，并能降低猪粪尿混合物中其他含氮化合物、挥发性脂肪酸、含硫化合物、醇类、胺类（如吲哚、粪臭素、甲酚）等恶臭化合物的产生和挥发。

二、紫月优生素在种猪上的应用效果

通过一年多的观察，发现种猪吃了紫月优生素可增强种猪的繁殖性能，并显著增强种猪体质，减少各种疾病的发生。现将紫月优生素在河北部分种猪上的使用效果总结如下：

（一）在种公猪上的使用效果

1. 增强公猪体质，大大减少疾病的发生。

2. 使用6周后明显增强公猪性欲。

3. 使用6周后明显提高精子的质量，包括密度、活力、数量等（每次采精可以多稀释3~5份）。

4. 可延长公猪使用年限。

（二）在种母猪上的使用效果

1. 增强母猪体质，大大减少疾病的发生。

2. 在母猪产仔前两个月开始使用，使用一个月后，明显地减少了母猪的便秘情况。

3. 大大缩短母猪产仔时间，基本上 98% 的母猪可以在 2 小时左右完成产仔。

4. 仔猪出生率大大提高，体重明显大于未使用紫月优生素的母猪所产的仔猪，仔猪体质健壮。

5. 哺乳母猪的奶水质量好，断奶后发情正常。

6. 哺乳仔猪的体质好，拉稀现象很少，断奶体重较其他仔猪多 0.75 ~ 1kg。

7. 断奶仔猪成活率得到极大提高。

8. 在河北省许多猪场使用紫月优生素的母猪所产的仔猪几乎没有发生病毒性腹泻的情况，仔猪成活率正常。

9. 凡是使用紫月优生素的猪场每头母猪每年可多出栏 2 ~ 4 头育肥猪。

三、牛至油添加剂在养猪上的应用

牛至油是从植物牛至（*Origanumvulgare* L.）中提取的一种挥发油，香气浓烈，似牛膝草，略带苦辣味，原产地中海沿岸。美国农业部"植物化学和植物生态学"数据库里记载，牛至成分包含约 50 种不同化合物，其中 30 多种是抗菌化合物。

牛至油作为一种植物提取的抗生素，可增强动物机体免疫力，具有抗菌、抗氧化、抗肿瘤和抗球虫等作用，能提高饲料利用率，促进动物生长。牛至油以其绿色、环保、抗菌促生长、无毒、无残留、不易产生抗药性等特点被我国农业部（农牧发〔2001〕20 号）批准作为一种药物饲料添加剂，可长期在饲料中添加使用。且牛至油提取工艺相对简单，生产成本较低，在现代养猪生产中具有广阔的应用前景。

（一）对仔猪的作用

有研究报告集中在牛至油的促长效果上，研究人员选取了144头仔猪从断奶饲喂至屠宰（161日龄），对照组的日粮中不添加任何促进生长剂和药物，试验组在每吨饲料中添加牛至油预混料（5%）0、250、500g，结果试验组猪增重比对照组提高6.5%～10.5%，饲料转化率提高了12%～17%。德国乔治大学做了同样的试验，结果试验组日增率提高7.2%，饲料转化率提高9.15%。由此可见，适量的牛至油对猪有较强的促生长作用。

杨世红等（2009）选用刚断奶的"杜长大"三元杂交仔猪90头，随机分成3组，每组30头。1组在基础日粮中添加10%牛至油预混剂0.5kg；2组添加15%金霉素预混剂1g/kg；3组添加0.5喹乙醇预混剂1g/kg。结果表明，1组的平均日增重显著高于2、3两组（$P<0.05$），料肉比则明显低于2、3组（$P<0.05$），腹泻率及死亡率均显著低于2组和3组（$P<0.05$）。说明牛至油可明显提高仔猪生长发育速度，降低仔猪腹泻率和死亡率。

其他报告均表明牛至油能明显提高仔猪日增重和饲料转化率，有效地降低仔猪腹泻率和死亡率，在仔猪日粮中可替代抗生素，具有重要的现实意义。

（二）对母猪的作用

很多实验表明，牛至油在改善母猪的繁殖性能、提高母猪哺乳期的自由采食量等方面有着非常明显的作用。此外，牛至油对母猪健康也有着非常好的作用，特别是对母猪无乳综合征有着非常好的疗效。

母猪日粮中的牛至油不仅能替代抗生素的使用效果，而且还能提高母猪的食欲，增加日采食量，对母猪的生长性能、繁殖性能、泌乳性能等起到了一定的改善作用。

（三）对育肥猪的作用

刘应林等（2006）研究发现饲喂牛至草粉的育肥猪日增重显著高于对照组，饲料转化率显著低于对照组，腹泻情况明显少于对照组，且试验组猪的肤色和毛色更加红润而有光泽。分析认为，牛至草粉含有的生物活性物质能促进育肥猪消化吸收、加快生长发育、提高日增重和降低料重比、增强机体抗病力。

牛至广泛分布于我国，是一种药源极为丰富的廉价中草药。牛至油是一种新型的植物抗菌药物，它含有的植物复合酚类是其发挥抗生素作用的基础，特别是对于大肠杆菌、沙门氏菌等肠道致病菌所引起的肠道疾病有很好的预防和控制效果。牛至油预混剂是目前理想的抗生素替代品，具有广谱抗菌、作用迅速、无残留、不宜产生耐药性等特点，值得在饲料中推广使用。

四、益生素对猪体的调控

在现代养猪业中，抗生素被广泛应用，导致猪体内菌群失调、产生抗药性以及免疫功能下降，直接威胁到健康养殖和食品安全。自然养猪法在通过搞好垫料管理、调整消毒程序和药物使用等措施改善了体外微生态环境，同时通过用益生生物素来调整猪体内的微生态平衡。

（一）调控原理

益生素中的芽孢杆菌和酵母菌都属于耗氧菌，随饲料进入猪消化道后，快速增殖，消耗消化道的氧气，为长期定植在消化道内的厌氧乳酸菌和双歧杆菌创造有益环境，使其得到大量增殖；另一方面，也使耗氧的致病菌（如大肠杆菌、沙门氏菌、魏氏梭菌等）由于缺氧而无法在肠道中定植，从而形成良好的肠道微生物菌群结构。通过益生生物素补充的芽孢杆菌和酵母菌与得到增殖的厌氧乳酸菌和双歧杆菌之间相互作用，产生以下功能和效果：

益生生物素产生的酸和益菌素，有效地抑制肠道病原微生物的生长繁殖，减少消化道疾病的发生。益生素提供的蛋白酶、氨基酸、维生素和菌体蛋白等物质，大大减轻了粪便异味，有效提高饲料报酬。芽孢杆菌和乳酸菌产生的有机酸，不仅有利于猪对饲料消化，还能刺激胃肠道蠕动加快，增加猪的采食量，提高日增重和缩短饲养周期。由于益生菌的菌体本身或细胞壁的作用，激活免疫细胞和增强机体免疫应答，因此提高了猪的免疫能力。同时由于发酵床中充满益生菌的强势菌群，有害微生物的生长繁殖受到抑制，使猪的居住环境得到净化。芽孢杆菌和酵母菌不能在肠道内长期定植，因此饲料中需要长期添加，否则就不能达到上述效果。

（二）使用方法

自然养猪法利用益生生物素和环保生物素在猪的体内和体外两个环境中形成益生菌的强势菌群，双重阻断病原微生物的侵入，增强猪只免疫力。此外还为猪只创造了一个舒适的睡床和运动场，睡眠和运动充分，进一步增强了猪只机体的免疫力。在益生素的多种酶和肠道益生菌产生的各种酶的共同作用下，使猪只消化功能增强，采食量增加，日增重和饲料转化率提高，饲养周期缩短，经济效益提升。由此可见，以益生生物素和环保生物素为核心的自然养猪法是一种有利于猪只健康和提高猪只生产性能的健康生态养猪模式。

五、饲用酶制剂喂猪新技术

20世纪90年代以来，饲用酶制剂在畜业生产上被广泛应用，近两年来呈上升趋势。这是因为如何有效地提高现有常规饲料资源和新的非常规饲料资源的利用率，已成为当今养殖业亟待解决的问题。近几年来经过我国众多的动物营养学家的不懈努力，终于找到了解决上述问题的关键，即利用现代科学技术，生产新型饲料添加剂——饲用酶制剂。

　　动物吃进各种饲料后，其消化道要分泌部分消化酶，在这些消化酶的作用下，动物机体才能消化吸收各类饲料中的营养成分。由于许多饲料中都含有不同程度的抗营养因子，从而降低了饲料的利用率；另一方面，动物自身分泌的消化酶是常常受到年龄、营养水平、个体差异等限制（尤其是幼龄动物表现更为突出），从而难以充分消化饲料。如果人为地在饲料中加入适量的消化酶，辅助动物消化，便能大大地提高饲料的利用率，这也是研制饲用酶制剂的依据。

　　目前我国许多省份已开始将饲用酶制剂运用于家畜家禽饲养。例如我国的仔猪料、育肥猪料、种猪料的主要成分为玉米和豆粕，它们含有的淀粉和蛋白质要在淀粉酶和蛋白酶的作用下才能被消化吸收。因此，只要人为地加入以淀粉和蛋白酶为主的饲用酶制剂，就能帮助猪只消化饲料。1992 年河北农业大学种猪场利用含酸性蛋白酶、α - 淀粉酶等为主的"巨微"复合酶，对 15 窝仔猪共 150 头左右进行试验，每 1000kg 基础饲粮添加 1kg 或 0.5kg "巨微"复合酶，结果证明仔猪料中添加了"巨微"复合酶制剂，可以提高 35 日龄（特别是 60 日龄）仔猪的窝重及个体重，提高仔猪增重和饲料报酬，降低仔猪死亡率，提高仔猪整齐度。

　　江苏如皋市苏皋联合畜禽繁殖场采用江苏宜兴市南方生物化工厂生产的 DN - A - 128 复合酶，于 1995 年 10 月至 1996 年 1 月做了一次对比试验，他们采用该场自繁的长白×梅山 3 月龄杂交一代仔猪 66 头，随机分 3 组。对照组日粮组成：玉米 47%、麸皮 30%、豆饼 5%、花生饼 5%、棉饼 5%、肉粉 5%、面粉 0.5%、食盐 0.5%、预混料 2%。试验一组在对照组日粮中另加入 0.1% 的复合酶，试验二组加入 0.25% 的复合酶。预试期 10 天，进行去势、驱虫和防疫，正式试验期 90 天。结果对照组每头日增重 526.7g，试验一组每头日增重 571.9g，试验二组每头每日增重为 606.4g。

事实证明，酶制剂是微生物体内合成的高效生物活性物质，通过外源性酶制剂的使用，帮助畜禽对饲料的消化、吸收，提高饲料的利用率，促进生长，并减少动物体内矿物质的排泄、减轻环境污染。对幼畜还可以弥补消化酶的不足，帮助消化吸收，减少仔猪胃肠疾病的发生。

六、甜菜碱的应用

甜菜碱又名三甲甘氨酸，是一种季胺型生物碱。其性能稳定、无毒、具有很强的抗氧化性和保湿性，在动物体的蛋白质和脂肪代谢中起到核心作用。此外，甜菜碱还具有调节渗透压机能，改善饲料的适口性，维护维生素预混料的稳定性等多种功能。目前甜菜碱已经作为一种重要的饲料添加剂应用于养殖业中。

1. 试验表明：猪饲料中每吨增加甜菜碱 1.25kg，日增重和饲料转化率未受影响。但猪体脂肪分布均匀，胴体脂肪含量明显减少，背膘厚度下降 14.8%，提高了瘦肉率。

2. 据来自澳大利亚的试验表明，在含 0.20% 蛋氨酸日粮中每吨添加 1.25kg 甜菜碱，结果日增重达到 0.38% 蛋氨酸水平，饲料转化率也有所提高。另据芬兰农业研究中心（1990）报道，0.08% 或 0.12% 甜菜碱代替合成 DL - 蛋氨酸，就足以满足动物体的需求。理论上二者的替代比例是 1∶3.7。因此，甜菜碱的研究应用，可使饲料成本大大降低。

3. 腹泻是影响断奶仔猪生长发育的首要因素。试验表明，添加甜菜碱能提高断奶仔猪采食量和生长速度、减少腹泻，这可能是甜菜碱抗腹泻，保护肠道功能的间接体现。

4. 据浙江大学动物科学院钱利纯等在《养猪》杂志（2000 年第 1 期）中报道，分别饲喂含 500、1000、1500mg/kg 甜菜碱盐酸盐饲粮，结果表明，甜菜碱具有提高母猪产活仔数和初生窝重的效果，甜菜碱的使用不会对母猪产生不良影响，没有出现弱死胎现象。而且母猪繁殖性能有了不同程度的改善。其中 3 个试验组母猪窝产活仔数分别比对照组提高 2.4、2.0、2.2 头，平均窝重分别提高 11.11%、32.34% 和 30.95%。

3 个水平的甜菜碱组都显著提高了初生窝重，1000mg/kg 组优于 500mg/kg，而 1500mg/kg 组与 1000mg/kg 组效果基本一致。研究表明，饲粮中添加 1000mg/kg 甜菜碱盐酸盐具有最优的经济效益。

七、酸化促进仔猪生长发育

由于仔猪阶段壁细胞盐酸分泌明显不足，加上目前常用的乳猪料乳糖添加量少，并使用大量植物原料，而鱼粉、豆粕和预混料中的矿物质都具有很强的酸结合能力，所以乳猪料往往酸度不够。实验证明，无论饲料中还是饮水中加入一定量酸化剂，猪的日增重和采食量均有提高，腹泻率明显下降，在以植物日粮为主时效果更佳。目前市面上常见的酸化剂添加物有柠檬酸、延胡素酸（富马酸）、乳酸、甲酸及其钙盐等，也有一些成品如速酸肥、得卡肥等出售。生产表明，往往是几种酸化剂联合使用效果更佳，而且这些酸化剂对猪体无不良作用，具有良好的热稳定性和与金属离子的配合性。

八、有机铬在养猪上的应用

近年来，随着动物营养学等学科的进一步发展，发现铬有缓解动物应激、改善机体免疫机能和提高产生性能的特殊作用，因而铬开始作为一种新型饲料添加剂在一定范围内应用。在国外，瑞士等国已把铬作为一种正常营养饲料添加剂使用。铬分为无机铬和有机铬，由于无机铬的利用率极低，多在 1% 以下，且有一定的不良作用，使用时多以吡啶甲酸等有机铬为主。

1. 有机铬添加剂的作用 一些实验和研究表明，添加有机铬能缓解因断奶、免疫接种等操作而引起的应激反应，维护动物健康。同时，有利于提高免疫球蛋白水平，增强动物对疾病的抵抗力和提高机体的适应性。

2. 适宜的使用剂量 有机铬的一般使用量为 0.2～1.0mg/kg，不要超过 1.0mg。过量添加有机铬，会使动物中毒。

有机铬与其他添加剂没有明显的相互影响作用和抵抗作用。

3. 注意混合均匀 由于有机铬的用量很小，一般在 1% 以下。一定要经多次高倍数的稀释后才可使用。如混合不匀，易产生中毒。

九、生大蒜对断奶仔猪的增重作用

在青海畜牧兽医职业技术学院实习牧场，选择体重相近的长×约×五45 日龄断奶去势仔猪45 头，随机分为3 组，每组15 头，试验1 组为对照组，饲喂基础日粮；试验2 组饲喂添加土霉素的饲粮；试验3 组添加1% 生大蒜，预试期5 天，正试期30 天，每次饲喂前根据需要量称取生大蒜，用切菜机打成粉末，清除蒜皮后浸泡，用浸泡的大蒜水拌料。日定时定量饲喂3 次，湿拌料自由饮水。结果表明，试验2、3 组日增重分别比对照组增加7% 和18.6% ，料重比分别比对照组降低6.9% 和18.7% ，试验3 组比2 组的日增重提高10.9% ，料重比降低11.1% ，见表1－1。

表1－1 各试验组断奶仔猪的生长表现

组别	试验头数	始重（kg）	末重（kg）	日增重（g）	料重比
1 组	15	15.63	28.67	430	2.97
2 组	15	15.80	29.62	460	2.61
3 组	15	15.64	30.79	510	2.35

经济效益分析，青海东都生大蒜市场销售价为 3.0 元/kg，整个试验期共耗用生大蒜 6kg，合计 18.00 元，试验 3 组比对照组累计多增重 31.65kg，按毛重 5.2 元/kg，直接经济效益为 146.6 元。事实证明，生大蒜有增加仔猪食欲，促进仔猪生长和提高经济效益的重要作用。

第四节　养猪的绿色添加剂

一、保健散

【组方】芒硝 300 克、神曲 400 克、石菖蒲 50 克、何首乌 50 克、厚朴 50 克，陈皮 50 克。

【制法】诸药共为细末，混入芒硝即可。

【用量】上方为 100kg 饲料用药量，将药物与饲料混匀。

【效果】据张占恒介绍（《中兽医资料选编》，第一辑，河北省中兽医研究会编，1989），此方具有行气健脾，宽肠清食的功效，饲喂育肥猪，日增重可达 800 克，比对照组提高 25%。

二、肥猪散

【组方】何首乌 30%、白芍 25%、陈皮 15%、神曲 15%、石菖蒲 10%、山楂 5%。

【制法】将上述药晒干或烘干，研成粉末，混匀即可。

【用量】35kg 以上的育肥猪每头每天补饲 25g（其用量相当配合饲料量 1.5%）。

【效果】据湖南桃江县畜牧站报道，此方具有健脾催肥的功效。用该方给 25kg 以上的猪补饲，饲养 79 天，平均日增重达 837.5g，较对照组提高 26.4%，饲料转化率提高 16.6%，如生猪到 90kg 出栏，可平均提前 12.6 天。

三、催肥散

【组方】山楂 100 克、麦芽 20 克、陈皮 10 克、槟榔 10 克、苍术 10 克、木通 8 克、甘草 6 克。

【制法】将上面诸药干燥、炮制后粉碎混匀即可。

【用量】药粉混在猪饲料中，每周喂 1 次，连喂 4 个月。

【效果】据夏云（河北畜牧兽医，1989 年第 2 期）介绍，本品具有开胃进食的功效，经试验，可使猪的平均日增重较对照组高 230 克。

四、增长素

【组方】硫酸铜 3 克、硫酸锰 3 克、硫酸锌 8 克、硫酸亚铁 10 克、碘化钾 1.5 克、亚硒酸钠 1 克、氯化钴 2 克、赖氨酸 50 克、蛋氨酸 50 克，骨粉、小苏打、鱼粉各 1000 克、贯众 750 克、山楂 500 克、硫黄 300 克、干酵母 100 片、土霉素 50 片、喹乙醇 100 片（20 毫克/片）、多种维生素 10 克。

【制法】分别粉碎、充分混合均匀，包装成 100 包，备用。

【用量】每头猪日喂量：小猪 0.5 包，中猪 1 包，大猪 2 包，早晚拌料饲喂，每隔 4 天一次，不能超量。

注意事项：

1. 选择优良仔猪，肯吃快长的仔猪一般具有如下特征：猪眼球明凸额纹深、耳朵薄大鼻孔宽，背宽平直体躯长，身毛稀疏皮柔软，臀方丰满尾粗长，肛门尾根距离远，四腿粗壮后腿直，蹄如 V 形猪奶圆，嘴巴无缝牙齿白，腹成三角即齐全。

2. 使用配合饲料。配方为：小猪：玉米 40%，稻谷 10%，米糠 28%，鱼粉 4%，花生麸 10%，骨粉 2%，黄豆 6%；中猪：玉米 39%，米糠 44%，鱼粉 3%，花生麸 12%，骨粉 2%；大猪：玉米 12%，米糠 40%，鱼粉 3%，花生麸 13%，骨粉 2%，木薯 30%。

3. 饲料 1kg 配水 3kg 浸泡，上面撒石灰，小猪各 10 克，大、中猪各 15 克，3~4 小时各搅拌生喂。

4. 如使用洗米、洗锅等泔水可适当减少浸泡用水，待饲喂时才加入拌匀喂给，但不可用泔水泡料。

【效果】此方由广西上林县大丰镇云城村养猪专业户李爱媛研制，在条件完全相同的情况下，喂增长素的猪比不喂的每天多长 0.3kg，日增重近 1kg。

五、催肥素

【组方】贯众 250 克、何首乌 250 克、鸡蛋壳（炒黄）500 克，杂骨（炒黄）500 克。

【制法】将以上药粉碎拌匀即可。

【用量】15~25kg 猪 1 次添喂 150g，25~50kg 猪添喂 200g，50kg 以上添喂 300g。每次均在早餐拌料喂给，连喂 10 天，4 个月后，再连喂 3 天。

【效果】此方是由陕西佛坪县石墩河乡兽医站袁国财研制的催肥素。体重 5kg 的小猪，添喂催肥素，6 个月体重可达 100kg，平均日增重 0.5~0.6kg，还能防止生猪抽搐、转圈、拱泥、拒食和慢性猪病等症。

六、追肥散

【组方】何首乌、麦芽、柏仁（或酸枣仁）、土黄芪各 2 份，秋牡丹、食盐（不含碘）各 1 份。

【制法】以上 6 味药混合细末即可。

【用量】每头猪一日 3 餐的日粮中加喂 35~40 克，中餐宜稀喂。

【效果】秋季应用此方催肥效果很好，平均日增重可达

0.75 ~ 1kg。

七、麦芽散

【组方】大麦芽 40% 、陈皮 20% 、白萝卜子 20% 、神曲 20% 。

【制法】粉碎混匀即成。

【用量】在育肥猪饲料中每天添加 40 克。

【效果】此方应用后，日增重达到 1000 克。

八、肥特灵

【组方】何首乌、黄荆子各 50 克、贯众 40 克、麦芽 200 克、硫酸铜 2 克、硫酸镁 7.5 克、硫酸亚铁 10 克、硫酸锌 4 克、干酵母 50 片、土霉素 15 片、硫酸钙 300 克、食盐 500 克（此剂量可配饲料 70kg）。

【制法】将何首乌、贯众、黄荆子、麦芽按量混合粉碎，干酵母、土霉素片研细，将两种药混合拌匀即成。

【用量】将肥特灵与饲料（一般每头每天喂谷粉 1kg，玉米粉 0.5kg、麦麸 1kg、统糠 1kg、青饲料 2.5kg）拌匀，兑水后生喂。

【效果】此方由湖北省京山县粮食局畜牧场技术人员研制，用自制肥特灵喂猪，日增重 1kg 以上，每增重 1kg，仅耗料 2.4kg。

九、增长剂

【组方】当归、川芎 20 克、二丑、大白、甘草各 10 克、陈皮、生地各 50 克、贯众、鱼粉各 30 克、黄豆粉 2500 克。

【制法】将上述药物用文火炒脆、研细（越细越好），与鱼粉、黄豆粉混合搅拌均匀即可。

【用量】每头拌料喂一汤匙，日喂 3～4 次。若鱼粉难买，可用淡鱼粉代替。

【效果】此方是湖北省新阳县桥乡碧湖村程晓瑜提供，据介绍，用此方养猪，日增重为 0.75～1.75kg。

十、贯众、何首乌合剂

中药贯众、何首乌各 250 克，焙黄的鸡蛋壳、杂骨（鸭、猪、狗、牛骨均可）各 500 克，以上 4 种原料粉碎、混合即可。喂法：15～25kg 的生猪 1 次喂 150 克，25～50kg 的 1 次喂 200 克，50kg 以上的 1 次喂 300 克。最好在早晨 7 点将上述催肥素按比例掺在 1～1.5kg 的精饲料中喂食，3 个小时后，再喂其他饲料，连续喂 10 天。3～4 个月后，再按此方连续喂 3 次即可。

十一、猪人参

猪出栏前的 1 个月内，在饲料中搭配中药苦参（号称猪人参），充分拌匀后饲喂，1 个月后可增重 11～15.5kg。苦参用量掌握在每头猪 0.5kg（1 个月的总用量），效果显著，没有副作用。但在猪整个生长期不宜全期饲喂，否则效果不佳。

十二、黄荆子与首乌合剂

黄荆子（炒黄熟）250 克，首乌 200 克，黄精 150 克，大黄 10 克，乌药 200 克，苍术 200 克，淮山 250 克，贯众 250 克，甘草 200 克，混匀后研细末，拌匀即成。大猪添喂 20 克，中猪 15 克，小猪 10 克。本方冬季使用效果更佳。

十三、芝麻与黄荆子合剂

芝麻 1000 克（炒熟），黄荆子 1000 克（炒熟），松针叶粉（新鲜干叶粉）1500 克，骨粉 250 克（烧至表皮焦黑成炭，内心有 50% 黄脆即可粉碎），小苏打 250 克，食盐 250 克（炒黑），虾粉 250 克，黄豆粉 250 克（炒黄熟），淮山粉 250 克，首乌 250 克，大黄 250 克，干姜 250 克，甘草 250 克，萝卜籽 250 克，酒饼或神曲 250 克，麦芽或谷芽 250 克（还可酌加金钱花藤、海金沙等），干品粉碎混合拌匀。

十四、首乌与柏仁合剂

中药何首乌 20%，土黄芪 20%，神曲（或麦芽）20%，柏仁（或酸枣仁）20%，食盐（不含碘）10%，秋牡丹 10%。用时将上述药混合研粉，50kg 育肥猪早、晚各在饲料中加 35 ~ 45 克，或 1 天 3 次。秋季用药效果最好。

十五、山楂与麦芽合剂

山楂、苍术、陈皮、槟榔、六曲各 10 克，麦芽 30 克，川芎、甘草各 6 克，木通 8 克，混合研粉，与少量饲料混合，在早晨喂猪之前让猪吃完，每周 1 次。饲喂这种添加剂，猪平均日增重比不喂的要高 230 克左右，每增重 1kg，所需混合饲料由 5.2kg 降至 4.2kg。

十六、大麦芽与贯众合剂

大麦芽 80%，何首乌 10%，贯众 10%，粉碎拌匀在猪日粮中添加 5%，日增重可提高 20% ~25%。

十七、白芍与山楂合剂

白芍 25%、陈皮 15%、何首乌 30%、神曲 15%、石菖蒲 10%、山楂 5%，研末混匀，在 25kg 以上猪的日粮中添加 1.5%，日增重可提高 26.4%，饲料转化率提高 16.6%。

十八、大麦芽与神曲合剂

大麦芽 40%、陈皮 20%、白萝卜籽 20%、神曲 20%，粉碎混匀，在育肥猪饲料中每天添加 40 克，日增重可达 1000 克以上。

十九、贯众与陈皮合剂

贯众 100 克，神曲 1 块，元宝草 100 克，大伸筋 100 克，陈皮 100 克，配猪骨头 750 克，熬水拌饲料喂猪，每头每次服 1 剂，每月服 2 次。

二十、喂黄荆子

每日取黄荆子 25～50 克，炒黄研末，拌入饲料内喂猪，连喂 15～30 天。黄荆子富含脂肪，是生猪催肥的良好野生饲料。

二十一、山药与贯众合剂

瘦猪育肥，可取山药、何首乌、贯众各等量，磨粉拌入饲料喂猪，每天喂 100 克。

二十二、首乌与黄豆合剂

取何首乌、贯众、麦芽、黄豆各 500 克，共研细末，加食盐 50 克，每次在饲料中拌 25 克喂猪。也可用贯众 100 克、大麦 1500 克，共煮熟喂猪。

二十三、黄精与山药合剂

僵猪催肥，取黄精根、山药等量，共研细末，混入饲料内喂服，每次 50～100 克，连服 10 天。或取薏苡根 500 克，加入饲料内煮后喂猪，连喂 10～15 天。

二十四、萝卜籽与苦参合剂

取萝卜籽、苦参各 300 克，畜用赖氨酸 250 克，共研末混合均匀，装袋备用。每天早晚在猪食时拌入少量饲料先喂，每次喂 20～25 克。

二十五、芝麻与黄豆合剂

在猪出栏前 1 个月，取芝麻 1 份，炒黄豆 3 份，炒蓖麻（去壳）1 份，共研细末拌适量饲料喂猪。

二十六、贯众与黄豆合剂

体重 50kg 左右的肉猪，取贯众、麦芽、蚕蛹（或用桑叶代替）、炒黄豆各 5kg，每次在饲料中拌 50 克喂猪，直至出栏。

二十七、硫黄与盐合剂

将石灰（最好是陈旧的石灰）、食盐各 250 克，硫黄 100～150 克拌匀，炒热后磨细即成。小、中猪每天添喂 10～15 克（10 克约为 1 汤匙）。猪长到 50kg 后，改用石灰 1kg、食盐 250 克、硫黄 200～300 克配制，每头猪每天添喂 15～20 克。为使用方便，可按 100kg 饲料配 0.8～1kg 石硫盐的比例事先充分拌匀。如在添喂石硫盐的同时，每天再加炒熟的黄豆粉 15～20 克，效果更显著。

二十八、首乌与麦芽合剂

何首乌 50 克，贯众 40 克，黄荆子 50 克，麦芽 200 克，硫酸铜 2 克，硫酸镁 7.5 克，硫酸亚铁 10 克，硫酸锌 7.5 克，硫酸亚铁 10 克，硫酸锌 4 克，干酵母片 50 片，土霉素 5 片，硫酸钙 300 克，食盐 500 克，制作先将首乌、花生、曹荆子、麦芽按比例混合掺和后备用。再把干酵母、土霉素研稠，与其他几种成分混合均匀，加入混合饲料内拌匀即可。此方可配 140kg 混合料，适用于 50kg 以上的猪育肥，育肥期 25 天左右。

二十九、"利畜一号"生长素

由常量元素与微量元素配制而成。据湖北省利川县科委试验：隔 1 天添喂"利畜一号"15 克喂猪，日增重可提高 13%，饲料报酬上升 7%，每增重 1kg 降低饲料成本 10.5%。其配方为：过磷酸钙钠 35.26%，碳酸氢钠 35.26%，氯化钙 7%，硫黄 7%，腐植酸钠 2%，碘化钾 0.07%，硫酸亚铁 1.2%，硫酸铜 0.7%，硫酸锌 0.3%，硫酸镁 0.37%，硫酸锰 0.2%，硼酸 0.14%。育肥猪每头每天或隔天加入 10～15 克，均匀拌于日粮中即可。

三十、"忻畜一号"肥猪粉

是一种新型的微量元素添加剂。其配方为：硫酸亚铁 60 克，氯化钴 7.5 克，硫酸锰 7.5 克，硫酸铜 15 克，硫酸锌 10 克，硫酸镁 7 克，磺化钾 2.5 克，硼酸 5 克，小苏打 2.5kg，胃粉 2.5kg。配制方法是先将硫酸亚铁加入 1000 毫升水中溶解，再加入其余微量元素制剂，用玻璃棒充分搅拌均匀，用 4 层纱布过滤。骨粉先磨粉过筛，与小苏打混合均匀，加入微量元素混合液中搅拌均匀、晾干，用塑料袋包装备用。体重 35kg 以上的猪、大猪，隔天添喂 10 克；小猪减半；亦可每天添喂 1 次，大、中猪每次用量为 5 克，小猪 3.5 克与饲料拌匀饲喂。

三十一、喂"肥壮素"

据江苏省武进县农科所和陈苍畜牧场试验，在混合饲料中添加"肥壮素"喂猪，生猪日增重可以提高 9.7%；在家庭常规养猪饲料中添加"肥壮素",可使猪日增重高18.9%。其配方为：硫酸亚铁20克，硫酸铜2.5克，硫酸镁15克，硫酸锌8克，硫酸锰2.5克，氯化钴0.2克，腐植土100克，蚕沙50克，土霉素10克，贝壳粉300克，碳酸钙1000克，海藻粉适量。每头育肥猪添喂10～12克，或在每100kg精饲料中加入200～250克，拌匀饲喂。

三十二、喂过磷酸钙合剂

过磷酸钙合剂配方：过磷酸钙10kg，硫酸亚铁35克，硫酸铜30克，硫酸锌10克，硫酸镁10克，硫酸锰25克，磺化钾0.5克。将这些药物混合后加入饲料中喂猪，小猪每次喂5～10克、中猪15～25克、大猪30～35克，能促进生猪生长，特别适用于僵猪。

第五节 养猪户发明的特殊添加剂

一、节省玉米50%的中药添加剂的配制方法

一种以麦芽为主，加入大枣、丹参、马蹄香、石膏四种中药组成的中药饲料添加剂，具有明显的节粮、增重效果。这是云南省个旧市新街面馆徐真兴的一项科研成果，已申请国家发明专利。

本添加剂的主要成分为大麦芽，在配方中比例高达70%～80%。它含有麦芽糖、转化糖酶、淀粉酶、蛋白质、B族维生素和糊精等，具有较强的糖化、转化和催化功能，可以使玉米的消化利用率提高2倍，节约玉米50%。中药大枣，具有和胃生津功效；丹参能够活血、补血；石膏含多种微量元素，炒制后祛除寒性，具有健胃、清肺热和解毒功效；马蹄香可补胃气、祛气胀

除饱闷。生猪摄入上述成分后，食欲大增，采食量上升，抗病力增强，屠体肉质改善。因此，只要在农家常规混合饲料中加入3%的本添加剂，掺水拌匀，经发酵熟化后，生喂即可达到预期效果。据试验，采用基础日粮为：玉米23%，麦麸53%，蚕豆、菜籽饼各10%，食盐1%，加入3%本添加剂，饲养15头平均体重14kg的断奶仔猪148天，平均体重为105.4kg；对照组则采用同样基础日粮并加入3%昆明产"大滇1号"生长素，饲养品种、头数、平均体重均与试验组相同的断奶仔猪，148天后平均体重仅78.8kg。试验组增重比对照组提高33.7%。对照组如达到试验组同样体重，则每头需多用玉米50kg。

　　本添加剂的制作方法如下。取晒干扬净的大麦80kg，浸泡于水3~5小时，置于竹筐内，每4小时浇水一次，直至长出麦芽。然后摊铺于黑色塑料布上，厚度1~2厘米，上面覆盖黑色塑料布，每日淋水2次。至长出白芽长2~3厘米，取出，在25~50℃温度下烘干或风干为含水量少于13%的麦芽干品，备用。另取大枣10kg，丹参、马蹄香各2kg，石膏（炒熟）6kg与麦芽干品混合均匀，粉碎，过70目筛，即为成品。

二、耐粗饲兼抗病的饲料添加剂的配制技术

　　目前市售的饲料添加剂，一般只适宜添加于含粗饲料（糠麸类）不大于10%的饲粮，而且抗病功效不明显。河南省方城县饲料厂李树礼，发明了一种新型的耐粗饲兼抗病的饲料添加剂，可用于含粗饲料30%（比标准饲粮粗饲料含量高20%）的基础日粮喂养肉猪，平均肉料比1∶3.19；而对照组（同样基础日粮使用翠竹牌猪用复合饲料添加剂）为1∶3.44；试验组114头生猪无一患病，而空白对照组90头中有7头患病退出试验。平均日增重、出栏天数等指标亦明显低于对照组。本发明已申请国家专利。

本品的特点之一是采用了大剂量的单质硫，具有祛风除湿、健胃功效，大大增强了猪对粗饲料的消化吸收；本品还含有大剂量的过磷酸钙、铁、锌等营养成分，可防治猪拱栏啃泥，始终处于安静状态而有利增重；添加剂中所含的乙酰水杨酸钠、呋喃唑酮，均有助于调节猪对外界的抗逆性，大大增强了抗感冒、痢疾等多发病的能力。

本品的标准配方有两种：1. 单质硫 20%，过磷酸钙 23%，食盐 12%，硫酸锌 6%，硫酸铜 5%，硫酸亚铁 10%，硫酸镁 5.5%，硫酸锰、硼砂各 4%，氯化钴 0.2%，小苏打 10%，亚硒酸钠、乙酰水杨酸钠各 0.1%，土霉素 0.04%，呋喃唑酮 0.035%，碘化钾 0.025%。2. 单质硫 25%，过磷酸钙 18%，食盐 16%，硫酸锌 9%，硫酸铜 4.8%，硫酸亚铁 8%，硫酸镁 6%，硫酸锰、硼砂各 3%，氯化钴 0.15%，小苏打 7%，亚硒酸钠 0.025%，乙酰水杨酸钠、呋喃唑酮各 0.01%，土霉素、碘化钾各 0.0025%。

三、中药添加剂喂猪增重快

中药作为猪的饲料添加剂，不仅能防治某些疾病，而且能使猪增重加快。四川省平昌县岳家乡观音村村民谷正宝，用这种方法喂猪，平均每头日增重 850 克左右，每增重 1kg，所需的混合饲料由未喂前 5.2kg 降至 4.1kg。具体配方如下：

1. 取山楂、苍术、陈皮、槟榔、六神曲各 10 克，麦芽 20 克，川芎、甘草各 6 克，木通 8 克，混合研磨后，与少量饲料混合，在早晨喂食前让猪吃完。每周喂 1 次。该剂量是指 30kg 以下的猪，若超过 35kg，就要适当增加药量。

2. 厚朴 50 克，苍术 100 克、淮山药 150 克，神曲 100 克、枳实壳 50 克，白头翁 50 克、生山楂 200 克、乌贼骨 200 克，党参 200 克，生甘草 50 克。共置锅内用文火焙燥，磨成细粉过筛，生山楂核需磨两道，然后混合密封，贮罐待用。待仔猪喂稠料时，先少量引食，数天习惯后，逐渐增至每餐 2 食匙拌喂，可供一窝仔猪 8~10 头作 20 天拌服。

江苏省苏南吴江县的朱德星 20 多年来在铜罗、青云、桃源三乡的母猪饲养户中试用此方达上千例，均能使仔猪加快生长提早出售，节约饲料远超过用药成本，且苗猪健壮减少肠道疾病，颜色红亮，后期发育快。

四、自制催肥添加剂

现介绍一种畜禽生长素配方，供自配使用。

氯化铝 10 克，硫酸锌 20 克，硫酸锰 20 克，硫酸镁 10 克，硫酸亚铁 5 克，硫酸铝 10 克，硼酸 5 克，碘化钾 5 克，硫酸铜 15 克，呋喃西林 1 克。将以上药物磨细成粉后，加上蚌壳粉或其他钙质饲料至 10kg，混合均匀即可。喂量一般占饲料量的 1%。以上的微量元素添加剂可与 1000kg 饲料配合用。

五、生猪快速成长剂

浙江省文成县雅梅公社后巷大队蚯蚓养殖专业户叶茂许，将日本大平二号蚯蚓制成蚯蚓粉，再加适量的兽用维生素等原料，配制成"生猪快速成长剂"，提高了饲料的利用率。经省内外几百个养猪户的试用喂养，猪的增重率比一般饲料分别提高10%~15% 和 3%~50%。

蚯蚓的制作及用法：把分离出的蚯蚓用清水洗净后盛在菜篮里，连篮放入开水中烫 1~2 分钟。烫时要不断摇动菜篮，使蚯蚓烫后均匀，烫的时间不宜过长，以烫死烫熟为度，然后晒干。倘遇阴雨天，应及时用微火烘干，以防变质。另一种方法是将蚯蚓拌麸皮使之闷死，再晒干或烘干。虽干品黏附 5% 的麸皮，但不影响蚯蚓粉的质量。蚓干容易返潮。必须注意及时粉碎、磨细、过筛、防潮。约 5kg 蚯蚓可磨 1kg 蚯蚓粉。饲喂量视猪的大小而定，体重 25kg 以下喂 10 克，25kg 以上喂 25 克，50kg 以上喂 50 克。每天掺在饲料中喂 1 次。

"生猪快速成长剂"的制作及用法如下：

配方：蚯蚓粉 75%，多种维生素（上海兽药制造厂生产）3%，赖氨酸（北京氨基酸厂生产）13%，抗生素（兽药店有售）7%，微量元素（饲料公司有售）2%，放在一起拌匀。成品要注意防潮。用法：仔猪开食后，每头每天喂 2 ~ 4 克。根据体重增长逐渐加大剂量。25kg 以下的喂 10 克，25kg 以上的喂 15 克，50kg 以上的喂 20 克，每天掺在饲料中喂 1 次。如果猪的食欲未增加，可酌情加大剂量。

蚯蚓粉和"生猪快速长剂"喂家禽的效果也很好，用法是在料中加 5% 的蚯蚓粉或"生猪快速成长剂"。

第二章　高产母猪饲养管理技术

第一节　高产母猪的选择与饲养

一、高产后备母猪选择有奥妙

养猪场或养猪户的利润主要来源于母猪生产效率，因此，母猪在养殖中产仔多少，成活率高低，健康如何，这与养猪经济效益息息相关。所以，后备母猪选择得好，能掌握其高产特征和窍门，它将是养猪场的"发动机""小银行"，前途无量。到底选择什么样的母猪才能高产高效，多年来许多养猪户和养猪企业在生产实践中长期观察和验证总结为：四宽、八粗、乳头多、乳头均匀、排乳管多等方面。

1. 四宽：即猪脑门宽、背腰宽、腿膛宽、胸膛宽，这种猪产的后代生长速度快，发展前途广阔。

2. 八粗：即猪的嘴头粗（视品种而定）、鼻孔粗（呼吸系统良好）、四肢粗（尾根粗是各部位骨骼发育良好的标志）、孔腺粗、粪便粗（消化器官发达）、叫声粗、吃食声粗（食欲好，不择食）。

3. 乳头多，不能少于 14 个，而且排列均匀，经多年观察证明：12 个乳头的母猪每胎产 9.4 头；14 个乳头的母猪每胎产仔 11.4 头；16 个乳头的每胎产仔 12.3 头；18 个乳头的母猪每胎产仔多者 36 头，少者 22 头。因此得出一个规律，母猪的乳头多，才会有多产仔的能力。

4. 乳头均匀，乳头间距要宽，排列要均匀，两行乳头的排列应对称或呈品字形。同时还要重视乳头口形状，要选三色通奶乳头，不选钉子奶。所谓三色通（即通常），形状长，大而纯；所谓钉子奶，是形容乳头圆，铁钉形状比三色通短，小而尖。特别是临产前和哺乳期的乳头，更为明显。三色通奶乳头充盈发达，乳机能好，蓄奶多，乳头较粗，排乳快；钉子奶乳头则相反。两种乳头哺乳的差异，在母猪哺乳的后期，表现比较明显。

5. 排乳管多，母猪乳头大小适中，排列均匀，但排乳管要多，仔猪吃乳多，才能增重快。经多年观察，吸吮一个排乳管头，小猪 30 天体重 1.75kg，吸吮 2 个排乳管头仔猪 30 天体重 4kg，吸吮 3 个排乳管头 30 天体重为 5.5kg。事实证明，只有母猪的排乳管多，仔猪吃乳水充足才能生长速度快。

经过多年实践证明，初生仔猪重多 1 两，断奶时多增重 1 斤，育肥期可多增重 10 斤。事实证明仔猪吸吮 3 个排乳管比吸吮 1 个排乳管的仔猪断奶时多增重 3.75kg，这样吃多个排乳管的仔猪，育肥期可增产猪肉 37.5kg，可见选择后备母猪窍门很多，奥妙无穷。

二、后备母猪不同阶段的培育诀窍

后备母猪是养殖者的未来希望，是养猪场和养猪户的"小银行"和"摇钱树"。但是，对于事关养猪经济效益好坏的"摇钱树"的培育，往往被忽视，饲养管理不够精心，全靠它们自由生长，往往出现过肥、过瘦，发育不均匀，给日后发挥更大作用造成一些不良后果，所以按以下方法饲养管理后备母猪十分重要。

1. 30 ~ 85kg 阶段

后备母猪体重 30kg 时，每千克配合饲料应含消化能 13 兆焦，含粗蛋白质 16%、赖氨酸 0.8%、钙 0.75%、磷 0.65%，自由采食，不控制喂量，促进后备母猪快速生长。从体重 45kg 开始，日粮中的钙、磷水平再增高 0.1%。后备母猪 5 月龄、体重 85kg 左右时开始限饲，同样喂上述日粮，每天采食量根据体况控制在 2.3 ~ 2.8kg。

2. 110kg 至分娩阶段

后备母猪 8 月龄、体重 110kg 时初配比较适宜。第一个发情期不要配种，此时母猪卵巢功能尚不完善。配种前两周开始补饲催情，饲喂量增加 40% ~ 50%，达到日喂 3.8 ~ 4kg 配合饲料。补饲催情可增加排卵量，每窝产仔数可增加 2 头。配种结束后，立即把饲喂量降到补饲催情前的水平，每天约 2.2kg，日粮每千克含消化能 12.1 兆焦，含粗蛋白质 13%、赖氨酸 0.6%、钙 0.75%、磷 0.65%。从怀孕 84 天开始，日粮营养水平可提高到每千克含消化能 12.5 ~ 13 兆焦，含粗蛋白质 14%、赖氨酸 0.75%、钙 0.8%、磷 0.65%，日饲喂量 3.25 ~ 3.5kg。分娩前 2 ~ 3 天，日饲喂量降到 1.8kg 左右，以免引起难产。

3. 产后及哺乳阶段

母猪产仔后 5 ~ 7 天，饲喂量要逐渐增加到最大。以日粮 1.5kg 为基础，每哺育 1 头仔猪增加 0.5kg 饲料，如哺育 10 头仔猪则日喂量为 6.5kg。如果母猪采食量偏低，可以考虑在饲料中添加 2% ~ 4% 的油脂，并相应提高日粮的蛋白质含量，以保证母猪泌乳充足。这一时期每千克日粮应含消化能 13 ~ 13.8 兆焦，含粗蛋白质 14% ~ 16%、赖氨酸 0.7% ~ 0.75%、钙 0.84%、磷 0.7%。

只有这样饲养，仔猪断奶后，才能及早发情配种，为下阶段多产仔打下坚实基础。

三、母猪配种前体况的调整有妙招

母猪的体况如何关系到受胎率、产仔数，而且对仔猪初生重量也有很大的影响，因此，在母猪配种前要认真调整母猪体况，才能保证母猪高产高效，不管是养猪场和农村养猪户都要高度重视，认真加以解决。

母猪过瘦，需要增加营养，如营养缺乏，会影响卵子成熟，这种母猪即便发情，排卵数量也少，胚胎存活率低，不能多产仔或不易准配。为了防止母猪过于瘦弱，平时要注意加强母猪的饲养管理，要适当增加各种元素全面的精饲料，补充营养，保持中上等膘情，提高母猪的胚胎存活率。

母猪配种前肥胖不如中上等膘的产仔多。这是因为肥胖母猪卵巢脂肪沉积，性激素机能减弱，影响卵子成熟，或者排卵很少，胚胎存活率低，死胎数增多。但是有的养猪户遇到母猪过肥后，采取限制给料来减肥，最后适得其反，造成母猪体况下降，产仔数减少，据青冈县创业种猪场技术人员齐德军经多次试验，采取以下几种方法给母猪减肥和增膘效果很好：

1. 在母猪日粮中加入3%～4%氯化钙连喂5天。

2. 在母猪日粮中加入3%磷酸钠连喂一周。不论是经产母猪还是后备母猪均有较好的减肥作用。同时在母猪日粮中加入这两种药物，既不影响母猪受胎率，也不干扰母猪妊娠的正常进行。

3. 对母猪过肥可用桃树叶1500克，煎水适量，分两次喂服，减肥效果也很好。

4. 对于母猪过于瘦弱，除了要适当增喂精料，供给充分营养外，可用猪、牛或人的胎衣2～3个，焙干研末，每天一次，每次30克，白酒50毫升，加冷开水适量喂服，连用5～7天。这种方法不仅促进母猪增膘，并有促进母猪发情的作用。对瘦弱的母猪几天后膘情就可以上去。掌握在8～9成膘情，就是指母猪没有挟裆肉，这是膘情适中的标志，根据发情表现即可配种，为母猪的高产创造了有利条件。

四、母猪发情与排卵规律

母猪性成熟后开始发情，掌握母猪发情期的各种表现，做到适时配种，是提高受胎率的重要技术措施之一。

母猪发情，是性成熟的表现和生理的需要。未怀孕的母猪受外界四季变化、营养状况的增强，异性公猪的刺激等，在神经系统的调节和雌性生殖激素的控制下，脑下垂体前叶分泌促进卵泡成熟素，作用于卵巢，促进卵泡成熟；同时卵泡在发育过程中分泌激素，才使母猪出现各种发情表现。

母猪从第一次发情结束，到下一次发情开始，称为一个性周期，一般为 18～23 天，平均 21 天。每次发情持续时间本地母猪为 3～4 天，培育品种及其杂种猪多为 2～3 天。老年母猪发情时间短，幼年母猪发情时间长，这是因为幼年母猪性机能较强，分泌卵泡激素较多的缘故。由于不同品种和不同年龄的母猪发情持续时间长短不一，因此，要掌握母猪的发情规律，才能做到适时配种。

母猪发情表现可分为以下三个时期：

1. 发情前期（初情期）：多表现不安、食欲减退、有时闹圈、鸣叫，母猪外阴开始潮红肿胀，流出白色透明黏液，然后逐渐增多，黏稠，呈乳白色；拒绝公猪接近爬跨。

2. 发情期（兴奋期）：母猪鸣叫不安，不吃食或吃食减少，圈内走动时起时卧，啃门拱地，企图跳墙出圈，排尿频繁，阴户的潮红肿胀开始减退，出现皱褶；分泌物量多、黏稠而呈乳白色，个别母猪流泪，允许公猪接近和爬跨，用手按压其臀部两侧往往站立不动，一般说明此时正是配种"火候"。

3. 发情后期（低潮期）：母猪开始吃食，变得安静，喜欢躺卧，阴户肿胀减退，潮红逐消，阴门收缩，黏液很少。用手触摸臀部有回避反应，其他表现也恢复正常。

个别母猪可能在发情时只有阴门红肿而无其他异常表现，对此必须注意随时观察，并可采取公猪试情的办法加以识别，以免错过配种机会。良种母猪及其杂种，发情表现大多没有本地猪明显，老年母猪多半没有年轻母猪来得强烈，这也是必须注意的。

掌握好发情期，区别好三个时期，才能适时配种，才不会配早配迟，或者错过发情期漏配，造成母猪空怀，延误配种计划时间。

要想提高配种率，产仔多，还应了解母猪的排卵以及公猪精子在母体存活期情况，据试验，母猪在发情期开始 25～36 小时才开始排卵，每次排卵 25～30 个，大约 2 小时排完。卵子的成活时间为 6 小时。精子到达母体后，约 15 小时到达输卵管，精子在母体内存活时间为 25～35 小时。

五、断奶母猪即早发情配种的技术措施

据统计，仔猪断奶后 6 天，母猪发情率为 28%，奶后 30 天，发情率为 60%，有的猪甚至长达 3 个月之久才发情，严重影响母猪的繁殖率。怎样才能促进哺乳母猪提早发情、配种繁殖呢？

1. 保证母猪哺乳期日粮的质量。为保证母猪不因哺乳而过分掉膘，应提高哺乳母猪日粮中的能量水平。如玉米的配合比例要上升到 55% 以上，糠麸的比例要相对减少，配合料中的粗蛋白质水平应保持在 16%～17%，并添加 0.1% 赖氨酸，还应注意钙磷比。母猪哺乳期的饲料配方一般可采用玉米 50%、大麦 15%、麸皮 4%、菜籽饼 8%、豆饼 12%、骨粉 1%。

2. 满足哺乳母猪的采食量。哺乳母猪还要根据膘情和产仔头数掌握喂量。一般喂量随泌乳量的增加而增加，到 15～25 天

泌乳高峰时最好实行自由采食，任其饮足吃饱。如哺育 8~9 头仔猪的母猪，其标准日粮应以玉米、豆饼为主，粗蛋白质水平不低于 16%，每天采食为 5~6kg。

3. 根据母猪断奶时体况的不同，分别处理好断奶后 3~4 天内的饲养管理。

（1）对膘情过差的母猪，精料给量不减，而适当减少青绿饲料，控制饮水 3~4 天。

（2）对膘情 6~7 成母猪，精料给量减少 1/3~1/2，减少青绿饲料，控制饮水 3~4 天。

（3）对膘情较好的母猪，可停水停料 1 天，然后按一般母猪处理 2~3 天。

（4）正常情况下，仔猪隔奶后母猪还要继续饲喂哺乳期饲料 3~4kg，以尽快恢复哺乳期失重，促进早受精，增加受胎率。

（5）用公猪精液诱导母猪发情。对断奶后久不发情的母猪，取公猪精液 20 毫升，用人工授精输精管，缓慢将精液输入母猪的子宫内，同时不断抽动及转动输精管，并用少量精液涂于母猪鼻孔，刺激母猪，一般 5~6 天便开始发情。

（6）对发情不明显的母猪要强制输精。生产上发情不明显而排卵的母猪，约占 10% 左右。对这些母猪，在阴户流出黏液后 36 小时、出现阴门红肿时试行强制人工输精，隔 12 小时再重复一次，大都能受胎并正常产仔。

六、母猪多排卵多产仔的技术措施

母猪的排卵数量，是决定产仔数量的重要因素，只有母猪排卵数量多，怀胎产仔数量才能多，这是很简单的道理。产仔数量少，生产能力低下的母猪白白浪费饲料，浪费人工和分娩的设备。所以提高母猪繁殖率是决定养猪盈亏的重要因素。让母猪多排卵多产仔的窍门是多方面的，下面介绍几种方法：

1. 配种前补饲，据国外报道，从断奶到配种结束，供给母猪过量饲料，可刺激母猪发情，增加排卵数，提高卵子质量，有利于配种受胎，增加产仔数量。前联邦德国科研人员发现，这种补饲效果，取决于母猪的年龄状况和品种，青年纯种母猪的效果比老龄杂种母猪显著，但老龄母猪即使在较差饲养条件下，也有较高受胎率。在某猪场用 120 头多数杂种母猪进行试验，从断奶第一发情期，大约 7 天时间内，除了用常规日粮外，每头每天加喂含蛋白质 64% 的鱼粉 500 克，结果平均窝产仔数从 9.2 头提高到 11.5 头。

2. 采用人工授精，复配方式较好，但是有时因少数母猪发情期长，工作人员无法很正确地判断真正的授精适宜期，则可增加第 3 次配种。这不但可提高产仔数，还可避免配不上种的损失。

适时授精与产仔数有极大的关系，但是在亚热带地区，准确判断母猪授精适宜期有一定困难。为减少发情开始的误判，母猪发情的观察宜每天早、晚各一次，尽量做到准确确定母猪发情开始的时间。

3. 在母猪配种前 2 分钟注射 20 万单位的催产素，可提高受胎率 5% ~10% 及增加胎产仔猪数 1.5 ~2 头，此法对人工授精的母猪效果更好。

4. 在母猪日粮中加入一定比例的胡萝卜素和维生素 E，母猪产仔数可增加 21.9%。具体方法是：从仔猪断奶后第 3 天起每头母猪每天加胡萝卜素 400 毫克，维生素 E 200 毫克。母猪发情后，上述两种药物喂量各减一半，直到怀孕 21 天为止。采用这种方法母猪不仅产仔多，而且母猪、仔猪体质强壮。

5. 初产母猪发情正常，授精或配种之前，若能注入适量的公猪死精液，平均每头母猪可多产仔 1.3 头。

6. 在母猪配种前 1.5 ~2 个月时，每头母猪每天喂生马铃薯

3～5kg，可使母猪卵巢增重40%，卵原细胞增加50%，平均可多产仔5～6头。这可能与生马铃薯含有多酚氧化酶有关（这种酶煮后易受破坏而降低活性）。

7. 从母猪断奶当天起，每头每餐饲喂2～3个鸡蛋（把蛋壳打碎连同蛋清、蛋黄一起拌饲料生喂），连续喂至配种。同时在母猪断奶后第3天肌内注射绒毛膜促进性腺激素1000单位。

8. 使用促排2号。促排2号具有促卵泡激素、促黄体生成素的作用，能促进卵子成熟，在短时间内集中排卵，从而提高母猪受精率和产仔数。

具体方法：于母猪发情配种前30分钟，每头皮下注射LRH－A$_2$稀释液2毫升，可增产仔猪2.5头。

9. 据广西户文勇等报道，给空怀母猪饲喂15%金霉素250毫克至配种，断奶至再配种时间间隔不明显，但是，情期受胎率提高4.1%，产仔率提高5.8%，窝产活仔数提高6.25头。

金霉素为四环素类广谱抗生素，具有较强的抗呼吸系统、生殖系统病原微生物的作用。在空怀母猪配种前后投喂金霉素，有效预防了由于配种不洁等原因引起的生殖系统感染造成受胎率低、产仔头数少等，从而提高母猪健康水平，为保证胚胎存活与防止孕期死胎和流产创造了条件，适合于各猪场和农村推广应用。

10. 根据孕激素和雌激素对胚胎存活具有重要作用的原理，可采用孕激素制剂—复方炔诺酮糖衣片饲喂母猪。服药后母猪产仔数比不给药平均多产1.7头，最多的达6头；产死胎数，不服药的平均每窝0.84头，服药的为0.67头，减少5.30%，其中对初产母猪效果尤为明显。

服药的方法是口服复方炔诺酮糖衣片，从母猪配种后第6天开始喂药，每天一次，每次4片，连喂1周。为确保服药量，应在饲喂前将一天药量放在少许稀食中，让母猪吃完后再喂其他饲料。

11. 母猪在整个妊娠期和泌乳期使用有机铬 200 微克/千克饲料，繁殖周期可缩短 7 天，产活仔数平均增加 2 头，年产胎次平均增加 0.13 胎，窝死亡数平均减少 1 头，受胎率和分娩率都达到 100%。

12. 合理安排配种季节，对初产母猪，最好安排春季 4 ~ 5 月配种，8 ~ 9 月产仔，9 ~ 10 月再配种，翌年 1 ~ 2 月产仔，2 ~ 3 月配种，这样反复循环，可使母猪多在春秋两季配种、产仔，避开高温、寒冷天气产仔，提高母猪的繁殖效率。

13. 药物催情，提高产仔数量。仔猪断奶 3 ~ 5 天，用下列药物对母猪进行催情，一是益母草 30 克，王不留行 50 克，煎水内服，每日 1 次，连喂 5 ~ 7 天；二是益母草、当归、故纸、淫羊藿各 20 克，赤芍、肉苁蓉、阳起石各 15 克，煎水加红糖 35 克喂服，每日 1 次，连喂 5 ~ 7 天。

14. 加强怀孕母猪的饲养管理。妊娠早期，特别是配种后半个月内，由于胚胎还未在子宫内着床，缺少胎盘保护，容易受到不良因素的影响，而引起部分胚胎发育中断死亡。据试验，高能量饲料（如喂大量精料）不利于胚胎正常着床和发育，常使产仔数下降。若饲喂一定量的精料，然后补给足够的青绿多汁饲料，可提高产仔数，若日粮中有发霉变质的饲料，会使胚胎死亡数增多。

15. 补充维生素饲料。母猪在妊娠早期，特别需要维生素 A、维生素 D、维生素 E 和钙，尤其是维生素 E。如果每千克饲料中加入 2 克高单位维生素 E 制剂，可使每胎产仔数提高 2 ~ 3 头。因为维生素 E 能使母猪的内分泌激素平衡，保证胚胎在子宫内着床和正常发育。维生素 E 还能加强母猪和胎儿之间的血液交换，保证胚胎得到充分的营养。从母猪断奶后 3 日龄开始，每天喂给维生素 A、维生素 D 2000 单位，维生素 E 200 单位，胡萝卜素 400mg；母猪发情后减半，直到配种后 21 天为止。母猪多产仔 2～3 头。

16. 加喂脂肪。最新研究表明，在母猪日粮中添加脂肪可提高母猪繁殖力。其做法是：从妊娠母猪分娩前 5～10 天开始，在日粮中添加 10% 左右的脂肪（动物油或植物油），使母猪额外获得 1kg 以上的脂肪。这些添加的脂肪进入妊娠母猪体内后，通过胎盘转运至仔猪体内，使新生仔猪体内的脂肪贮存量增加，并可增加脂肪酸氧化酶的活力。同时，添加脂肪会使母猪泌乳量增加 10%～30%，乳中脂肪含量提高 9%～57%。还可减少母猪失重，有利于母猪生殖功能的迅速恢复，缩短断奶至发情的间隔时间，促进母猪早发情、早配种、同时可使母猪多排卵 3～4 个，多产仔 2～3 头。

17. 日本宫崎县畜产试验场技术人员，针对母猪因年龄增大和多次产仔出现过肥导致繁殖障碍的问题，摸索出一种母猪小格化技术。

具体做法是：从母猪 90 日龄（体重约 30kg）时实行限制喂养，使母猪在 210 日龄时达到 80kg，到 90～100kg 时开始配种，低营养状态的母猪在发情前转为高营养方式，促其增加排卵数。例如，对初产母猪从 210 日龄起，头 12 天作为减质量期，紧接着的 12 天作为增质量期，如此反复 3 次。据试验，小格化母猪 1～5 胎次的平均分娩头数，由常规方法的 12.6 头上升到 14.2 头，断奶时仔猪头数由 9.4 头上升到 12.1 头，一年可节省饲料 20% 左右。

18. 注射激素催情

一是给母猪注射孕马血清，或孕马血清促性腺激素，或抗孕马血清促进性腺激素血清 500～1000 单位，隔 12 小时一次，可使母猪每次多排卵 4～5 个；二是先注射米塔布尔，20 小时后再注射孕马血清 500～1000 单位，可使母猪多排卵 13 个；三是注射孕马血清促性腺激素 1000 单位后，在配种时再注射 15-甲基前列腺素 500～1000 单位，隔 12 小时一次，可使母猪多排卵 5～6 个。

19. 增添其他营养。对限饲或瘦弱的母猪，在配种前 10～14 天内喂给两倍常量的优质饲料或赖氨酸水平占粗蛋白 4.5%～5% 的饲料，或添加 5%～10% 动物性油脂，可使母猪多排卵 3～4 个，多产仔 2～3 头。

20. 采取保胎措施。母猪配种后 9～13 天和分娩前 21 天易流产，应特别加强保胎措施，尽量供给蛋白质、矿物质、维生素等丰富的精料和青绿多汁饲料，切忌饲喂冰冻、霉烂变质的饲料。怀孕母猪尽量避免机械性刺激、如拥挤、咬架、滑倒、鞭打、惊吓等。猪场配种要详细记录，避免近亲繁殖。猪场内要搞好疫病防治工作，特别是乙型脑炎、流行性感冒、布氏杆菌等疾病的预防，发现疾病及时治疗。有流产先兆者，立即注射黄体酮 15 毫克，并内服镇静剂安胎。

21. 搞好分娩工作。产前 5～10 天，将产圈打扫干净，并用 10%～20% 的石灰水喷洒消毒，临产前用 2%～5% 的来苏尔液消毒母猪腹部、乳房和阴户。母猪产仔后及时掏除仔猪鼻中黏液，对假死仔猪可用拍打胸部、倒提后肢和酒精刺鼻等方法急救。对于难产母猪要搞好助产，使母猪顺利产仔。

22. 仔猪早期断奶。20 日龄左右给仔猪进行早期断奶，一般情况下，在仔猪进行早期断奶后 2～5 天给母猪喂催情药，母猪发情后，要立即进行哺乳配种，以提高年产胎数。

七、母猪产仔多，必须抓住三个关建时期配种

母猪从怀孕到仔猪出生需经过 114 天左右。只有抓住有利时机，必须尽早断奶，抓住血配、月配、断奶配三个关键时期，错过这三个时间很难达到预期目的。只有减少母猪空腹时间，才能

提高产仔窝数和产仔数量，达到年产 3 窝的目的。否则错过机会，将造成更大损失。这是多年生产实践中取得的宝贵经验。

要让母猪产仔多须实行三配，即血配、月配、断奶配。这是缩短母猪产仔周期，增加产仔密度，保证其一年产三窝的重要措施。

1. 血配：母猪产仔后 2～3 天就配种，叫血配。马、驴的血配比较准，一般情况下准配率都在 85% 左右，但是猪血配的综合指数比较低，发情不明显，准配率不高，不好掌握。母猪产仔后 3 天左右开始发"文明情"。也吃也喝，不闹圈不跳圈，阴门不红不肿，喜欢接近公猪，偶尔跑到公猪面前挑逗。要注意母猪产后几天的行为。如果母猪吃食饮水稍有减少，排尿次数增多，有点动静就竖起耳朵静听，就意味着母猪已发情，可以赶到公猪身边进行配种，相隔 12 小时再重复配一次。夜间给母猪加一次热食，提高发情质量和怀孕率。最好用两个品种的公猪进行配种。

2. 月配：母猪产后一个月内发情，这个时候给母猪配种叫月配。母猪体质要好，营养要跟上去，一天三餐要吃饱。因为一方面母猪正在给仔猪哺乳，要消耗大量营养物质；另一方面发情也需要一部分营养。即使母猪体况较好，正常情况下月发情只有 30%，怀孕率在 70% 左右。在产仔后一个月内有发情表现的母猪，要及时进行配种，相隔 12 小时再配一次。配种当天加一次夜餐，有利于提高发情质量和孕准率。

3. 断奶配：这是最后一次配种机会。如果这次配不上种，一年最多产两窝，所以这次配种很重要。仔猪断奶后 3～4 天，90% 的母猪都会发情，发情比较集中，也比较明显。有的母猪不吃不喝，跳墙闹圈，阴门红肿，积极接近公猪，爬跨其他母猪。一般情况下，母猪有发情表现 36～48 小时开始配种，相隔 12 小时重复配一次，在发情配种期间要增加一次夜餐。

八、解决母猪乏情的若干办法

母猪产后乏情一直是困扰养猪者的难题，也是集约化养猪场普遍存在的繁殖障碍。大约有 10% 以上的初产母猪断奶后不能正常自然发情，在引进国外母猪繁殖中更为突出。这样降低了母猪产仔数和年产窝数，白白浪费饲料，从而给养猪户和养猪场造成很大的经济损失，也是养猪者所关注的重要问题。

母猪乏情的原因很多，问题较为复杂。在现代养猪中，初产母猪由于过早处于固定栏舍中饲养，缺乏运动，有的饲养不善，营养缺乏，身体过瘦；有的营养过剩，身体肥胖，代谢下降；有的冬季母猪吃不到青饲料，养猪者又不注重多种维生素的补充，导致维生素缺乏；国外纯种猪的遗传、疾病、营养因素也会导致乏情。母猪断奶至再配种的时间间隔平均为 10 天以内，如超过 10 天，说明该母猪有乏情现象。出现这种现象，主要原因与性激素分泌和基础代谢有关。这是还没有被人们充分认识到的因素。断奶母猪发情起动过程为：哺乳母猪处于代谢旺盛阶段，断奶造成乳汁回流，增加乳房内压，基础代谢下降，母猪出现不食的现象，1～3 天后母猪重新开食，基础代谢回升，此时性激素分泌也开始旺盛。在哺乳期被抑制的卵泡迅速发育，导致母猪发情排卵。所以说，母猪体内代谢率是母猪卵巢发育与发情起动的因子。在哺乳期，母猪主要代谢是为了产乳，当产乳需求停止后，代谢下降，然后又上升，这一现象促进了体内性激素分泌的波动。与人类的排卵规律相似，迄今为止，尚未有人研究基础代谢与发情的关系，所以也无人提出应该在母猪断奶至发情的关键时期，给母猪增加哪种可以满足其特殊需要的生理性物质，帮助母猪从性抑制状态进入发情期。

我们在生产实践中认为，应在加强母猪饲料管理的基础上，采取人工催情措施与药物相结合的多种方法，促其发情，而后配种受孕，下面介绍几种人工催情方法：

1. 诱导催情法，此法适用于隐性发情或迟发情的母猪，即把公、母猪关在同一圈内，让公猪追逐母猪。母猪因接受公猪的接触、爬跨等刺激，通过神经系统可使脑下垂体产生促卵泡成熟激素，促使卵泡迅速发育，使母猪发情排卵。

也可将原不发情的母猪关在正在发情的母猪圈舍内合并饲养，通过发情母猪的爬跨等刺激，可促其发情，称为同性协助催情法。

2. 运动催情法。猪圈狭窄，母猪常因运动缺乏而不发情。实践证明，早、晚母猪空腹时驱赶到舍外慢慢走动 1 ~ 2 小时，可改善和加强猪的血液循环，促进新陈代谢，连续 2 ~ 4 天，常可发情。此外，每天给母猪腹后部、阴部进行搔痒和按摩乳头，既可促进发情，也有促进排卵受胎的作用。

3. 西药注射催情法

（1）采用乙烯雌酚注射，第一次肌注 4 微克，无发情症状的猪于 4 天后再肌注 4 微克，这样处理的长白、大约克、长大猪发情率达到 92.89%。

根据江苏常州市瘦肉型猪原种场贾建等介绍，该场有瘦肉型5000 头生产母猪及后备母猪中选出超 9 月龄不发情的后备母猪，断奶后超过 15 天不发情的初产母猪以及新断奶超过 10 天不发情的经产母猪共 430 头。分三组试验，用三合激素的有效率为39.6%，采用前列腺素的只有 37%，只有采用乙烯雌酚的注射，确实能改善乏情母猪的繁殖机能，用药后发情率 92.9%，受胎率正常。

（2）给母猪注射兽用前列腺素，第一次肌注 3 毫升，48 小时后肌内注射孕马血清 1000 单位，结果发情率达到 100%。

据广西壮族自治区畜牧研究所唐中林介绍，选择 9 月龄以上，体况正常，健康无病，外生殖器发育良好的长白、大约克纯种乏情后备母猪 27 头，利用生殖激素试验，第一组如上方；第二组每头肌注孕马血清 1200 单位；第三组每头猪一次肌内注射孕马血清 1000 单位，72 小时后肌内注射绒毛膜促性激素 4 毫升。结果第一组效果最佳，发情率和用药发情受胎率为 100%，第二组发情率为 80%，第三组为 60%；窝均产仔数第一组 9.4，第二组为 10.6；窝产活仔数第一组为 7.9，第二组为 9.1；仔猪初生重第一组为 1.3kg，第二组为 1.7kg；因此建议若想提高窝总产仔数和窝产活仔数，可加大孕马血清用量，头用量由 1000 单位提高到 1500 单位，此种方法效果最佳，能带来明显的生产效益和经济效益，很值得推广应用。

（3）一些外观健康、膘情适中的母猪到配种年龄不发情或产仔后长期乏情，这类母猪常无器质性疾病，临床上用乙烯雌酚和维生素 E 综合治疗效果很好。

乙烯雌酚能促使黄体激素的分泌增加，引起母猪发情，但乙烯雌酚的反馈作用促使卵泡激素减少，阻碍卵泡发育和排卵，虽引起母猪发情但往往不孕。维生素 E 能维持母猪生殖器官正常的生理机能，并促进机体的代谢及卵泡的发育和排卵，故用乙烯雌酚和维生素 E 综合治疗母猪乏情，一方面能促进母猪发情，另一方面能提高母猪的受胎率。

具体做法：在母猪日粮中每天在饲料中加维生素 E 400 毫克，饲喂一周后给母猪肌内注射 1 毫升剂量的乙烯雌酚 5 支，一般注射 2~3 天即可发情配种。根据青冈县家畜卫生院兽医师王文忠的多次试验，一次情期配种受胎率在 95% 以上。

4. 中药催情法

（1）对久不发情的母猪，用怀孕 1~6 个月以上孕妇的新鲜尿液 50~100 毫升，拌入少量母猪爱吃的饲料里，让其一次吃完，一般 2~3 天后均可发情。如少数母猪不发情，可用同剂量孕妇尿再喂一次即可发情。发情后及时配种，据王文忠介绍，本方法适用于各种原因的不孕症，其发情效率和配种后受胎率可达100%。

（2）阳起石、淫羊藿各40克，当归、肉桂、山药、熟地各30克，研末混匀，拌入精料一次喂完。

齐德军利用此方治疗母猪不孕症10例，第一次用药发情的8头，第二次用药发情的2头，有效率100%。

（3）给母猪人工授精时，如果母猪发情不明显，可用适量的公猪精液稀释3～4倍，然后用输精管吸取公猪精液稀释液，喷洒母猪的两鼻孔1～6毫升，一般喷后8小时，大多数母猪都会发情。

（4）取怀孕1个月以上母猪新鲜尿液100～150毫升，混拌在少量的饲料中喂给，让其1次吃完，一般喂后2～3天即可见效，如有极少数母猪还不发情，可再喂1次。

（5）采用淫羊藿、益母草、丹参各150克，香附130克，菟丝子120克，当归100克，枳壳75克，共同干燥后研为细末，按每千克体重将3克药末拌入猪料中喂服，每天1次，连用2天，一般发情迟缓的母猪大多在4～6天出现发情。注意此方只对那些外观健康，没有生理异常的发情迟缓的母猪有效。

5. 加强营养催情法。要保证饲料中蛋白质、维生素和矿物质的含量。特别是冬季，不要只喂青贮饲料和粗饲料，应给予一定的豆类和青绿多汁饲料，如无青饲料要适当补喂维生素，也可多喂些麦芽、谷芽，因芽类饲料中含维生素B和E较多，有利于增强繁殖机能，促进发情。有的母猪喂精料较多，如玉米、粉渣、豆类饲料等，造成母猪过肥、虚胖或脂肪浸润卵巢时，应减去1/2～2/3精料，增喂青饲料。

6. 控制炎症催情法

母猪发情时如果阴门流出脓样物或尾根粘有干糊样的污物，说明母猪子宫有炎症。下面介绍控制炎症促进发情的几种方法：

（1）呋喃西林–尿素液冲洗法。先用0.2%～0.5%高锰酸钾溶液或生理盐水冲洗出子宫炎性分泌物，待流出的液体基本清亮后，向子宫内注入呋喃西林—尿素液（呋喃西林1克，甘油200毫升、尿素15克，蒸馏水加至1000毫升），对重症者，同时肌内注射青、链霉素或卡那霉素。如果子宫颈口闭合，导管伸入困难，可先肌内注射乙烯雌酚5毫升，待子宫颈开张后再冲洗和注药。为了促进异物排出，注射药后还可使用缩宫素增强子宫收缩。

（2）抗生素治母猪因生殖道发炎而屡配不孕。配种舍采用大栏饲养的猪场，在本交配种时往往忽略一个问题，即保持发情母猪后躯的清洁卫生，卫生状况差会大大增加生殖道炎症的发生概率，从而导致屡配不孕。如广西某猪场的经产母猪屡配不孕，母猪接受公猪爬跨时有"静立反射"，外部观察不见外阴有流白液痕迹；用输精管插入患猪生殖道检查，抽出时发现输精管上附有炎症分泌物，从而确诊母猪发生了阴道炎。后经如下方法治疗，精期受胎率回升到89%左右。具体做法：用华星牌宫炎清20毫升＋500毫升生理盐水冲洗，再注入青霉素80万单位＋链霉素60万单位，连用2天。

（3）激素治母猪因卵巢囊肿不孕。母猪发情无规律或不发情，或者持续发情但屡配不孕，阴唇肿胀、增大，阴门中常排出黏液等。这时可用促黄体激素，每头肌内注射50～100单位；或者每头肌注绒毛膜促性腺激素500～1000单位，或者取三棱、藿香、桔梗、益知仁、甘草各10克，莪术、陈皮、肉桂各9克、青皮15克，共研细末，开水冲调候温灌服。

（4）治母猪配种难的中药方。当母猪再次发情时，取老樟木皮250克（鲜品），川连25克，莲叶250克（鲜品），加水500～1000毫升煎汁，煎好候温后在汁中加入胃蛋白酶5克，配种前给母猪喂服，配种采用人工授精法。

九、母猪产仔多，仔猪肥壮必须抓好四个关键的 3 天

通常多数养猪者只要母猪配种后，认证已经怀孕，就认为完事大吉了，放任不管，这种认识是错误的，因为配种后 3 天是关系到这头母猪产仔多少的关键时期，管理得周到，不出意外，可多产仔 1～2 头，决不能马虎。母猪产仔的后 3 天，断奶后 3 天，转群的后 3 天，是关系到这窝仔猪抗病能力强弱，成活率高低，是否能延续成长的关键环节。因此，一定要注意这四个关键 3 天。

1. 配种后 3 天

配种后 3 天是卵子受精和受精卵分裂的关键时期，若此时母猪代谢过盛，会使部分受精卵死亡，从而降低产仔数。所以，母猪配种后 3 天内切忌喂料过多，日喂料量以 1.5～1.8kg 为宜，最多不超过 2kg。

2. 分娩后 3 天

对于初生仔猪来说，分娩后 3 天的饲养管理至关重要，因为养猪过程中的很多伤亡事故都发生在这一阶段，如冻死、冻伤、压死、病死等。为了降低仔猪在这 3 天内的死伤率，应做好以下几项工作：

（1）妥善接产及保暖防潮。

（2）让初生仔猪及时吃到初乳，以增强抗病能力。

（3）固定奶头，这是减少初生仔猪死亡和提高仔猪均匀度的有效措施。

（4）及时补铁、补硒，防止缺硒和贫血。

（5）恢复母猪体况，防止产后感染。

3. 断奶后 3 天

这是断奶仔猪应激最严重的时期。入口的食物由液态奶变成固态饲料，离开母猪的呵护，同时因母猪被赶走，舍温大大降

低，母源抗体停止供应。以上的每一种应激都会对仔猪产生非常不利的影响，并成为其发病的诱因。减少应激是帮助仔猪顺利断奶的关键，药物预防是防止仔猪继发感染的有效辅助措施，舒适的环境条件和优质的饲料则是仔猪断奶成功的保证。

4. 转群后3天

新的饲养环境会引起仔猪生理和心理上的不适应，抗病力也会有所降低。不同窝的仔猪合群后将通过"较量"重新确立各自在这个新群体中的地位，同时，仔猪的吃、拉、睡三点定位也是在这3天完成，这些都需要消耗大量的能量。为保证仔猪顺利转群，应做好以下工作：

（1）尽可能使转群前的环境温度和新环境的温度接近。

（2）先用原来的饲料饲喂一段时间，待猪群的一切状况都稳定下来以后逐渐换成育肥期饲料。

（3）加强药物预防，防止病菌乘机侵入仔猪机体。

（4）仔猪混群后常出现打斗现象，所以对一些应激反应较大的品种，转群时必须时刻注意防范。

十、影响胚胎存活的原因和控制措施

影响胚胎存活的原因很多，问题较为复杂，实践中发现有如下几个因素：

1. 品种因素。品种不同的猪，母猪排卵数量差别很大，这主要是遗传因素，我国地方猪种的排卵数量多于国外猪种。据报道：梅山猪排卵30~40个，母猪妊娠30日龄时胚胎存活率85%~90%，而国外引进的猪种只有15个。大约克夏胚胎存活率66%~70%，这与其子宫内环境有很大关系。

2. 年龄和胎次因素。在影响胚胎存活率的因素中，母猪的年龄是一个影响较大并可预见的因素。母猪在初情期后，排卵数量随月龄或情期次数的增加而增加，一般规律是，第5胎以前，窝产仔数随胎次增加而递增，而且比较稳定，直到第9胎还保持这一水平，从第10胎开始下降，因此，要注意淘汰繁殖力下降的老母猪，保证母猪群的适宜年龄结构十分重要。

3. 饲养管理因素。配种前较长期或短期内能量水平的高低，对排卵数量有一定影响。配种前较长期（30～75天）高能量水平饲养的排卵数量略高于低能量水平。配种前短期（20天）内提高能量水平如对后备母猪配种前适当的加料可增加排卵数量，以配种前10～14天加料饲喂效果显著。

此外，季节也能影响猪的排卵量，高温、低温都能使排卵数下降。尤其高温的影响较大，在32℃左右的温度下，饲养妊娠25天的母猪，其胚胎存活数要比15.5℃饲养的母猪少3个。因此，妊娠母猪舍的温度应保持在16～22℃，较为适宜。

4. 近交与杂交因素。母猪繁殖状况是对近交反应最敏感的，近交往往造成胚胎存活率低下，畸形胚胎比例增加。据报道，近交系数每增加10%，窝产仔数约减少0.3头，因此，要尽量避免近亲交配。

5. 公猪精液品质因素。精子密度过低，死精或畸形精子过多，pH过高或过低，颜色发红或发绿等，均属异常精液。用产生异常精液的公猪进行配种或人工授精，也会降低受精率，使胚胎死亡率增高。

6. 配种时机因素。配种前对母猪发情与排卵的规律掌握不准，不是赶前就是拖后，错过卵子与精子结合机会，或者只配种1次，影响胚胎的存活率。

7. 过肥过瘦因素。母猪过肥或过瘦，都会出现排卵数量少，胚胎存活率低，产仔数量减少。

8. 人为因素。急赶、鞭打、撞倒、咬架、惊吓等情况，也影响母猪胚胎存活率。

怎样减少胚胎死亡，英格兰专家认为，母猪胚胎形成与母猪喂食、配种的时间以及配种后所处环境的温度有密切关系。他们经过多次试验，找到了减少母猪胚胎死亡率的有效方法：在配种前 1 天，喂食量由平时的 1.5kg，增加到 3kg；配种选择在母猪排卵前 10 小时进行；配种后立即使母猪周围的温度在 32℃ 以下。据称：采取这种方法，可使胚胎成活率提高 25% ~30%。

十一、如何提高母猪产仔窝数的技术

母猪每年产仔窝数多少是关系到母猪繁殖能力高低的重要标志，母猪的繁殖能力应以每胎产仔数量和每年产仔窝数合计计算，才能充分地显示母猪每年每头的产仔数量。一些专家都说母猪产仔率太低，每年平均只能提供 16 ~ 17 头仔猪，这样只注重母猪每胎产仔数量，而忽视了每年母猪产仔窝数，这种说法有失公正。美国每年平均每头母猪提供仔猪 24.35 头，这个数字其实不难达到。关键是我国母猪每年产仔 1.7 ~ 1.8 窝，而美国、日本、巴西等国家母猪产仔 2.41 窝，如果我国的母猪每年能达到这个水平，母猪每年产仔数量是不难达到世界先进水平的。

1. 母猪每年产仔 2.5 窝的理论根据

众所周知，仔猪在母体内生长必须经过 114 天左右，才能达到成熟，这 114 天是不可改变的，要想提高产仔窝数，只有提早断奶，减少仔猪吃奶天数。如在产后 21 天断奶，让仔猪 7 ~ 10 日就能开始调教诱食，到 20 日龄时已能正式吃食，这样在 21 ~27 日即可断奶。

母猪妊娠期为 114 天，若母猪在产后 21 天以内发情配种，并能怀孕，这样一头母猪一个生产周期为 142 天，一年两个生产周期为 284 天，一年还余 81 天，两年 4 窝产仔还余 162 天，又可生产一窝仔猪，即两年产 5 窝仔猪还有余额。目前美国都在 2 周龄断奶，这样每年产仔 3 窝把握性更大。

实践证明，母猪无论在任何时期断乳，只要采取饥饿断乳法

（母猪断乳时减少饲料给量）在一周内皆可发情。母猪从断乳到发情配种一般需 5～10 天，平均为 7 天，妊娠率可达 100%。若仔猪 21 日龄断乳，则母猪在产仔后 7 天即可发情配种。

2. 仔猪早期断乳是提高母猪年产仔窝数的主要办法

目前国外养猪发达国家多提倡 21～35 日龄断乳，根据我国实际（猪舍、饲料条件等）可采取 21～27 日龄断乳。根据生产实践，仔猪在 21～27 日龄断乳，60 日龄出售，这样的仔猪适应植物性饲料较早，食欲好，增重快，非常好养。

促使母猪哺乳期间发情的方法有：一是人工间隔断奶法，即人为控制并延长仔猪吃乳的间隔时间，白天只让仔猪吃乳 1～2 次，夜间让其母仔在一起。由于仔猪吃乳间隔拉长，使母猪乳房内积存大量乳汁造成乳房膨胀，从而限制了催产素的分泌，血液中催产素减少，降低了卵泡刺激素的抑制作用，因而能促进母猪的发情与排卵。二是利用公猪诱情。对有公猪的养猪户，可在人工隔乳期间将公猪赶到母猪运动场内诱情，每次 15～20 分钟，一天一次，连续 3～4 天后母猪即可发情。三是注射孕马血清促性腺激素。对分娩后 18～32 天的哺乳母猪，注射 2000IU 孕马血清促性腺激素，注射后第 4～5 天进行两次人工授精，哺乳母猪妊娠率可达 70%。

3. 合理安排母猪配种季节

经验证明，最好安排在春季 4～5 月配种，8～9 月产仔，9～10 月再配种，第二年 1～2 月产仔，2～3 月再配种，反复循环，可使母猪多在春秋两季配种产仔，避开寒冷的冬季和炎热的夏季，提高母猪的繁育率及仔猪成活率。

4. 初配适期和适时配种

母猪配种的初配时间，即不可提前也不能拖后，如果赶前达不到适宜体重和日龄，拖后也会给母猪日后发展造成不良后果。

后备母猪第一次配种的适宜时期是，母猪一般为 3 月龄开始发情，培育品种和杂种猪一般为 4～5 月龄开始发情，培育品种和杂种猪第一次配种不早于 8 月龄，体重以不低于 100kg 为宜，一般猪体重以不低于 75kg 为宜。

成年母猪发情后 18～24 小时开始排卵，后备母猪发情后 25～30 小时开始排卵，最佳配种时间在母猪排卵前 2～3 小时。掌握母猪适时配种的方法是：按母猪臀部，如母猪表现安宁并作排尿姿势时即可配种，交配最好在早饲和晚饲前进行，一般用两头公猪，先后配种 2 次，即第一次配种后 8～12 小时再配种 1 次。

5. 加强保胎措施

要尽力减少配后 9～13 天、21 天、60～70 天这三个胚胎死亡高峰的出现，减少机械性、营养性及疾病性流产。掌握"两头精、中间粗"的喂料原则，整个妊娠期要喂充足的青绿多汁饲料和矿物质饲料。如青料不足，应在日粮中补充多维素，禁喂腐败变质、冰冻等饲料，适当配麸皮以防母猪便秘。防止母猪进、出圈时拥挤，防止滑倒、鞭打、惊吓、粗暴追赶等烈性刺激。夏季防暑、冬季防寒。配后最好单圈饲养，也可根据圈舍条件，前期合群饲养，每群不多于 3～4 头，但后期须单圈管理。对头胎母猪带胎过夏的，要做好乙型脑炎细小病毒疫苗的免疫接种工作。

配种后 9～13 天和分娩前 21 天母猪易流产，应加强保胎措施。供给蛋白质、矿物质和维生素丰富的精料和青绿多汁饲料。忌喂冰冻和霉烂变质的饲料，有流产先兆者，可喂保胎药，配方为"党参、黄芪各 100 克，白术、甘草、当归、白芍、黄芩、砂仁各 50 克，续断 75 克，浓煎，日服 2 剂，连服 3 天"。

6. 做好接产工作

产前 5～10 天，将产圈清扫干净，并用 10%～20% 的鲜石灰水喷洒消毒。临产前用 2.5% 的来苏尔液消毒母猪的腹部、乳房和阴户。母猪产仔后，及时掏除仔猪口鼻中黏液，扯去胎膜。对假死仔猪可用拍打胸部，倒提后肢和酒精刺鼻方法急救。

如果按照上述各种方法处理得当，母猪产仔后能早期断奶，适时促进发情配种，及时怀孕，让母猪每年提供 25 头仔猪是比较有把握的，不妨一试。

十二、大群母猪年均育成活仔猪 25 头的技术措施

母猪群产仔数多少，成活率高低，关系到养猪者核心利益，是养猪企业、养猪户效益兴衰的重要指标。怎样保证母猪所产仔肥壮，抗病力强，成活率高，使号称母猪群为"摇钱数""小银行"的说法名副其实，上海跃进农场为我们提供了宝贵的经验。除此之外，本书中还有若干方法和技术措施，保证仔猪成活率，希望广大养猪者在每个环节上认真实施，将带来滚滚财富。

上海市跃进农场实现大群母猪年均育活仔猪均在 25 头以上，其主要技术措施为：

1. 利用杂种母猪的繁殖优势

太湖母猪与苏白、长白、大约克夏公猪进行二元和三元杂交的杂种母猪，显示了高度的杂种优势，繁殖性能高而稳定。

2. 适当推迟母猪初配期

适当推迟后备母猪初配期，可提高产仔数 21%，达到经产母猪95.5% 水平。

3. 母猪发性适时配种

经产母猪发情宜早配，初配母猪适当晚配。

4. 科学饲养母猪

科学用料养好母猪，对重胎母猪以营养全面为主，每头日粮含消化能 11 兆卡，可消化粗蛋白 228 克，拌入适量填充料饲喂，维持母猪8.5 ~ 9 成膘。

哺乳母猪 1 ~ 21 天的饲粮每千克含消化能 3.14 兆卡，可消

化粗蛋白 14.3% ；22～45 天的饲粮每千克含消化能 3.23 兆卡，可消化粗蛋白 13.4% ，全期投料 223kg，平均每日 5kg，基本可满足母猪泌乳需要。

5. 做好仔猪补料

10 月龄前采用以玉米为主的、新鲜的拌湿料对仔猪诱料，15 日龄以后辅以人工塞料，做到"补料早，白痢少"。随着母猪泌乳量下降和诱料成功，30 日龄以后仔猪逐步进入旺食期，做到"三不变动""四先四后"，即人员不变动，饲料配比调制不变动，饲喂次料时间不变动；先干后湿、先差后好、先料后水、先精后青，使仔猪充分采食，满足生长的营养需要。

6. 严密管理，提高仔猪成活率

影响仔猪育成的因素多而复杂，严密管理是提高仔猪成活率的关键。对接产设专人值班，按兽医卫生规定接产、助产，多产仔猪及时寄养，昼夜定时喂乳，固定乳头，一直坚持到产后两周。对仔猪可能发生的白痢、贫血和皮肤病，可在饲料中加入添加剂等来进行预防，尽量减少损失。

第二节　高产母猪管理措施

一、母猪妊娠前期与配种的管理措施

一般情况下，母猪配种之后，只要认为已经怀孕，在饲养中都会忽视对母猪的关怀与管理，并且放任自流，其实这个阶段的管理十分关键，如管理不善，则会造成中途胚胎不能着床，减少产仔数量。所以，这阶段的任务必须加以重视，并明确管理目标和任务。

（一）饲养妊娠母猪的任务

1. 保证胎儿在母体内顺利着床得到正常发育，防止流产，

提高配种分娩率。

2. 确保每窝都能生产尽可能多、健壮、活力强、初生重的仔猪。

3. 保持母猪中上等体况，为哺乳期储备泌乳所需的营养物质。

（二）妊娠初配期母猪的饲养

妊娠初配期是指刚配种 7~21 天的母猪，此时期的母猪一般还在配种舍（圈）内，没有转栏，待 21 天后未出现返情才转入怀孕舍。此时是受精卵着床期和胚胎器官的形成分化期。因胚胎还小，母猪对日粮的营养水平要求不高，但对饲粮卫生质量要求很高。此时期是胚胎形成、胎儿着床时期，也是胚胎极易死亡的高峰期，因此对饲养及要求较高。

1. 母猪要严格控制饲喂量，当母猪配完种以后，立即减少饲喂量，从配种期的日喂 3.0~4.0kg 减到 1.5~2.0kg，摄入的能量过高，还会增加胚胎的死亡概率，对妊娠不利。

2. 保持原圈饲养，不宜对母猪频繁调圈，否则影响受精卵着床，也容易发生胎儿畸形。

3. 温柔管理母猪，不能惊吓、鞭打母猪，尽量保持圈舍安静。

4. 搞好清洁卫生，调整好圈舍温度、湿度，保持圈舍清洁干燥和空气新鲜。

（三）妊娠前期母猪的饲养

妊娠前期是指配种后 22~81 天的母猪，此时期的母猪一般已从配种舍（圈）转入怀孕舍（圈）。妊娠前期母猪基本处于维持期，胎儿在腹中缓慢发育生长，母体也逐渐恢复产后失重并储存营养。因此，妊娠前期母猪对日粮能量、蛋白营养的要求不高，只要求一日 2 餐，吃饱为止。此时母猪日粮每天 2.0~2.2kg，保持中等腰情即可。但在具体投料中注意个体调料，对体况较好的母猪要少给料，对体瘦的母猪要多给料，促进群体体况均衡。在日常饲养管理中要注意观察母猪的健康状况，精神、采食、粪便、排尿是否正常，有无返情、流产等现象发生，出现异常要及时妥善处理。

二、母猪怀孕"抓两头"管理技术

母猪的妊娠期平均是 114 天。为保证胎儿发育正常，防止流产或早产，获得数量多、个头大、生存能力强的仔猪，必须养好怀孕母猪。群众说的好，母猪怀孕"抓两头"。

卵子在母猪输卵管上 1/3 处遇到精子，受精后成为结合子，边发育边向子宫角处移动，最后安胎在子宫角上，并在它的周围形成胎盘，与母体相连，这个过程大约需要半个多月的时间。结合子在安胎和形成胎盘以前，很容易受到外界条件的影响。如喂给的饲料营养不全，缺乏维生素等营养，或喂给母猪变质发霉的及有毒的等刺激性强的饲料，都易发生流产或胚胎停止发育而死亡。所以，加强母猪怀孕 20 天左右的饲养管理是保证胎儿正常发育的第一个关键时期。

母猪怀孕后，生理上发生显著变化，一般增重 20%～30%，对营养物质的需要，随着胎儿的生长发育逐渐增加，怀孕第一个月末胎儿的重量仅 2 克，长度不足 1.5 厘米；怀孕第二个月，胎儿达 110 克，占生重的 8%，长度也不过 8 厘米；怀孕第三个月胎儿增重为 550 克，占生重 39%，长度达 15 厘米左右；怀孕最后 20 多天，胎儿生长很快，大约生重的 60% 是在此期生长的。因而加强怀孕母猪分娩前一个月左右的饲养管理，是保证胎儿正常发育的第二个关键时期。

根据胎儿发育规律，头两个月生长量很小，需要的营养也较少，可以青粗饲料为主，适当搭配精料进行饲养，每天每头猪 150～250 克豆饼，0.5～1.0kg 糠麸即可。

而母猪怀孕最后一个月，胎儿生长快，胎盘和胎水也不断扩展，致使腹腔容积不断缩小，虽然需要更多的营养，但容积又不能太大，为此，必须喂给较多的精料。即每天每头母猪给 0.5 ~ 1.0kg 豆饼，1kg 玉米面，1kg 糠麸，并配合以品质好的青粗饲料。这样胎儿能长得体大健壮，分娩后母猪健康，乳腺也能充分发育起来。

在母猪接近临产的几天内，除膘情不好的外，都要逐步减少精料喂量，至少要减少日粮的 20% ~ 30%，以免分娩后奶汁过稠引起仔猪拉稀。

在管理上主要应做好保胎工作，怀孕前半期可以合群饲养，在怀孕后半期要单圈饲养。猪圈要勤起勤垫，保持清洁干燥。圈地要平坦，猪炕铺垫草，使母猪躺卧方便，以利于胎儿发育。母猪出入圈舍和放牧运动过程中，要防止互相拥挤、顶撞咬架、快赶急追、鞭打惊吓、跳沟越壕等，以免造成机械性流产。冬季要注意防寒，夏季要做好防暑。每天要让母猪适当运动，增加晒太阳的机会，对提高母猪食欲，增加消化能力，促进母猪的健康，都是十分有利的。

三、母猪化胎、死胎和流产的原因与防控

（一）母猪产生化胎、死胎和流产的主要原因

导致母猪化胎、死胎和流产的原因很多，情况十分复杂。如管理不善、营养不良、环境因素、遗传因素、繁殖障碍因素等，而且其隐蔽性强，不易发现，很难控制，后果严重，是养猪业很难解决的棘手问题。造成死胎、化胎、流产，往往是互相牵连，相互影响，互为因果。

发生化胎主要是母猪过肥、长期便秘或营养不足，饲料质量太差，或卵子质量不好，准配时间赶前或拖后，卵子过于衰老，虽然勉强授精，但胎儿发育受阻。因为母猪在一次发情期所排出

的卵子中，除了10%的卵子不能授精外，约有20%～25%是在受精后，产前死亡。而在产前死亡总数中，2/3集中在妊娠早期特别是胚胎附植前后，1/3发生在怀孕后期。如果胚胎死亡发生在早期，则不见任何东西排出而被子宫吸收，称为化胎。

发生死胎主要是由于母猪繁殖障碍，不仅集约化养猪场易发生，农村养殖户也因此受害不浅。

造成大批死胎主要由于猪乙型脑炎病毒和猪细小病毒，在猪体内形成隐性感染所致。上述两种病毒目前已成为各地普遍存在的病源，其流行与布氏杆菌不尽相同。如引起流产、早产现象不多，大都能在预产期分娩。主要集中在第一胎或第二胎的母猪身上，经产母猪发生较少，所生下死胎猪，大小不均，其中有的成干酪状，称之为"木乃伊"，有的不足月死亡变紫，部分全窝胎猪死亡了的母猪，还可能推迟分娩1～2周等。这两种病源虽几乎同时存在于各地，但流行特点有所不同。猪细小病毒的抵抗力特强，一般常用的消毒药品对其不起作用，对温度的耐受能力也很高，不易致死，成为一年四季均可发生的感染、传播病源。乙型脑炎病毒在自然环境下不易存在，猪也不能直接感染，只在蚊、蝇大量活动期间，通过蚊、蝇的吸血活动而发生传染，乙型脑炎传播具有严格的季节性。因此，对这两种疾病的预防措施不完全一样。

另外，近亲繁殖也会使死胎数、畸形胎增加；怀孕母猪饲料营养不全，缺乏必要的蛋白质、矿物质和维生素，特别是钙和磷，以及维生素A和维生素D，也会引起胎儿死亡。

流产主要原因是母猪过肥或过瘦，影响胎儿正常发育；母猪吃了发霉、变质、带有毒性和强烈刺激性的饲料，而引起中毒；管理不善，如运动场结冰或高低不平，致使母猪滑倒；圈门狭小，进出拥挤，鞭打、惊吓、追赶过急等原因都会造成母猪流产；患乙型脑炎、呼吸道综合征、伪狂犬病、猪瘟、沙门氏菌、钩端螺旋体等，发高烧、流感、布氏杆菌等，都能引起死胎或流产；孕期预防注射或治病用药不当，如投大量泻剂、利尿剂、子宫收缩剂及强烈性药物等，使胎儿发育受到影响，也会造成流产。

（二）防治措施

1. 对怀孕母猪精心管理，特别是怀孕后期母猪最好单圈饲养，避免各种机械性碰撞，防止急追猛赶，猪舍的上下坡道不能太陡，猪舍要勤起常垫、清洁消毒、保持温暖干燥。

2. 认真做好乙型脑炎、细小病毒和流行感冒等疫病的预防，发现疾病及时治疗。同时，投药时要十分注意，防止投错药或用药剂量过大，造成不良后果。

3. 母猪饲料营养要全面，维持母猪膘情，保证胎儿能获得生长发育所必需的一切营养。特别要注意，怀孕母猪后期要消耗大量营养，饲喂蛋白质饲料应不低于15%，还要添加2%～3%的骨粉，保证矿物质和维生素A、维生素E和维生素D的供应。

4. 防止饲料中毒，不要喂霉烂变质及刺激性大的饲料，应尽量喂些豆科青粗饲料、豆饼、玉米、胡萝卜等优质饲料，喂酒糟不能过多。棉籽饼及菜籽饼要经脱毒处理后喂给，马铃薯芽子、蓖麻叶和含有农药或有毒的饲料，酸性过大的青贮饲料、粉浆和粉渣等禁止饲喂。

5. 如已到达产期并有产仔表现，乳房膨胀且分泌乳汁，但既无胎动也不见胎儿产出，时间一久腹部逐渐收缩，则可能是死胎残存在子宫内，对这样的母猪应及早采取人工流产的方法，促进死胎完全排出。最简单的方法是芒硝250～500克，用开水溶化过滤除渣，加童子尿500毫升（取早上的新尿液）调匀，再拌入饲料喂给，或用胃管投服，一般1～2次见效，或注射脑下垂后叶激素3～6毫升，一般就可以排出死胎。

6. 为解决母猪化胎这一难题，必须加强母猪受孕前的管理，在配种前 3～15 天增加蛋白质饲料和能量饲料，同时添加矿物质和多种维生素，使母猪较快进入配种最佳状态，在适时配种后一周，调节内分泌，每头母猪肌内注射孕酮 30 毫克，可有效地减少胚胎死亡，防止母猪化胎。同时环境温度控制 15～25℃，此外，怀孕母猪应适当运动，如长期不运动，胚胎死亡率比经常运动的母猪高 0.5% 左右，母猪运动方式应以自由运动为主。

7. 禁止近亲繁殖

8. 对母猪有流产症状的中药防治措施

（1）对有习惯流产史的母猪，在妊娠 50～60 天时，取黄体酮 3～5 毫升 1 次肌内注射，间隔 10 天重复注射 1 次。同时用中药当归、白术、黄芩、茯苓、白芍、艾叶、川朴、枳壳各 20 克，加水煎汁。连渣拌入少量饲料，让母猪空腹取食，每天 1 剂，连服 2 天，可防流产。

（2）对胎动不安的母猪，取川芎、甘草、白术、当归、人参、砂仁、熟地黄各 9 克，陈皮、紫苏、黄芩各 3 克，白芍、阿胶各 2 克，共研细末，每次取 45 克药末，加生姜 5 片，水 200 毫升，共同煎沸，候温灌服。若效果不明显，可加大剂量。

（3）对母猪体质虚弱有流产前兆的，取熟地、杭白芍、当归、川芎、焦白术、阿胶、陈皮、党参、茯苓、炙甘草各 30 克，大枣 60 克，水煎取汁，候温灌服。

（4）对发生流产后的母猪，也需用药物调理，用川芎、当归、桃仁、益母草各 60 克，龟板、血竭、红花、甘草各 30 克，水煎取汁，候温灌服，可促进早发情、早配种。

四、猪胎衣的巧妙利用

在养猪场或养猪户的母猪每年都要产仔，但是母猪产仔后剩下的胎衣大部分被当作废物扔掉，这对养猪者是一种严重的损失浪费。猪胎衣是养猪生产中宝贵财富，白白废弃是十分可惜的。

大家都知道，母猪从配种到仔猪产出，在这 100 多天仔猪在母体的生存和发展全靠胎盘中营养供给，胎衣中营养全面，仔猪才能健康成长。母猪每天所吃的各种营养物质，除维持其生命之外，其余部分都要储存到胎盘中，以备怀孕时仔猪健康发育所需。由此可见猪胎衣的价值之高，营养之全的宝贵之处，如果母猪胎盘中营养不足不全，仔猪在母体中很难存活，即使勉强生存下的仔猪，在出生时也会出现弱仔、残仔、瞎仔、病仔的情况。

人的胎盘中医称为"紫河车"，畜胎盘中兽医称为紫河草、胎衣宝，不管人的胎盘和畜的胎衣统称为大补之品，药用价值很高。它们的共同功效是扶元固本，补血益气，增强体质，促进生长，延缓衰老。畜用胎衣粉能够促进生长发育，提高免疫力，促进体内分泌激素，增强体能，提高配种怀孕率，同时还可治疗缺乳，母猪久不发情，僵猪发育不良，软骨病和异食癖等多种疾病，功效卓越，作用显著。

1. 对久不发情的母猪，这种母猪体质瘦弱，营养不良，产仔后不能按时发情配种，空腹时间较长。把晒干的猪胎衣用瓦片备干研末，每次喂 40 克，每次加白酒 60 毫升，日喂 2 次，连喂 10 天左右，即可发情配种，准配率在 98% 以上。

2. 所谓"僵猪"是指猪体本身没有病理变化，但是生长缓慢，也就是说母猪产仔最后的那头仔猪，体质瘦弱。对这种仔猪用胎衣粉，每次 15～20 克，每天 3 次，10 天左右就可脱僵，而且毛色光亮，逐渐肥壮起来。

3. 对产后母猪乳水不足时，用胎衣粉每天 30 克，连喂 10 天左右母猪乳水就能盛旺起来，足够仔猪食用。

4. 作者在青冈创业种猪场作过试验，把母猪产后胎衣用锅煮熟喂给产仔后的母猪，这种方法简而易行，效果突出。而且好处众多，一是这种方法把母猪产仔后损耗的 30% 膘情，用煮熟的胎衣原汤化原食地补给了母猪，母猪产后身体复原很快，不用特殊加餐补给营养。二是发情快，只要 28 天断奶的母猪每年可均产仔 2.5 ~ 3 窝仔猪，年提供仔猪 27 ~ 30 头。三是所产仔猪体重肥壮，抗病能力强，基本不得病，可节省大量医疗费用。四是母猪每胎可多产仔 1 ~ 2 头。这种简而易行，变废为宝的措施，每年可为猪场增加若干经济收入。希望广大养猪户、企业、合作社的同仁，不妨一试，不花钱的猪胎衣将会给你带来收效无限。

五、提高母猪受胎率新方法

养猪户都希望母猪受胎准、繁殖率高，下面介绍一种新技术：

在给母猪配种结束时，用绳头或木棒冷不防抽打母猪臀部一下，使母猪受惊猛烈一窜。

为什么这个方法可以提高受胎率呢？因为配种完毕，使母猪一惊，全身肌肉猛一收缩，子宫口也随之收缩，使精液即被深入吸收，防止精液外流，增加了精卵结合的机会，从而可达到提高受胎率的目的。

这种方法可用在人工授精上，因为人工授精没有性刺激，往往已经输完精，母猪子宫口仍不闭合，就会导致精液大量外流，也是人工授精有时不能保胎的一个主要原因。如果人工授精时，配合使用这一新技术，就会使母猪受胎率有所提高。

六、控制母猪白天产仔新方法

母猪在夜间产仔，对仔猪的管理和护理十分不便。特别是冬季，更给管理造成极大的麻烦，饲养人员一时照护不到，仔猪被冻死、压死或被母猪吃掉的现象时有发生，严重影响仔猪的成活率。

过去有人认为，家畜在夜间分娩，是由家畜的神经体液调节作用所决定的。然而，近几年来国内的研究证明，通过改变母猪的配种时间和药物催产的方法，大都能让母猪白天产仔。

母猪的分娩时间，过去的习惯是让公猪早晨空腹给母猪配种，这样才能保证精液的质量，提高母猪的受胎率和产仔数，这样会导致母猪多在夜间分娩。经研究证明，分娩时间与配种时间有直接关系。在常规的情况下，在下午和傍晚交配的妊娠母猪，大都能在白天产仔，因为公、母猪经过一上午的活动，精力充沛，受胎率高，受胎后产的仔猪活力强，分娩的"信号"一般在上午或白天。

辽宁省青源县畜牧局的科技人员，对母猪白天产仔作了如下两个试验：小群试验两个品种，15 头母猪，配种时间为下午1 点以后，配种后全部妊娠，并均在白天产仔。大群试验 5 个品种，35 头母猪，也都下午配种，全部妊娠，产仔最早的时间为清晨 4 点 30 分，最迟为傍晚 7 点零 5 分，其中上午产仔 25 窝占71.4%，下午产仔 10 窝占 28.6%，35 头母猪共产仔 354 头，平均每窝 10.1 头，断奶成活 347 头，平均每窝 9.68 头，成活率达 96.8%。

白天产仔试验成功，为建立一个养猪生产新程序提供了依据。

按母猪妊娠期平均 114 天准确计算预产期，及时观察母猪的临产表现，阴门肿大，有分泌物出现，腹部下垂，叼草做窝，吃食减少，同时表现不安。根据这些现象，在预产期前一天（第113 天）在上午 8～9 点时，在母猪颈部肌内注射氯前列烯醇 2～3 毫升（0.2～0.3 毫克），可使 98.2% 母猪能在次日白天产仔，同时还有催生作用。

据刘延年报道，经其亲自试验统计，此法有效率高达100%，母猪白天分娩率达 98.2%，仔猪成活率由试验前的 94%提高到 98%。

氯前列烯醇对猪有强烈溶解黄体作用，使妊娠黄体溶解，猪血液黄体酮含量下降，从而终止妊娠。并能特异兴奋妊娠子宫，舒张宫颈肌肉，使仔猪按预定时间顺利产出。可使产程缩短半小时左右，并能促进胎衣、恶露排除和子宫复原。同时，对黄体囊肿性不孕症、子宫内膜炎和胎衣不下有较好的治疗作用。

七、诊断母猪怀孕的奇招妙法

早期判断母猪是否怀孕，有很高的生产和经济价值。对已经怀孕的母猪可做好安胎、保胎工作；对未怀孕的母猪可进行药物催情，促进母猪发情再配种，以防空怀。

早期诊断方法如下：

1. 形态观察法：观察母猪外部形态的变化，食欲正常，毛色有光泽，眼睛有神、发亮，阴户联合的裂缝向上收缩形成一条线，证明已经怀孕。

2. 手掐判断法：母猪配种20天左右，在母猪9～12腰椎两侧，用手轻轻一掐来判断母猪是否怀孕。如果母猪没怀孕，则拱脊嚎叫，甚至逃跑，而怀孕母猪则无任何反应。

3. 指压判断法：将拇指和食指从母猪第7～9胸椎两侧，由弱渐强用力压至第2腰椎。出现背脊的凹曲，表示未怀孕。不见背脊的凹曲或见拱背，说明已经怀孕。此法适用于检查配种2个星期后的母猪是否妊娠，尤以检查经产母猪为佳。

4. 尿液判断法：在母猪配种10天后，取其清晨尿液10毫升倒入玻璃杯中，加入5～6滴食醋，轻摇几下，再滴入5～6滴碘酒，然后把玻璃杯放在火上加热煮沸。如尿液呈红色，而冷却后不褪色的，说明母猪已怀孕；如果尿液呈褐绿色或淡黄色，而冷却后转变为其他颜色的，说明母猪没有怀孕，需要重新配种。

5. 检查乳头法：经产母猪配种后3～4天，用手轻捏母猪最后第二对乳头，发现有一根较硬的乳管，即表示已受孕。

6. 弓张反射法：在早上饲喂前，于母猪鬐甲部或后腰部先作轻而短的按压，后抓、捏，如有弓张反射，即未孕；若怀孕，这种反射于孕后 8 ~ 10 天就消失，直到产后 7 ~ 9 天才出现。对反射不明显的可隔 2 ~ 3 分钟再推 1 次。

7. 药物试验法：采用雌性激素，母猪配种后 15 天，每头母猪肌内注射乙烯雌酚 3 ~ 5 毫克，注射后 3 ~ 5 天，如果母猪不出现发情症状，证明母猪已经妊娠。

八、母猪临产的表现

母猪的怀孕期平均是 114 天，一般只要登记上配种的确切日期，就可推算预产期，但是产仔日期不一定这样准确，有的母猪可能提前 4 ~ 6 天，也有的可能推迟 5 ~ 6 天。因此，除了根据预产期推算外，还要根据临产前的表现，安排接产工作就更加准确了。

随着胎儿的发育成熟，母猪在生理上会发生一系列的变化，如乳房膨大、产道松弛、阴门红肿和行动异常等，都是要分娩的表现。

总的临产表现可归纳为"三看一挤一听"方法：

一看乳房：在母猪产前 15 ~ 20 天时乳房从后面逐渐向前膨大下垂，乳房基部与腹部之间的界限明显。到产前一周左右，乳房膨胀得更加厉害，两排乳头呈八字形向外分开，色泽红润，经产母猪比初产母猪明显。这就如群众所说的，"奶头炸，不久就要下"。

二看尾根：产前 3 ~ 5 天，阴门开始红肿，骨盘开张，阴门松大，皱纹展平，尾根两侧逐渐下降，但较肥的母猪不太明显。

三看行动：产前 6 ~ 8 小时，母猪会叼草做窝（引进纯种无此表现，只是把草拱来拱去），这是母猪临产前的特有行动。观察表明，初产母猪比经产母猪做窝早，冷天比热天做窝早，同时食欲减退。

一挤是挤乳头，产前 2～3 天，乳头可挤出乳汁，一般来说，当前部乳头能挤出乳汁，产仔时间不会超过 1 天，如最后一对乳头能挤出乳汁，初乳较黏、透明、稍黄，则产仔只有 10～12 小时或 4～6 小时即可产仔。

一听呼吸，如发现母猪精神极度不安，呼吸急促、挥尾、流泪、来回走动，时而犬坐，频频排尿、排粪，则 6～12 小时内就要产仔。

若发现母猪躺卧，呼吸低沉而短促，呼吸次数增加，并发出声响，四肢伸直，每隔一小时阵缩一次，而且时间越来越短，皮肤干燥，腹部起伏变大，全身努责用力，开始阵痛，阴门流出稀薄黏液（羊水），这时很快就要产出第一头小猪。产前的 1～3 天夜间要设值班人员，避免发生意外事故。

九、母猪产程过长的原因与防治

母猪产仔从第 1 头乳猪产出落地到胎衣排出的产仔过程，称为产程。母猪正常的产程时间，一般为 2～3 小时，当第 1 头乳猪产出后，约每隔 10～20 分钟产出 1 头，有的接连产出 2～3 头。产完仔猪约半小时左右，排除完整的胎衣，产仔全部结束。但是确有部分母猪由于某种原因使产程延长。母猪妊娠期和产程越长，死胎越多，损失越大。

母猪产程过长的主要原因如下：

1. 初产母猪，尤其是早配体重较小的母猪产仔时，子宫及腹部肌肉的间歇性收缩力较小，骨盆腔口和阴道窄紧，母猪疼痛，肌肉收缩，其产程大部在 10 个小时左右，而经产母猪仅 1 小时左右，最长的不超过 3～5 个小时。

这主要是母猪初次配种过早，不仅较容易造成产程长，且后代生活力和成活率也都较低。因此，初次配种母猪应在 10～

12 月龄，体重达到 100kg 以上，过 2～3 个情期配种为宜。为了缩短分娩时间，可在分娩猪产出第一头仔猪时，立即肌内注射催产素 25 单位，如第一次用药后 30 分钟，母猪产仔间隔时间仍然较长或母猪努责无力时，再按原剂量注射一次，经 2 次注射后母猪基本上顺利分娩。

催产素在子宫颈尚未开放，胎位不正，骨盆过狭及产道障碍等情况下忌用。而当第一头仔猪分娩后说明胎位正常，注射药物不会给母猪带来危险；其次，催产素在猪体内有效浓度的持续时间约 30 分钟，半小时后重复用药一次能延长药效，促使仔猪更快产出，比在母猪出现难产时才下药的做法更胜一筹。

用此方法适应于各胎次的母猪，应用催产素对照组成活率提高 21.2%，母猪产仔连续时间平均缩短 2.4 小时，胎衣完全排出时间缩短 7.5 小时，效果显著。

2. 品种，从国外引进的大约克夏、杜洛克、长白、汉普夏、斯格、迪卡、皮兰特等几个瘦肉型品种母猪和国内新培育的母猪均较当地品种母猪产程长 1～2 小时，可能与适应性有关。母猪临产前 5～7 天，连续喂给姜葱汁，可使母猪较容易和较快产下胎儿。具体做法是：将 0.5kg 生姜拍烂，取 50 克鲜葱切碎，两者混合后再加入适量水煮沸 5 分钟，取姜葱汁液候温，每天分 3 次拌入饲料中，让其自由采食。

3. 胎次，8 胎以上的老龄母猪，在产程后期，因疲劳乏力，子宫收缩和腹压力减弱，产程往往拖延到 10 小时以上。而老龄母猪产仔越来越少，初生重越来越小，经济效益低。除了个别优秀个体外，一般 7 胎以上应淘汰处理。

产程后期，疲劳过度时，母猪精神不振，无力产仔。可尽快用 10% 葡萄糖注射液 500～1000 毫升，静脉滴注。同时可用脑下垂体后叶激素 3～5 毫升，肌内注射。既能催产，还有及时产出死胎、胎衣，加速子宫复原和催乳作用。

4. 死胎，当母猪被感染乙型脑炎、细小病毒、伪狂犬病等繁殖障碍疾病时，胎儿中期或后期死在猪腹中，往往数小时产出1头由腐烂胎衣包着的死胎或"木乃伊"，有的产程高达3~4天，甚至更长时间。

上述几种病现都有疫苗，可以接种预防。过去有的农户养猪贪图省事，多用多联疫苗，实践证明，多联疫苗不如单苗免疫效果好。如诊断确属全腹死胎，可用上海市计划生育研究所研制的氯前列烯醇注射2~4毫升，可加快死胎排出。

5. 配种间隔，青年母猪性欲旺盛，发情持续期3~5天，有的母猪开始接受爬跨即配种，因迟迟不落情，有的间隔2~3天又复配，由于复配时间间隔过长，产程也略有延长。

双重配种是提高受胎率和产仔数的一项新技术措施。但2次配种间隔时间以8~12小时为宜，最好在当天的早、晚各配一次为好。

6. 胎儿过大，有的妊娠母猪喂得过肥，胎儿生长发育较大，产出吃力，产程延长，如遇难产，应按难产处理方法搞好接产。

7. 生人骚扰，母猪产仔时，多数母猪精神紧张、敏感。产仔时产房如有生人，更会加重其紧张状态，惊恐不安，站而不卧，产程延长。

母猪分娩要保持产房安静，除饲养员外，禁止生人进入产房，尽量避免意外声响的发生。

十、保证母猪顺利产仔的措施

（一）仔猪接产工作过程

分娩前的准备，在母猪预产前8~9天，严格消毒猪槽，即先用水冲洗猪舍，撒上克辽林等消毒药，再用扫帚蘸上石灰水（每0.5kg石灰加水1.5kg）粉刷墙壁和地面，经1~2天干燥后，即可将临产母猪赶入猪舍。如母猪临产前体质较好，可于产前 7 天开始逐渐减料，最后使日粮中的精料减少 10% ~ 20%。减少部分用青绿饲料补充，目的是以免体积过大，压迫胎儿。如果此时母猪体质差，应加喂一些富含蛋白质的饲料，同时，每天加喂 1 克维生素 C，产前 3 天，每天喂配合饲料 1~2kg，若猪有饥饿感，可增加青饲料。防止母猪产后缺奶。分娩前后不要改变饲料品种，此外还要准备接产工具、保温箱、干净布片或毛巾、消毒碘酒等。

1. 为了使母猪顺利接产，在母猪临产前 5~7 天，连续喂给姜葱汁，可使母猪较容易和较快地产下胎儿。

2. 在母猪整个分娩过程中，子宫腹部肌肉间歇性收缩，把胎儿从产道内压出，这种收缩叫"阵缩"。母猪正常的分娩时间一般 2~3 小时，最快的仅 1 小时，最长的约 5~6 小时。当羊水流出后约 20~30 分钟，见母猪屏住呼吸，腹部膨起，四肢伸展，待尾巴一动，即有第一个小猪产出，然后约每隔 5~20 分钟产出一头，有时也能连续产出 2~3 头。实践证明，经产母猪产仔间隔时间短，初产母猪时间长。最后产出的仔猪和个体特别大的仔猪间隔时间往往较长。

3. 当仔猪落地后，饲养员应马上用干净的毛巾或布片将仔猪口鼻部的黏液擦净，以防堵塞口鼻影响仔猪呼吸，再仔细擦干周身。然后给仔猪掐断脐带，为了防止断面出血，可在掐断前先把脐带内的血向仔猪腹部挤压，在离仔猪腹 4 厘米处用手掐断或用消过毒的剪子剪断。断面用 5% 的碘酒消毒。留在仔猪腹部的脐带很快就会干化，经过 2~4 天就会自动脱落。当产出仔猪完全被胎衣包住时，应立即撕破胎衣，否则仔猪会窒息而死。

4. 现在大多数产圈备有仔猪保温箱，可将仔猪先放在其中，意在将仔猪身上的黏液烘干或烤干。以免因为水分蒸发使仔猪体温下降，招致疾病，甚至冻僵不会吃奶，引起死亡。

5. 烘干黏液后的仔猪，应及时吃上初乳，饲养员应有次序地轮回提取 1～2 头仔猪送到母猪腹部吮乳。如仔猪吃乳时间过迟，则会引起"僵口"。有时仔猪在保温箱内互相啃吮脐带，易引起死亡。若有不会吮乳者，用手指压其两嘴角，使之张嘴，另一手挤压奶头，使奶水流入仔猪嘴里。

6. 当母猪产仔时间过长，阵缩减弱或母猪疲劳时，可用酒精棉球堵塞一侧鼻孔来提神。另外，产仔时间超过 10 小时或排出羊水后几小时不见仔猪产出，则应及时请兽医助产，或注射催产素。

7. 胎衣一般都是在仔猪全部产出后约半小时，分作两堆先由一个子宫角排出，再由另一个子宫角排出，少数母猪边产仔边排胎衣。如看出产下的胎衣最后一端形成盲端，或胎衣有断端，可能母猪腹里还有仔猪，也可查看以前的记录来对照做出估计。还可用两手上下挤压母猪腹部，判断是否还有仔猪没有产出。如全部产出，说明胎衣已完全排出，产仔结束。当胎衣排出后，饲养员应及时把胎衣连同污染的垫草一起清除，防止母猪吞食，但决不要硬拉尚未排出的胎衣。胎衣不要扔掉，将清洗切碎与麦麸、海带等一起煮汤给母猪饮服，催奶效果很好。

（二）及时处理异常情况

1. 通常母猪躺向一侧分娩，后躯朝向墙角，如果此时其阴部碰到墙壁，会使所产仔猪受到挤压，接产也不方便。此时应移动母猪后肢，使阴部和墙壁之间留下足够的空间。

2. 在不安的情况下，母猪每产完一头仔猪就会立即站起来，并掉首回顾。这种不安可能是由于产道的压迫和仔猪的叫声引起的。有些兴奋性很高的母猪从分娩以后，经常起来并改变睡卧位置，很容易压死仔猪。这些现象在初产母猪发生较多，应随时注意。有少数母猪（大多为经产母猪）站立分娩，其产生的仔猪在落地时可能有摔伤，或脐带撕裂引起出血，这时饲养员应及时抚摸母猪腹部，设法让其躺下产仔。

3. 有些母猪产后不久咬死仔猪而不食。这类母猪可能因为被仔猪的鸣叫声及其他声响惊扰所致。此时可将其余仔猪迅速移走，母猪安静后再放回。

4. 母猪分娩后，在冬季有颤抖现象，瘦弱的母猪在夏秋也会有这种现象，应注意保暖，并防止吹入凉风引起疾病。

十一、母猪吃猪仔的防治妙招

（一）母猪吃猪仔的主要原因

众所周知，不管是人类和动物，产仔是一生最痛苦的经历，每次母猪产仔如果一切顺利的正常情况下，还得经过 2 个小时左右，每 20 分钟产出一头仔比较正常。如遇仔猪过于肥壮或者胎位不正等特殊情况，产程会增加到 5~6 个小时不等。在这期间，母猪使劲全身之力，不断努力，有时无济于事，把母猪折腾得疲备不堪，精疲力尽，痛苦之极。这个过程中使母猪消耗大量体能，特别是母体津液消耗最大，产后母猪口渴难忍，饲养人员又不给母猪饮水，乘人不备吃掉猪仔的情况时有发生。如果不采取正确方法防治，下次还会发生，这是母猪吃猪仔的主要原因。

1. 在母猪产后不及时把胎衣或死胎清出猪舍，让母猪养成吃胎衣或死胎的恶习，继而演变成吃猪仔的习性。

2. 农家养猪有啥喂啥成为习惯，有时把家里残汤剩菜都拿去喂猪，有时生骨肉汤也用来喂母猪，这时吃成习惯，也会产生吃猪仔的习性。

3. 在农家散养猪时，不讲科学，造成营养不全、不齐，母猪的饲料中缺乏钙、磷、氯、钠等矿物质或维生素等。在母猪产仔过程中，消耗津液大，为了急需补充口渴所需，也会出现母猪吃猪仔的情况。

4. 我国每年养那么多的猪，出现这种现象的不计其数，而且防不胜防，有些养殖者束手无策，而且出现了各种主张，一是认为这种母猪护仔性能太差，竟然把自己所生猪仔吃掉十分气愤，坚决杀掉；二是主张下次母猪产仔时给其带上铁箍嘴，让它无法去吃猪仔；三是主张严格管护，让其没有吃猪仔的机会。总之，把母猪吃猪仔行为全归罪于母猪有失公证，母猪吃猪仔的责任主要在饲养者。猪属于低级动物，在产仔期间吃尽了千辛万苦，人属于高级动物，猪生存和发展都由人主宰，任人摆布。养猪目的是让其提供大量猪肉产品，供人类食用，猪生长的快慢，产品是否美味可口，人们要为猪提供各种充足的营养才能达到目的。我国有句名言："要让马儿跑必要给马儿喂足草"。这个道理人所共知，养猪与养马都是一样的，都应该如此的对待是符合道理的。

母猪产仔中出现的错误，有些人提出以上三项主张是既不讲道理，也不科学，是一种严重的对牲畜的虐待行为。为此20世纪90年代世界养殖业发达的国家就提出将动物的福利饲养提到重要日程，对动物饲养要求实施人性化管理，不准虐待动物，而且说到做到。荷兰从1994年提出禁止笼养鸡之后，世界很多国家积极响应，欧盟27国1996年发布了保护蛋鸡最低饲养标准指令，到2012年禁止使用传统的笼养鸡，欧盟27国到2013年取消猪的笼养和圈养，一律实施散养。这些主张是正确的，符合人类向往恢复自然生态心理，坚决改正对动物的画地为牢的养殖方式，与生态隔绝的错误做法，这种饲养方式，决不会让人类吃上鲜活、味道鲜嫩的动物食品。

母猪在临产时出现的错误，首先应从人身上找原因，并运用科学的方法加以解决，那才是正确态度，而且符合动物实施人性化管理的要求。

（二）保证母猪营养供给

1. 不管是规模大的养猪场或养猪合作社及农家养猪，都应注意怀孕母猪和哺乳母猪的饲料成分，一定要保证蛋白质、矿物质和各种维生素营养齐全，防止各种营养缺乏的情况出现。

2. 在母猪产仔期间，把猪胎衣或死猪立即清出猪舍，防止母猪吃掉，养成吃猪仔恶习。

3. 母猪产仔期间身体津液消耗很大，饲养者可利用麦麸煮成开水，候温及时补给母猪饮水，补充所消耗的大量津液。

4. 散养猪也要注意，防止把骨肉汤喂给母猪，造成母猪养成吃猪仔的恶习。

（三）防止母猪吃猪仔的妙招

为了防止母猪吃猪仔的情况发生，可采取以下防控妙招：

1. 对吃过胎衣和仔猪的母猪，为防止第二次发生，可用河虾或小鱼 100~300 克煮熟喂服，每天 1 次，连喂数天。

2. 用巴豆 7 粒，研末去油，用生熟清油 30 毫升，调服喂给母猪。

3. 从母猪配种当天起到 105 天时，早晨将母猪背上的鬃毛剪下约 100 克，先烧灰与黑豆或高粱掺和在一起，入锅煮开，放到晚间，掺入饲料内让母猪吃完，这种方法母猪分娩时决不会再吃猪仔，有效率 100%。

4. 有的养猪户用母猪的尿液或柴油涂擦在新生仔猪身上，也有很好防控效果，猪嗅觉敏捷，不是它要吃的味道，它绝不会吃的。采取以上妙招可有效解决母猪吃猪仔的问题。

第三节　母猪高产的高效技术

一、孕前打针，产后催乳

四川省垫江县福安乡大龙村张友书，饲养母猪很有经验，每头母猪两年产 5 窝。1984 年他所养的一头母猪分别在 4 月 2 日、8 月 13 日、12 月 15 日年产 3 窝共 48 头仔猪，成活率达 100%，其经验有：

1. 母猪怀孕前 10 天喂维生素 10 ~ 15 片，怀孕后经常喂给豆浆、骨头汤等。

2. 母猪分娩后，用海带汤和红糖煮黑豆粥喂给，以催乳。

3. 仔猪出生 7 天内肌内注射维生素 C 2 毫升，10 天后开始饲喂豆浆稀饭。

4. 提早断奶促使母猪尽早发情。

5. 母猪发情后配种 3 天，第一、第二天配 1 次，第三天复配 1 次，以提高受精率，增加产仔数。

二、按摩催情，年产 3 窝

据四川梁平县西中街七号科研所首汉伟报道，该所研究的母猪药物催产、诱导发情配种技术，实现了母猪年产仔 3 窝，克服了传统用性激素成本高、毒副作用大、易失败，仔猪品质差等缺点。采用此技术应掌握以下三个要点：

（一）母猪的药物催产与保健

主要用中药熟地、青皮、陈皮、苏木、山甲、红花、当归、三棱、木通、木香各 30 克，斑蝥 5 克，开水浸洗后，加入白酒 1.5kg，浸泡 10 天备用。在母猪妊娠 114 天上午 8 点，每头肌注氯前列烯醇 15 毫升，第二天白天即产仔，产后应加强母猪管理，增喂精料，辅投青绿饲料，母猪每天用配好的药酒 20 毫升拌入精料投喂，即拌即喂；每日补喂维生素 B 4 片，防止哺乳过多造成体内营养阳亏而瘫痪；每日补喂维生素 E 4 粒，改善生殖系统功能，以利交配受孕。

（二）诱导发情配种

产仔后第 10 天即可诱导母猪发情配种。

1. 将母仔猪隔离，以利操作。

2. 将肉感橡胶球表面涂油，人工摩擦阴道口 10 分钟，激起性欲。

3. 将人工输精管内精液 1 毫升喷到母猪鼻腔里，精液气味刺激母猪进一步发情。

4. 继续摩擦阴道口 10 分钟，使其有强烈的性快感，刺激脑下垂体，分泌滤泡激素，促进发情排卵。

5. 把人工输精管插入阴道 15 ~ 18 厘米，先轻微上下左右颤摆 5 ~ 10 分钟，使母猪达到性高潮，即推入精液 3 ~ 5 毫升，继续颤摆 5 ~ 10 分钟，即抽出人工输精管。

6. 继续摩擦阴道口 10 分钟，动作逐渐缓慢放松。

7. 让母猪独自安静 30 分钟，再放回仔猪群中。

（三）注意事项

1. 药酒只能喂 10 天，交配后禁喂。

2. 切忌超量补喂维生素，以防中毒。

3. 抽出人工输精管，切忌怕麻烦而不再继续摩擦阴道口，因母猪此时仍处在性高潮中，如忽然停止刺激，将引起全身不适应激反应，停止子宫肌肉收缩，减少精卵相结合的机会。

4. 对仔猪要采取早补铁、早开食、早免疫、早断奶、早去势、早驱虫、早健胃的直线育肥等技术措施。

三、产后调理，少病多生

广西壮族自治区贵港市木梓乡木梓村 16 组李锡仲，饲养的母猪两年产 5 窝。他们的主要经验是：做好产后调理，提高母猪繁殖力。母猪产仔后，喂豆浆、米粥等精料，并把阉割仔猪下的睾丸加放几粒白胡椒煮熟喂给母猪吃，以补充营养。同时，把母猪与仔猪隔离，每天只喂 3 次奶。在仔猪 30 日龄断奶时，用一条 0.5kg 以上的红鲤鱼，加酒煲给母猪吃，并给母猪注射一支催情针，经一个星期，母猪就可发情配种。

四、饲喂泥鳅，多胎仔强

福建省福鼎市硖门区东稼乡大坝头村刘吓印，饲养母猪产仔多，生长快，效益好。其秘诀是：

捕捞田间泥鳅鱼，喂给母猪。他把捕捞到的泥鳅鱼放在缸里游养 2 天，让泥鳅鱼吐尽浊水，然后捞出洗净，用少量的红酒（0.5kg 左右）让泥鳅吃醉，最后把泥鳅放在锅里，加上 50 克菜油，10 片姜头和少量食盐，煮熟煮烂，每头母猪喂 1.5kg。由于泥鳅富含蛋白质，母猪吃后十分健壮，仔猪也长得很快，出生25 日龄即可断奶，断奶后，1 周后母猪即可发情配种，因此，刘吓印养的母猪两年产仔 5 窝。

五、配种保胎，窝窝仔多

贵州省雷山县报德乡报德村文锡富，在常规饲养管理条件下，母猪平均每年只能产 1.8～2 窝，怎样才能使母猪年产2.5 窝，且每窝仔猪数量多呢？他在多年生产实践中摸索出一条综合技术措施，使 3 头母猪两年产 15 胎，每胎产仔 12～15 头，窝均收入达 1000 元，取得较好的经济效益，其所采取的综合技术措施是：

1. 合理安排配种季节，他对初产母猪，安排在 4～5 月配种，8～9 月产仔；9～10 月配种，第二年 1～2 月产仔；2～3 月再配种，6～7 月产仔，如此安排即可使母猪大多能在繁殖成活率高的春季和秋季配种产仔，一年 2.5 窝，两年产 5 窝。

2. 适时配种，讲究配种技术。他饲养 1 头种公猪，把公猪与待配母猪尽量同养于同圈猪舍。每天上、下午公猪各一次赶入母猪舍，进行发性鉴定或配种。以母猪发情允许公猪爬跨后 9～30 小时或采用人工授精以手压母猪臀部，母猪静立不动，呈现"静立反射"时进行配种。本地母猪宜在发情后 2～3 天配种；

外国母猪宜在发情后当天下午或第二天上午配种；杂交母猪宜在发情后第 2 天下午配种。配种时还遵循"老配早、小配晚，不老不小配中间"的原则，对不同年龄、不同杂交组合的母猪，用不同品种公猪进行选种选配。为了确保"不漏情失配"，头胎、二胎母猪实行双重配，或在首次配种后 8～12 小时重复配种相结合；三胎以上母猪采用重复配种，多年的实践证明，交配在早、晚饲喂前进行，可确保受胎率达 85% 以上。

3. 哺乳期配种和药物催情。母猪哺乳期第一次发情在产后 2～5 天，以产后第 2 次发情即在产后 24 天配种效果较好，若在仔猪断奶前仍配不上种，必须在仔猪断奶后 3～5 天，选用下列药物催情：配方一，王不留行 50 克，益母草、石楠叶各 30 克，煎汁喂服或拌料喂服，每天一次，连喂 5～7 天；配方二，取出母猪产仔后 1～3 小时所分泌的初乳，每 100 毫升加链霉素 1 克或青霉素 5 万单位，每头每次颈部皮下注射 15 毫升，每天 1 次，连用 1～2 天；配方三，三合激素肌内注射，每头 2～3 毫升，或"促排 3 号"，每头 100 毫升；配方四，鲜韭菜 250 克，鲜大葱 150 克，鲜椿树叶、鲜桃叶各 100 克，黄酒 100 毫升混合，拌食喂之，每日一剂，连服 2～3 天，实践证明，经药物催情后，94% 的母猪可提前发情。

4. 保胎。配种受孕后，在整个妊娠期，都要合理饲养。饲料必须按照"两头精、中间粗"的原则喂给，而且要求优质、清洁，禁喂变质饲料。喂料时要适当搭配些轻泻料如麦麸等，以防便秘。妊娠母猪进出圈时，要严防猪体滑倒，并避免追赶惊吓。配种后要单圈饲养。头胎带胎过夏的妊娠母猪有条件时要接种乙脑、细小病毒疫苗。

5. 并窝。把仔猪数少的一窝或几窝仔猪并入母性好的、泌乳量高的母猪所产仔的窝中，让这个母猪哺养，以便对不哺乳母猪用催情法提早配种。并窝时必须先使并窝仔猪在原窝吃足初乳，再并窝混群。

6. 提早断奶。母猪断奶后一般 5 ~ 10 天发情，经验证明，以 35 ~ 40 日龄断奶较为适宜。提早断奶的技术要点是：仔猪吃足初乳，固定奶头，2 ~ 3 日龄肌内注射右旋糖酐铁等铁剂 100 ~ 150 毫升。7 ~ 10 日龄用高能蛋白料和全价颗粒料补料。补料以"新鲜可口，量少勤喂"为原则。冬天中午、夏天傍晚各补一餐。断奶时保持清洁、干燥、温暖的小环境，断奶后保持原料、原圈。

7. 补喂

（1）补饲料：体况比较差的母猪配种前 20 天饲喂量增至通常两倍；体况中等的在配种前 10 ~ 15 天，增加 50% 的饲喂量；体况较肥的，不增加饲粮。补过料的母猪配种后即将日粮降至正常量，以免胚胎死亡。经验证明，通过补喂的母猪排卵量增加产仔数多 2 头以上，并保证仔猪全活全壮。

（2）补维生素：其一在断奶母猪日粮中额外添加维生素 K 100 毫克，维生素 E 200 毫克。喂至发情时减半，连续喂到 21 天为止。其二在妊娠分娩前 7 天，每头每日饲粮中添加维生素 C 1 克，这样可大大减少因出血而引起仔猪窒息死亡的现象。

六、科学饲养，仔多母壮

江苏省句容县农校周光齐、王济芬报道，两年母猪产 5 窝的实践经验如下：

1. 重视分娩护理，可用当归 10 克，黄芪 10 克，益母草 30 克，红糖 150 克，煎水连渣趁温喂产后母猪，连喂 2 天。

2. 产后肌内注射维生素 A、D 保健液。

3. 在断奶前 10 ~ 15 天开始给母猪乳房作深层按摩（即手掌揉乳房时用 5 指紧扣乳房基部作圆磨式旋转按摩），并按摩阴唇和揉擦阴蒂。按摩次数每天由 1 次逐渐增加到 3 次，每次 5 ~

15 分钟，以刺激发情。

4. 断奶的当天早上，用炒黄的大麦芽 150 克，蒲公英 50 克，淫羊藿 10 克煎服，连服 1～3 天，以退乳消胀催情。

5. 断奶后，将公猪赶到母猪身边诱情，每天 1 次，每次 15～20 分钟，连续 5 天，或在每天早晨于母猪舍内播放公猪求偶叫声的录音。

6. 认真防治母猪子宫内膜炎等产科病。给母猪每天肌注维生素 A、维生素 D、维生素 E 注射液，以激活生殖机能，并在断奶后第三天注射三合激素 1～2 毫升，连注 1～2 天。

7. 发情母猪适时输精（配种），在人工授精或配种时要充分按摩阴唇及阴蒂，以提高受精率。

8. 母猪配种后每隔 5 天肌注 1 次维生素 A、维生素 D、维生素 E 注射液，共 6 次，以防胚胎早期死亡。

第四节　哪些母猪应退役和淘汰

因为粮食短缺，饲料价格不断提升，严重制约养猪业发展。而且饲料成本为养猪成本的 70% 左右，母猪又是养猪效益核心群体，号称"发动机"和"小银行"。要想取得好效益，母猪必须是高产高效的。一些因为年龄大，生产效率低下，或者疾病屡治无效，已经失去保留价值的低产低效的母猪应该下决心退役和淘汰，否则浪费人工、饲料和设备，严重影响养猪效益。

一、超龄母猪坚决退役

目前有的农户家母猪已"超龄"仍在进行配种繁殖，认为将母猪阉割喂肥也不值钱，不如让它多下几窝崽，其实，"超龄"母猪继续繁殖是弊多利少，理应让其"退役"。

1. 进入衰老期的、产仔超过 7 胎的母猪，生殖机能降低，激素分泌紊乱，卵泡发育受阻，卵子少而低劣，排卵期时断时续，时早时迟，造成配种失误，降低受胎率和产仔数。

2. 母猪的消化机能衰退，泌乳能力下降，"合子"的着床、胚胎的发育、仔猪的成长失去了必要的环境和营养，导致胚胎早期死亡、仔猪中途死亡。

3. 合理而正常的母猪繁殖年限是 3～5 岁，7～8 胎，每个情期排卵 12～20 个，每胎产仔数最低 10 头，有较好的经济效益，而超过繁殖年限和胎数的母猪，受胎率和产仔数极少，仔猪质量又低劣，饲养期成本又高，经济效益低，甚至是得不偿失。

因而，给农民提个醒，饲养的"超龄"母猪应及时更新，果断淘汰年过 5 岁的母猪，重新培育优良母猪，达到易受胎、产仔多、奶水足、仔猪壮、饲养成本低、经济效益好的目的。

二、因疾病久治不愈的要淘汰

1. 后备母猪不发情

有些后备母猪已达到配种日龄和体重，但没有表现出性周期。其原因是后备母猪生殖器官先天发育不良或畸形，或是脑垂体前叶分泌的促卵泡素和促黄体素较少，卵泡不能正常发育和成熟，导致母猪乏情。此类母猪可以用公猪试情的方式，促进其发情排卵，也可用激素诱导发情。后备母猪饲养过肥，可导致卵巢内脂肪浸润，卵泡上皮脂肪变性，卵泡萎缩，也可引起后备母猪不发情、不受孕。这类母猪应减少精饲料给量，加强运动，便可促使其发情。对于后备猪群中经处理后确实不能正常发情的个体应予以淘汰。

2. 超期不产

有些母猪配种后没有返情现象，也无妊娠迹象，甚至超过预产期也不分娩。其原因是母猪感染了病毒或缺乏维生素 A、维生素 E 等，造成流产或死胎。木乃伊化的胚胎可造成持久黄体，无法识别母猪妊娠而处于"假孕"状态。遇到这种情况，应及早确诊和处理，对假孕母猪首先要去除黄体，并结合使用催情药物，使母猪进入正常的繁殖状态。几次处理仍不能正常发情配种应及早淘汰。

3. 肢蹄病

主要表现为母猪四肢无力、后肢有伤、瘫痪及蹄部疾病。母猪由于后肢无力或蹄部疾病，无法承受本身的重量，公猪爬跨而不能正常配种。尤其在高限喂栏个体饲养和高床限喂栏分娩饲养的条件下，由于母猪缺少应有的自由运动，加上高床金属或塑料漏缝地板对地磨损，使肢蹄发病率升高，影响母猪的繁殖性能，导致母猪淘汰率的增加。

4. 先天疾病

在正常的生产管理中，少数青年母猪由于某种因素导致的非传染性个体病，久治不愈，身体衰弱，已经失去进行经常生产繁殖的能力，在经过综合评定后确认已无饲养价值的个体应予以淘汰。

三、没有利用价值的母猪也要废弃

1. 低产母猪

有些处于生产高峰期的母猪，连续 2~3 胎产仔数较少，主要原因是本身性器官发育不全，卵巢机能较差，排卵数少，也可能因为妊娠前期饲养、营养、管理不当引起胚胎早期死亡。如果能够排除管理方面的因素，确认是母猪本身的原因，这种猪应予以淘汰。

2. 泌乳差

有些母猪虽然产仔性能较好，但泌乳力差，不能正常哺育所产仔猪。主要原因是母猪泌乳系统发育不全，泌乳能力不够。如果连续 2~3 胎都表现出泌乳力差，这种母猪就应淘汰。

3. 护仔性差

极少母猪的母性差，有食仔恶癖或仔猪出生后不能被很好地哺育，把仔猪挤死、压死的概率大大增加。虽然产仔数量不少，但育成率极低。在排除饲料、疾病及管理方面的原因后，这样由母体本身缺陷带来的生产率下降个体应予以淘汰。

第三章　仔猪快速生长与管理

第一节　保证仔猪快速成长的方法

一、仔猪出生后把好三关

仔猪离开母猪体后，生活条件发生了重大变化，从原来的安静、稳妥，通过胎盘进行物质交换的优越环境，突然来到一个动荡不安的环境中，并要进行呼吸，从母乳或饲料中摄取营养物质，以求生存。这种突然改变的生活环境，本身就是一次很大的刺激，若是饲养管理稍有不慎，则会造成损失。

1. 初生关。仔猪的日龄越小，死亡率越高，尤以初生后1周龄内为最多，主要死亡原因有：痢疾、压死、冻死或先天缺陷等。因为这个时期仔猪体弱，行动不灵活，抗病能力和耐寒力最差，所以加强初生仔猪7天内的保温、防压、抗病是最重要的。

初生仔猪首先固定奶头，保证产后2小时内必须吃上初乳，认真打好防病"四针"，并要精心护理，保证舍温在26℃左右。这是初生仔猪的第一个关键时期。

2. 痢疾关。仔猪出生21天，五脏六腑虽然齐全，但是全而未壮，消化器官不发达，胃肠消化吸收机能不完善，此时仔猪生长旺盛，如果母猪过肥会造成乳汁中脂肪太高，或者诱食饲料质量差以及采食量过大等，都会引发胃肠疾病。

仔猪发生黄、白痢疾时，取白头翁200～300克研成末，拌入母猪饲料中喂服，可达到治愈的目的。这是仔猪出生3周的第二个关键时期。

3. 断奶关。仔猪断奶前、后，仔猪由吃奶转变为吃料，开始独立生活，生存环境发生了重大变革，如果诱食基础不好，很容易造成死亡。所以，在断奶前15天，每天用750克黄豆、100克油脂，加上黄豆磨成的豆浆拌玉米粥喂仔猪（此为10头仔猪的用量），待仔猪肤色红润，体重增大时便可断奶，断奶最初几天，所用饲料保持不变，以后才逐渐改变。这是仔猪断奶后的第三个关键时期。

针对上述三个关键时期，精心护理，才能提高仔猪成活率和增加断奶窝重。

二、仔猪吃初乳的重要性

母猪分娩后5~7天内分泌的淡黄色乳汁叫作初乳，以后分泌的则称为常乳。由于母猪的胎盘构造特殊，大分子免疫球蛋白不能通过血液循环进入胎儿体内，因而初生仔猪不具备先天免疫能力，只有通过初乳才能获得免疫抗体。

1. 初乳的作用。母猪的初乳与常乳不同，初乳中含有大量免疫球蛋白，而脂肪含量较低，维生素丰富，具有抑菌、杀菌，增强机体抵抗力等功能。每100毫升初乳含免疫球蛋白7~8克（3天内降至0.5克），这符合仔猪迅速增重对蛋白含量的需要和初生仔猪消化力弱，不能消化大量脂肪的特点，只有吃到初乳，使初生仔猪24小时内免疫球蛋白通过肠道直接进入血液，使仔猪获得被动免疫和母源抗体。30~72小时后渗透性显著下降。因此，仔猪出生后尽早吃到、吃足初乳是十分重要的。此外，初乳中含镁盐较多，具有轻泻作用，可促进仔猪排出胎便。总之，初乳中其他营养成分比常乳高，仔猪产出后随即放到母猪身边吃初乳，能刺激消化器官活动，增加营养产热，提高对寒冷的抵抗能力。初生仔猪若吃不上初乳，很难育活。

2. 哺喂初乳的方法：仔猪出生后，及时训练仔猪捕捉母猪乳头的能力，尽早给予第一次哺乳。若母猪分娩延长到 2 小时以上时，就不等分娩结束就要先将产下的仔猪放回母猪身边进行第一次哺乳。对不能自动到母猪身边吃初乳的弱小仔猪，在母猪喂奶时，应将其捉回母猪身边，把母猪乳头塞入仔猪嘴内让其吸吮，或灌服几滴温糖水（10% 红糖水）后，再把母猪乳头塞入仔猪口内吸吮。也可将母猪乳汁挤出，装入小儿吃乳用乳瓶内，安上乳头，人工给仔猪喂乳，待其强壮后，再放回同窝仔猪中一同吃乳。

3. 注意事项：第一次母猪给仔猪哺乳时，要有专人看护，避免弱小仔猪被母猪或其他仔猪踩死或压死。初乳应在仔猪出生后 12 小时吃尽。

能否吃上初乳是关系所生的这些仔猪日后生产价值和生死存亡的大事，决不能忽视。

三、仔猪防疫打"五针"

为了防止仔猪疾病的发生，仔猪产后应在 2 天内打好五针：

1. 猪瘟超前免疫，也叫仔猪吃初乳前免疫。产下仔猪后，经断脐擦净猪体，立即注射猪瘟疫苗 2 头份，不超过 2 小时内让仔猪吃上初乳。

2. 超前抗菌。仔猪产后，吃初乳之前，每头仔猪肌注射六甲氧磺胺嘧啶 1 毫升或用注射器吸取药液 2 毫升，将针头拔下，往仔猪口腔注入，令其咽下，此方法可预防脐带炎和因断尾去势引起外伤感染，也能防止黄、白痢疾、腹泻和其他细菌性疾病。

3. 仔猪生后 36 小时，每头猪肌注铁钴液 2 毫升，可预防贫血。

4. 仔猪生后 48 小时，每头猪肌注 0.1% 亚硒酸钠 1 毫升和维生素 E 1 毫升，能预防仔猪白血病和水肿病的发生。

5. 仔猪出生后 7 天内，注射仔猪副伤寒疫苗，并口服黄白痢疫苗。采取上述方面就可保证仔猪头头健康。

四、仔猪饲养用液体乳效果好

近年来研究表明，母猪的泌乳能力在产仔 2 ~ 3 后周后已无法满足仔猪生长需要。哺乳母猪 3 ~ 4 周的乳汁中蛋白质含量过低，无法使仔猪肌肉生长达到最大水平。还有报道，母猪正常分泌的乳汁并不能让仔猪达到最大能量的摄入量。因此，在仔猪早期断奶后使用液体代乳品，仔猪生长更快。仔猪饲喂用牛奶粉勾兑的液体饲料在 10 ~ 30 日龄阶段每天长 576 克，30 ~ 50 日龄阶段每天长 832 克。根据大量研究结果得出，饲喂液体饲料的仔猪比饲喂固体饲料的生长快，甚至比哺乳仔猪好。人工合成的液体饲料能使仔猪生长大大加快，由此，为仔猪早期断奶，指出了新的方向。

液体人工乳配方：

1. 取奶粉 100 克，白糖 60 克，生长素 5 克，加水 1000 毫升搅溶煮沸，待凉后即可喂服。

2. 将白糖 60 克，硫酸亚铁 2.5 克，硫酸铜 0.2 克，硫酸镁 0.2 克，碘化钾 0.02 克，放入 1 升牛奶中煮沸，待冷至 40℃ 时即可饲喂仔猪。

3. 每 100 毫升人工乳中含奶粉 15 克，白糖（葡萄糖最佳）5 克，多酶合剂 5 毫升，水溶性土霉素 0.5 克，鱼肝油乳汁适量。

广西壮族自治区博白县江宁乡木旺村闸底屯李绍祥，用羊奶喂猪，终年不断。他用母羊哺育仔猪，年获利上千元。具体做法是：羊羔断奶后，用 2 头刚产下的仔猪让母羊喂奶。20 天内，仔猪白天吃奶 4 次，夜间 2 次，喂奶时让母羊躺在地上，以便仔猪吸吮。20 天后，白天、夜间喂奶各减少一次，每次喂奶前喂些稀粥作为补充，一个月后小猪便可断奶。紧接着买回第二批仔猪让这头母羊哺育。如此反复，只要不让母羊怀孕，有仔猪吮奶，乳汁就不会间断。一年以后，羊乳汁变稀，可让母羊交配怀孕，生养一次后母羊继续哺育仔猪。这样一年一头母羊可哺育 10 批共 20 头小猪，不亚于一头母猪一年的产仔量，而母羊是草食家畜，喂少许精料即可。

五、初生仔猪死亡原因及防治

仔猪是养猪生产的基础，仔猪成活率高低是养猪效益的关键。但是仔猪从初生到断奶前，由于其体温调节机能发育不全，消化器官不发达，缺乏先天性免疫能力等原因导致死亡。某猪场当年共产仔猪 9012 头，断奶前死亡 1245 头，占产仔总数的 13.9%，这些仔猪死亡的主要原因如下：

1. 初生重低，初生重在 0.3～0.5kg 范围内的仔猪死亡率高达 60%，而初生重在 1.0～1.25kg 范围内的仔猪死亡率仅占 4.28%，初生重在 0.3～0.5kg 范围内的仔猪 3 天内死亡率占死亡数的 68.67%；初生重 1～1.25kg 范围内的仔猪 3 天内死亡率占死亡数的 20.42%；初生重 0.3～0.5kg 范围内的仔猪被母猪压死率占死亡数的 50%，而初生重 1～1.25kg 范围内的仔猪被母猪压死数占死亡数的 14.08%。从上述数字可以看出，加强母猪怀孕期间管理的重要性，特别是妊娠后期，胎儿生长迅速，需要大量营养物质，只有保证供给，才能使胎儿身体强壮，初生体重大，才能抗拒各种灾害和疾病。

2. 冻压病弱致死，断奶前因冻压致死占死亡数的 48.03%，病弱死亡占 32.27%，出生后 7 天内的死亡数占总死亡数的 64.02%。

上述数字可以看出，在仔猪出生后 3 天内，必须专人值班，昼夜不离人看护，对病弱仔猪要及时治疗，新生仔猪要进入保温箱，防止冻压等事故的发生。

3. 怀孕母猪喂酒糟，会引起胎儿慢性酒糟中毒，分娩时多为死胎，有时采用人工呼吸的方法救活，3 天之内也会死亡。所以，母猪怀孕期间禁止喂酒糟。

4. 仔猪吃不上母乳，有些体弱的仔猪，由于抢不到奶头，吃不到母乳而变得更加衰弱而死亡。因此，最好在仔猪出生之后有人值班外，还要训练仔猪固定奶头吃奶。形成习惯与规律就不会出现吃不上奶的问题。

5. 皮下水肿，新生仔猪皮下水肿严重时，因行动不便影响吮乳而饿死。所以，一旦仔猪发生皮下水肿，可用注射器吸出皮下体液，并用碘酒涂擦；如仍有体液流出，应继续及时吸出，直到好转为止。

6. 低血糖，仔猪分娩 24~28 小时后，常出现战栗、委顿、停止吮乳，惊动时发出微弱的尖叫声，最后昏迷而死亡。这种死亡，不是细菌、病毒感染引起的，也不是中毒死亡，而且母猪又无异常现象，可认为是低血糖引起的。对这类仔猪发病时，用葡萄糖注射可延长其生命，有些可以治愈，最好的办法是母猪怀孕期供应营养丰富的优质饲料。

7. 仔猪黄痢，仔猪出生 4 小时~3 天之内，仔猪常常患有黄痢病，患猪精神萎顿，很快脱水消瘦，死亡率极高。所以，母猪分娩后，圈舍保持清洁卫生，并搞好清扫消毒，母体用高锰酸钾千分之三溶液洗擦乳头、阴部。仔猪产下后不管是否患黄痢，每头仔猪均服喂一片调痢生片，每天 1 次连喂 2~3 天。方法是：将药片研细，用少量温开水调成糊状，用小竹片取药糊灌入仔猪口腔舌根部，也可用链霉素（100 万单位）调开水喂服，每只仔猪每次 5 万~10 万单位，每天 2 次，连喂 3 天，可防止因痢疾而死。

六、仔猪胃肠疾病发生与防治技术

仔猪胃肠疾病的死亡率很高，严重威胁养猪业的发展，是养猪业中的一大难题，造成的经济损失很大，已成为阻碍我国养猪业发展的普遍问题。仔猪的下痢和腹泻原因十分复杂。我们在临床实践中发现，仔猪的胃肠疾病主要是病源性、条件性、营养性三大类。这三者之间的关系密切，相互影响又互为因果，病源可以单独致病，当大量的细菌或病毒感染时，一种病源也会与其他病源混合感染，如冠状病毒混合大肠杆菌和球虫；有时致病虽为一种病源，却会造成两种不同临床症状的疾病，如大肠杆菌引起的肠病性下痢及肠毒性下痢、冠状病毒引起的传染胃肠炎或流行性腹泻；有时也有沙门氏杆菌肠炎引起的黄痢。猪舍条件太差，季节性温差变化，阴暗潮湿或太热，冷风袭击，饲养环境的应激，为致病创造了条件，也会造成仔猪腹泻或下痢；在仔猪饲料中蛋白质含量太高，植物性蛋白量太多，会造成仔猪胃肠损伤和吸收能力下降；或者母猪本身的营养不佳，体况虚弱等，也会给仔猪造成腹泻和下痢。可见仔猪的腹泻和下痢的病因很多，并且相互关联，互相影响。

（一）引起仔猪胃肠疾病的原因

1. 仔猪胃肠道消化功能不健全引起腹泻。仔猪哺乳期碳水化合物的主要来源是乳糖，乳糖在胃中被乳酸菌分解成乳酸，维持了胃中的低 pH，但却抑制了胃壁细胞分泌盐酸。断奶后，碳水化合物的供应由乳糖变成了淀粉，使胃内总酸度不断降低，盐酸的分泌量到断奶后 21～28 天才占胃内总酸度的 50%，这直接影响了蛋白质的消化。许多蛋白质还未被消化便进入了大肠，在细菌的作用下，蛋白质发生腐败，对结肠造成损伤，使肠道吸收机能受到影响，特别是对水的吸收机能下降，这种降低即使是轻度的，也会使粪中水的含量大增。同时，蛋白质的腐败产物对结肠黏膜的刺激作用会促进肠液分泌，使粪中水含量增加，造成腹泻。

另外，仔猪断奶 7 天内，各种胰酶（如胰脂肪酶、胰蛋白酶、胰淀粉酶和糜蛋白酶）的分泌量显著下降，造成仔猪对植物蛋白和淀粉的消化率至断奶 28 天后才达到最高值。由于大量的营养物质在胃肠道中不能被很好地消化，导致仔猪引起消化不良性腹泻。

2. 仔猪自身的自动免疫能力差引起腹泻。仔猪出生后通过初乳获得大量抗体，在哺乳阶段依赖这些抗体中和肠道病菌的感染，从而预防了疾病的发生，但也抑制了自身产生主动免疫抗体的能力。断奶后，母源抗体供应停止，仔猪自身免疫系统尚未完善，于是对疾病的抵抗力弱，易造成腹泻。

3. 仔猪肠道微生物菌群不稳定，引起腹泻。一般来说，猪肠道微生物菌群的种类多，肠道菌群产生的有机酸对病源菌的增殖具有抑制作用。但是仔猪从出生至成年，肠道菌群的变化十分显著，给肠道病菌的增殖造成了可乘之机。

仔猪在哺乳阶段，由于乳中的主要成分是乳糖，因此，在胃肠的上段主要是能将乳糖转化为乳酸的乳酸菌，大肠杆菌在大肠。断奶后，乳糖供应中断，乳酸菌不能利用淀粉，因而胃肠道乳酸含量减少，pH 上升，大肠杆菌逐步由大肠向胃肠上段入侵，其发酵代谢产物增加，刺激肠道蠕动，造成下痢。

4. 仔猪对日粮抗源反应引起腹泻。仔猪采食一种新的日粮抗源后，在获得免疫耐受力之前要经历一段过敏期，这种发生于肠黏膜的局部过敏会导致小肠免疫性损伤。

日粮中具有抗源活性的成分主要是蛋白质及少部分多糖，高蛋白质日粮容易诱发仔猪腹泻。实践证明，仔猪断奶前饲喂足够的日粮，断奶仔猪不腹泻；断奶前饲喂少量日粮则断奶仔猪腹泻率高，暴发时间早，持续时间长；若断奶前不补饲，则反应居中。

5. 对外界环境条件适应能力差。这是仔猪生理特点所决定的，特别是四季气候变化的袭击，猪舍环境太差，管理上的应激，补饲日粮质量不好，补饲缺乏技巧等，给各种病菌和致病因素创造条件，也会出现仔猪下痢。

6. 哺乳母猪患病后，往往引起体温升高，造成生理代谢紊乱，引起乳汁变性，致使仔猪消化不良，大肠杆菌等病原微生物乘虚而入，大量繁殖，导致仔猪肠道发生炎症，出现下痢。肠道内病原微生物繁殖产生内毒素被吸收，出现仔猪吮乳后呕吐；空肠分泌大量黏液，造成仔猪脱水死亡。

7. 仔猪饮水不足，仔猪开食后，往往食欲旺盛，如果此时供水不足，可导致仔猪误饮粪尿污水，致使细菌感染，发生腹泻。

8. 饲料中油脂含量过多，饲料霉变，青绿饲料或麦麸比例过大。饲料中油脂含量一定要适中，如饲料中油脂比例过高，仔猪的消化机能不健全，采食后无法消化而造成腹泻；霉变饲料本身含有大量毒素，可导致仔猪消化机能紊乱发生腹泻；喂青饲料过多，或轻泻饲料中如麸皮等比例过大，致使仔猪难以完全吸收利用，也可导致腹泻。

（二）仔猪胃肠疾病的控制措施

当猪未患病时，应做好预防工作，提高猪体抗病能力，防止疾病的发展，称为"未病先防"；猪已经有病，并要准确掌握发病原因，准确诊断，及早治疗，防止向深、重发展，称为"既病防变"，这是我国防治猪病的长期方针。

未病先防的原则要求在农村养殖户中的认识差距很大，经常出现头痛医头，脚痛医脚，顾此失彼的现象，防患于未然的意识十分薄弱。因此，这些年来我们在门诊和巡回医疗中，发现对仔猪胃肠疾病主要存在着"四重视、四忽视"的问题，所以每年仔猪因腹泻与下痢造成死亡大约30%以上。即重视既病防变，忽视未病先防的方针原则；重视消炎抗菌，忽视补液盐水的重要作用；重视仔猪治疗，忽视母猪病原菌的控制；重视仔猪饲养，忽视仔猪营养上存在的问题。

针对上述问题，多年来我们在防治仔猪胃肠疾病上，采取以下方法，对控制仔猪胃肠疾病的发生和发展上有显著效果。

1. 搞好免疫接种和抗菌。在母猪临产前30天和15天，分别在怀孕母猪耳根部皮下注射仔猪大肠杆菌K88、K99、987P、F41四价灭活疫苗，每次每头2毫升，以增加母猪血清和初乳中抗大肠杆菌的抗体；在母猪产前30天，后海穴注射流行性腹泻和传染性胃肠炎二联苗4毫升，可有效防止仔猪流行性腹泻及传染性胃肠炎的发生。同时应注意母猪饲养管理，供应母猪和仔猪全价饲料，尽可能地保证母猪哺乳期内健康无病。应限定玉米等能量饲料的配比在60%以下，粗蛋白的含量不低于18%。

2. 调整日粮中蛋白质含量。断奶仔猪日粮中蛋白质含量降至16%～18%为宜，日粮的组成要慎重使用大豆蛋白的豆粕，其他种类的饲料要充分加工，去掉其中可能存在的抗营养因子。

由于日粮中蛋白质水平大幅度下降，在配合日粮时要考虑到氨基酸的平衡，一般认为，饲料中粗蛋白质降低2%，添加赖氨酸可提高仔猪的生产性能。若在猪饲料中添加0.1%的赖氨酸，每吨饲料可节省50kg豆粕，又可防止仔猪胃肠疾病的发生。

3. 添加乳糖。仔猪断奶后，乳糖的供应停止，容易发生腹泻，因此，在仔猪日粮中加入适量乳糖或乳清粉，可提高蛋白质的利用率，并使仔猪能够逐渐适应植物性淀粉。但是仔猪对乳糖的利用能力是暂时的，7～8周龄后乳糖酶的活性迅速下降。另外，添加乳糖的同时添加适量的益生素，仔猪腹泻和下痢大大减少。

4. 使饲料酸化。在仔猪饮水中添加1%～3%乳酸等酸化剂，能显著降低仔猪回肠中的大肠杆菌数，降低仔猪的腹泻率，提高其生长速度和饲料转化率。添加酸化剂的有效时间为仔猪体重达30kg以前。

柠檬酸对仔猪生长有明显的促进作用，试验证明，在仔猪日粮中添加 1% ~ 1.5% 的柠檬酸，可使仔猪饲料利用率提高9.6%，蛋白质消化率提高 6.1% ~ 9.2%，60 日龄猪增重提高7.6% ~ 31.5%。同时由于酸化作用，抑制了胃肠道有害菌的繁殖，明显减少了腹泻的发生。

在仔猪日粮中，添加延胡素 0.5%，28 天平均增重提高11.1%；甲酸钙按日粮的 1% ~ 1.5% 添加；乳酸按日粮的 1%添加。

经过酸化的饲料能有效地降低大肠杆菌和厌氧菌的生长，可降低 pH，增加胃蛋白酶的活性，对细菌有一定抑制作用，可增加十二指肠中的乳酸而减少大肠杆菌的数量，减少仔猪胃肠病的发生。

5. 断奶仔猪饲料中添加高剂量氧化锌。高剂量氧化锌不仅能促进断奶仔猪生长，提高饲料转化率，还能明显减少甚至消除仔猪断奶后的腹泻。在对比试验中，对照日粮为普通高铜断奶仔猪日粮，试验组日粮则在对照日粮中每千克添加 2000 毫克锌（饲料级氧化锌）。结果试验组日增重 336 克，高于对照组293 克，提高 14.7%，饲料转化率试验组为 1.66，较对照组的1.9 提高 12.6%。单位增重饲料成本降低 11.9%，仔猪腹泻率减少 31.2%，效果非常显著。高剂量氧化锌只适宜饲喂断奶后2 周以内仔猪，最多使用 2 周高锌日粮。

6. 母猪在临产前 5 天至产后 3 ~ 5 天，每天给母猪喂止痢粉15 ~ 20 克（拌料喂给），可防止大肠杆菌在仔猪肠道内繁殖产生毒性。

7. 中药预防

（1）母猪产仔后第 3~7 天，两次给母猪饲喂瞿麦，第一次 500 克，第二次 250 克，煎汁去渣，拌入饲料喂给，预防仔猪白痢效果可达到 98.5% 。

（2）胡椒 50~100 克，研成细末，在产前和产后喂给母猪，每天 5 克，可有效预防仔猪的白痢病。

（3）母猪产后头一个月，用泡涨切碎的海带 150 克，猪油 10 克，煮汤喂母猪，每周一次，连喂 5 次，不仅可给母猪催乳，而且预防仔猪白痢，并能使仔猪提前 10 天开食，增重快。

（4）双花 200 克。用法：研末加在猪饲料中，母猪产前或产后 2 天喂给，此方防治兼备。

（5）当归 750 克。用法：水煎 30 分钟碾碎再煎 30 分钟，使之成为药糊，混合 1.5kg 米粥喂给怀孕 3 个月的母猪，只喂 1 次，可预防仔猪白痢的发生。

（6）红辣蓼鲜草 1000~1500 克（干品 250~500 克）水煎，取药液拌食喂母猪，连用 3 天，以后每隔 3~5 天重复 1 次。仔猪开食前按每头用鲜辣蓼草 50~100 克，水煎，直接喂仔猪，5~7 天重复 1 次直到断奶，可预防仔猪黄、白痢病。

（7）在传染性胃肠炎流行季节，健康猪喂服方为：神曲、马齿苋、凤尾草、樟叶、双花（干品）各 100~150 克，加水 1500 毫升，煎至 500 毫升，分次混入饲料，连服 2~4 天，可预防此病的发生。

（8）用健康猪全血或血清，给新生仔猪口服，对猪胃肠炎有一定预防作用。

（9）添喂膨润土。膨润土含有多种常见元素和微量元素，其结构中含有许多孔穴，形成的内表面积具有很强的吸附能力，对猪体内肠道中的氨、硫化氢等极性分子吸附能力很强，不仅有防治猪胃肠疾病的作用，而且还能提高饲料的消化率和转化率。

在对比试验中，喂相同基础日粮，试验组在日粮中添加 2% 的膨润土，对照组不添加。做 120 天试验，试验组日增重 603 克，比对照组的 562 克，多增重 41 克，提高 7.3%。全期增重 4.94kg，每头增加收入 25.67 元。

（10）传染性胃肠炎常发地区于母猪分娩前 10 ~ 15 天，每天喂服发病小猪的新鲜粪便 200 ~ 300 克，分 3 次喂服，连喂 3 ~ 5 天。

（11）对发生传染性胃肠炎的小猪立即在后海穴，注射藿香正气水 5 ~ 10 毫升，"6542" 1 ~ 3 毫升，一天 2 次，或后海穴注射藿香正气水，肌注阿托品能迅速控制病情。

七、仔猪嬉闹打架致死的原因与控制

仔猪刚吃完食，到栏外活动嬉闹，有的会相互用头部、嘴巴撞击，被打者有时会倒地动弹不得，用手触摸其胸部心脏还跳动，进行人工呼吸无济于事而突然死亡。

仔猪这样死亡是猪应激综合征所致。应激是指不利于家畜健康的环境条件下（如天气突然变化，环境卫生差等），也可指动物在有害因子的作用下，所产生的非特异性反应的征群。目前在世界畜牧业生产中，由于烈性传染病得到了有效控制，引起经济上损失的常常是应激因素激发的疾病，这成为当代养猪学、遗传、育种、生化等领域中的重要课题。

猪应激综合征共有 7 种类型，其中一种为猪的应激性死亡，在兽医文献上把此类应激最严重的形式称为突毙综合征，上文所说的就是属于这一类。在生产中多见于产肉性能好的猪，在无任何前兆的情况下突然死亡，使养殖户感到莫明其妙，常不知什么原因。有些品种及应激较敏感的在受抓捕、惊吓、咬斗，注射时突然死亡，或者在运输、饲养过程中突毙。这类情况类似急性心力衰竭或休克。死前可见其运动失调、呼吸困难，腹部、耳部等

处瘀血发绀，多数猪死后可呈现白肌肉，而其他实质器官一般无肉眼可见的病理学变化。

产生猪应激综合征主要有以下几个方面的原因：

1. 与猪品种有关。从国外引入的品种，其肌肉丰满，瘦肉率高者应激较敏感，如皮特兰、施格猪、长白猪、大约克夏等及其杂交后代常易发生应激综合征。而我国本地品种猪的发生率低。

2. 与环境条件有关。在生产中最常见的惊吓、抓捕、驱赶、运输、拥挤、混群、打斗、注射、去势、紧张、过劳或恶劣环境条件，如高温、高湿等，可导致猪对内外环境的适应能力下降而发生应激综合征。

3. 与猪体质及适应性有关。目前各国致力于改良猪种，追求提高瘦肉率及生长速度，由此导致猪体质和适应性的降低，从而易发生应激综合征。

主要控制方法如下：

1. 选育对应激具有抵抗力的品种或品系，或者饲养体质好，适应性强的猪种。

2. 改变窄小、拥挤的饲养方式，增强运动空间，加强猪舍通风透光，降低舍温，保持圈舍地面干燥，饲养密度要合理，避免混群打斗，采用营养全面的饲料等。

3. 运输中尽量减少捆绑、鞭打等不良刺激。同时在饲料添加维生素 C 及硒制剂，可减少应激的发生。

4. 投服或肌注氯丙嗪，可减轻机体对外界刺激的反应；或适量添加碳酸氢钠（小苏打），能减轻应激综合征的发生。

八、提高仔猪成活率的若干技术

影响仔猪成活率的因素很多，但主要还是疾病、饲养管理和环境三个方面。据统计，在一般情况下，初生仔猪的死亡率为

20% ~25%。其中 60% ~65% 是死于出生后头两周。仔猪死于 6 周龄的占 1/6，这与母猪孕期饲养不善，仔猪初生重小，围产期死亡数多，出生后管理不善，栏舍保温条件差，仔猪受冻或被母猪踩死、压死等因素有关。因此，提高仔猪成活率，必须采取以下措施：

1. 美国专家研究出一种提高仔猪成活率新方法。其方法是：在母猪妊娠期间给母猪喂含维生素 E 和含微量元素硒的日粮，以及在母猪临产前给母猪皮下注射一次维生素 E 或亚硒酸钠注射液。妊娠期母猪每天每头喂给 2kg 含维生素 E 40 毫克和含硒 20 毫克的饲料，直到分娩前为止。另外，在母猪分娩前给母猪皮上注射 1 次维生素 E 1000 国际单位或亚硒酸钠生理盐液 5 毫克。这样，母猪能提高初乳中和仔猪血浆中的免疫球蛋白含量，从而有效提高了仔猪成活率。

2. 增喂异亮氨酸，供给仔猪营养成分平衡的饲料中加入 1% 微量元素，再按哺乳仔猪总体重每头每昼夜增喂 1% ~1.5% 的异亮氨酸，可提高成活率 10.9%。

3. 孕期要补充脂肪。从母猪怀孕第 25 ~80 天开始，在饲料中添加 5% 的脂肪，及在妊娠 105 天后添加 8% ~10% 脂肪，可提高母猪和胎猪血液中非酯化脂肪及葡萄糖的含量，可使仔猪初生重提高 80 克左右，死亡率降低 4% ~14%。但脂肪添加量不宜高于 15%。

4. 产前添加维生素 C。过去人们一向以为喂青饲料的母猪，不需要在日粮中补加维生素 C。但近年来研究证明，在母猪产前一周，每天每头母猪补充维生素 C 1 克，则初生仔猪脐带出血现象明显减少，仔猪死亡率可降低 5% 左右。

5. 对体质虚弱的仔猪注射葡萄糖。可在腹部注射 5 毫升 5% 葡萄糖液，或用 5% 葡萄糖液强迫灌服，连喂 3 ~4 天，每天 5 毫升。若仔猪发生低血糖症，则必须采取紧急补糖措施。

6. 对弱小仔猪或因产仔太多造成母猪乳头不够用的情况，可应用液体人工乳。仔猪体重不足 1kg 约占 42%，1.5~2kg 约占 86%。目前规模养猪的成本较高，应设法救活弱小仔猪。可给弱小仔猪每天口服 2~3 次代用乳，每次 15~20 毫升。饲喂时，用注射器加塑料管抽取人工乳；或者将人工乳装入奶瓶中，用橡皮奶头逐头哺乳；或者将人工乳装入盆中让仔猪自由采食。特别对那些根本无母乳吸吮的仔猪，10 日龄前白天每隔 1~2 小时喂 1 次人工乳，夜间每隔 2~3 小时喂 1 次，每头每次 40 毫升。11~30 日龄白天每隔 2~3 小时喂 1 次，夜间每隔 4 小时喂 1 次，每头每次 200~400 毫升。

7. 喂果汁酒，在仔猪的饮水中添加果汁酒给刚断奶 3 周龄的仔猪饮用，仔猪的死亡率可降低为零。用草莓酒也有同样的效果。

8. 口服黄白痢菌苗，母猪在产前 20~25 天口服一次黄白痢工程菌苗。仔猪出生后，在 2~4 日龄时应用黄白痢菌苗口服，加强免疫。

9. 注射疫苗，初产母猪在配种前半个月，进行猪乙脑苗和猪细小病毒苗的免疫注射；母猪临产前 25~40 天，颈部皮下注射 1 毫升萎缩性鼻炎疫苗。仔猪出生后立即用萎缩性鼻炎疫苗滴鼻，每头 0.5 毫升。

10. 口服药物，初生仔猪吃乳前，用 0.1% 高锰酸钾溶液擦洗母猪乳房；仔猪 12~15 日龄时，每头口服敌菌净 3 片，痢特灵 1 片，每天 1 次，连用 3 天，并在饲料中加 0.1% 土霉素钙粉；仔猪 30 日龄按每千克体重口服左旋咪唑 10 毫克驱虫，一天一次，连用 2 天。

11. 吃足初乳，母猪分娩后分泌的乳汁叫初乳，是仔猪不可缺少的，也是不可代替的食物，一定要让全窝仔猪吃足初乳。具体方法可参照吃初乳的重要作用一节。

12. 人工固定乳头。母猪乳房构成与其他家畜不同，无乳池，所以只有母猪放乳时仔猪才能吸到乳汁。而母猪放乳的时间很短，只有 20 秒钟左右，如仔猪在放乳前没有衔上乳头，待母猪放完乳，这头仔猪就只能饿着等下次放乳，经常挨饿就会消瘦死亡。由于这种特性，就决定一窝仔猪必须每头都有一个固定乳头。人工固定奶头时，弱小仔猪固定在前边乳头，强壮的仔猪固定在后边的乳头，这样可促进仔猪生长均匀一致。

13. 防止仔猪受压。仔猪初生后 1 ~ 3 天内，由于母猪疲倦，仔猪又软弱，最容易出现压死、踩死的现象。因此，必须设置护仔栏或仔猪保温补饲栏。护仔栏是用木板制成方箱，留出出入口，防止踩、压死仔猪。

仔猪保温补饲栏，可设置在猪舍的一侧，用木栏、铁栏都可，方箱大小以装下仔猪为准，并安装保温灯泡，仔猪出生后即投入箱内，定时放出哺乳，经 2 ~ 3 天训练，即可养成自由出入的习惯。

14. 仔猪注意保温。初生仔猪的保温十分重要，通常把同窝仔猪挤在一起适宜温度是 24 ~ 34℃，单只仔猪最适宜的环境温度是 30 ~ 34℃，而母猪则需要 15 ~ 20℃。因此，要在保温护仔箱内加装 150 ~ 200 瓦红外线灯泡，采取调整灯泡高低度，来调节仔猪所需要温度，防止贼风袭击。

15. 喂小苏打，对产仔前和哺乳期母猪每头每天加 4 ~ 5 克小苏打，仔猪活重可提高 3.2kg，存活率提高 5%。经对断奶仔猪试验，每头每天添加 0.4 ~ 0.8 克小苏打，日增重可提高 10.5%。饲料转化率提高 9.2%。每增重 1kg 的成本降低 9%。

16. 喂海带粉。海带以及海带加工副产品营养相当丰富。海带富含碘化物、矿物质、维生素及能刺激猪生长的活性成分，有具有较好的饲用价值。占饲粮 5% 的海带粉喂哺乳母猪，仔猪 28 日能断奶，其全程日增重提高 11.64%，下痢发生率下降

1.64%，死亡率降低 4.68%。海带粉能改善母猪的泌乳力，提高母乳品质，减少哺乳仔猪拉稀病。

17. 对泌乳不足的母猪，进行催乳。催乳方法很多，主要有以下四种：

（1）、取红糖 200 克、白酒 200 毫升、鸡蛋 6 枚，先将鸡蛋打在碗内，加红糖拌匀，再倒入白酒。然后加入少量精饲料（如市售的全价颗粒料）搅拌，1 次喂后，缺奶母猪一般吃完后 5 小时左右即可见效。

（2）将母猪分娩后排出的胎衣洗净切碎，加水 10kg，食盐适量，胡椒粉 10 克，通草 50～100 克，一起放锅内加热煮沸半小时，每次取 500～1000 毫升新鲜胎衣通草汤拌入饲料中饲喂，每天 2 次，连用 3 天。

（3）母猪消瘦，乳房干枯，可每头母猪每天取黄豆 0.25kg，泡水磨浆，煮熟喂给；也可在饲料中混合加入 5%～10% 花生麸，3%～5% 鱼粉喂母猪；还可喂给木瓜、南瓜。

（4）用海带 500 克，泡涨切碎，加猪油 50～100 克（炸出油水），煮汤喂母猪，母猪产后第 1 个月每隔 7～8 天喂 1 次，第 2 个月每隔 4～5 天喂 1 次，可增加母猪泌乳量。

18. 及早补料。早补料，不但可以锻炼仔猪消化器官，促进胃肠发育，而且可以避免仔猪乱啃乱咬脏物，减少下痢等疾病的发生。仔猪 5～7 日龄，应在仔猪喜爱活动的场所，撒些"550"、炒黄豆等饲料，让仔猪闻、拱、啃、咬，引诱仔猪采食饲料，使其尽快学会采食饲料的本领。仔猪 10 日龄后，换上"551"等完全饲料，并逐渐增加喂量，日喂 6～8 餐，确保仔猪正常生长发育，但补给仔猪的饲料必须是营养全面的配合饲料。

19. 仔猪代哺。为使全窝仔猪的弱小仔猪及时吃到初乳，采用代乳法是行之有效的措施之一，即将出生的仔猪按强弱进行分类，分别由母猪哺乳，保证弱小仔猪也能及时吃到初乳。英国某猪场饲养母猪 2900 头，采用此法后，每窝仔猪断乳头数增加 10% ~13%。

20. 淘汰老龄母猪和注射催产素。老龄母猪娩出力弱，容易造成分娩时仔猪滞留在产道而致仔猪缺氧死亡。淘汰老龄母猪是简单有效的办法，在母猪分娩时可以小剂量多次使用催产素，可以提高母猪的娩出力。催产素多次注射比一次注射为好。

21. 消毒产房。在母猪进入产房前，先用 2% ~5% 来苏尔或 3% ~5% 苯酚消毒地面，再用 10% 的石灰乳消毒墙壁。母猪临产前用 0.1% 新洁尔灭喷洒体表。

22. 接产。仔猪出生后应立即将其口鼻黏液擦净，用柔软的毛巾擦干仔猪体表。若发生"假死"现象，应立即进行抢救。

23. 注射亚硒酸钠。在仔猪 3 日龄时，每头颈部肌内注射 0.1% 亚硒酸钠 0.5 毫升，预防白肌病。

24. 给 10 日龄仔猪供给 10% 红糖水，让其自由饮用。

25. 固定乳头。科学地固定乳头，可使仔猪尽快形成稳定的吃乳排列位置，保证每头仔猪都能吃上初乳，提高成活率，增加养猪经济效益。

第二节　怎样提高仔猪饲养效果

一、仔猪 3 周龄断奶技术

在良好的饲养管理条件下，3 周龄仔猪平均体重可达到 5kg 以上，再配合良好的断乳技术，其经济效益远远超过其他日龄，这对降低养猪成本颇为有利。仔猪 3 周龄断乳技术要点是：

（一）仔猪初生时的护理

1. 除去羊膜：胎儿在胚胎时，浸滋在羊膜内的羊水中，当仔猪经由母猪分娩后，部分羊膜可能围绕着仔猪的呼吸道。此时必须及时除去羊膜，使出生仔猪能正常呼吸。

2. 剪断脐带：脐带是母猪胎盘与胎儿营养成分交换的管道，仔猪出生后需予剪断，并且留 3～5 厘米，用碘酒消毒，以防止细菌感染。留下的脐带经一段时间后，即会自行干掉萎缩。

3. 除去针齿：仔猪出生后，应立即剪掉乳齿，以免在吮吸母乳时，伤害母猪的乳房，同时可预防仔猪在打架或嬉戏时，咬伤对方，形成细菌感染。

（二）供给初乳

初乳为母猪分娩后第一天分泌的乳汁，其成分和一般性乳汁有显著区别，含蛋白质高，脂肪、灰分及乳糖较少。初乳的重要特性，在于其含有大量的免疫球蛋白，这些免疫球蛋白占初乳中蛋白质的一半。这对于仔猪出生时对疾病的免疫能力有极大的影响，可提高仔猪仔活率。母猪分娩后第一天分泌的乳汁中的免疫球蛋白分子可完整地被仔猪吸收，产生对疾病的免疫能力。但是免疫球蛋白的浓度，在母猪分泌初乳约 24 小时后，即显著降低。所以适时给予出生仔猪初乳具有极其重要的意义。

（三）补充铁的来源

仔猪出生后要训练捕捉乳头的能力，并把喂初乳和固定乳头结合起来。由于铁从母猪胎盘转移至胎儿的效率极低，出生仔猪体内铁的贮存量极为有限，不能充分供应身体的需要，影响血红素的合成。若不能及时补充铁的来源，仔猪极易发生贫血或死亡。

一般初生仔猪体内铁的贮存量约为 50 毫克，主要蓄积在肝脏中，而仔猪每天铁的需要量为 5～10 毫克。虽然母乳中含有低量的铁，但无法满足仔猪生理及生长的需要。通常须在哺乳期供给 150～200 毫克的铁。仔猪生后 2～15 日补充铁。补充方法是：仔猪出生时注射 1～2 毫升铁剂（牲血素、富来血等，每毫升含 100～200 毫克铁）可满足仔猪的需要。此法量为简便而有效。

或用1kg水溶解100克硫酸亚铁，将其溶液喷洒在母猪乳房上，供仔猪吮吸母乳时补充之用，但较费时；或将新挖出的红壤土撒于猪舍地面上，让仔猪自由啃吃，但较费时而效果差。其他如注射铁钴针，口服铁铜合剂等方法均可采用。亦可用富铁力、补铁王等。

（四）保温措施

初生仔猪的体脂肪极薄，且本身体温调节机能尚未发育。因此，初生仔猪对外来环境的适应性较低，极容易产生高的死亡率。哺乳仔猪在哺乳期间应采取保温措施，第1周维持在35℃，第2周为31℃，第3周为27℃。目前有新型的保温箱设备，可提高保温效果，在寒带地区或南方冬春寒季节具有很大意义。良好的保温措施，可达到预期效果。有助于提高仔猪的存活率，提高仔猪断乳平均体重，提高整齐度，并有助于抗体的形成。

（五）适时开食补料

母乳中含有极易消化的养分，若以干物质基础来计算，乳汁中蛋白质约占30%，粗脂肪占35%；乳糖占25%。若仔猪在哺乳期间只供给母乳，则断乳后容易产生许多营养性及适应性问题。及时开食补料，一是可以刺激淀粉酶的分泌，提高仔猪断乳前对固体饲料的适应性；二是可以弥补母猪泌乳的不足；三是提高仔猪整齐度；四是提早断乳，仔猪3周龄平均体重可达5kg，可提高母猪的繁殖率和养猪经济效益。

仔猪在出生一周龄时用"550"开始开食，以少量多餐为标准。通常白天每2小时饲喂一餐，并加喂夜食和早食各一餐。仔猪10日龄至15~20kg体重饲喂"551""400"等全价颗粒料，日喂4餐。但这种饲料中含有脱脂乳粉或乳精粉，极易受潮结块而发酵，不应留置过夜，以免造成仔猪营养性下痢。

（六）驱虫防病

断奶后的仔猪应立即驱虫一次，并及时注射预防水肿、黄白痢的预防针剂和大肠杆菌疫苗，随后直线育肥，直到出栏。

二、仔猪 3 周龄断奶意义

假设母猪饲料用量：妊娠期 2.0 千克/天；哺乳期 4.5 千克/天；其余 2.5 千克/天。

表 3-1　仔猪断乳日龄与母猪年产窝数及饲料用量的关系

断乳日龄（天）	母猪繁殖生理期	母猪年产窝数						
		2.0	2.1	2.2	2.3	2.4	2.5	2.6
28	妊娠天数/年	228	239	251	262	274	258	296
	哺乳天数/年	56	59	62	64	67	70	73
	其余天数/年	81	67	52	39	24	10	-4
	母猪料（千克/年）	910.5	911.0	911.0	909.5	909.5	910.0	910.5
21	妊娠天数/年	228	239	251	262	274	285	296
	哺乳天数/年	42	44	46	48	50	53	55
	其余天数/年	95	82	68	55	41	27	14
	母猪料（千克/年）	882.5	881.0	879.0	877.5	875.5	867.0	874.5

从表 3-1 可知，采用四周龄断乳，母猪无法达到年产 2.5 窝的目标，若采用 3 周龄早期断乳，母猪则可达到年产 2.5 窝的目的。

三、仔猪断奶有学问

仔猪断奶方法不当，往往引起仔猪生长发育停滞，形成僵猪，甚至导致死亡。现介绍四种给仔猪断奶的科学方法。

1. 逐渐断奶法：逐步减少哺乳次数，即在仔猪断奶前 4~6 天，把母猪赶到离原圈较远的地方，然后每天将母猪放回原圈数次，逐日减少哺乳次数，第一天哺乳4~5次，第2天减为3~4次，第3~5天停止哺乳。这种方法可避免引起母猪乳房炎或仔猪胃肠疾病，对母、仔猪均有利，但较费力。

2. 分批断奶法：一般将发育好、食欲强或拟作肥育用的仔猪先断奶，而对体质弱、个体小、食欲差或拟留作种用的仔猪后断奶，适当延长其哺乳期，促进发育。先断奶仔猪所留的空奶头，应让留下的仔猪吸食，以免母猪发生乳房炎。此法可使整窝仔猪都能较正常地生长发育，避免出现僵猪，但断奶期拖得较长，影响母猪配种。

3. 离奶不离圈断奶法：仔猪达到断奶日龄（14~27日）后，白天将仔猪和母猪分圈，让仔猪适应独立采食；晚上母仔同栏，让仔猪吸食部分乳汁。这样，不会使仔猪因改变环境而惊惶不安，影响生长发育，既可达到断奶目地，母猪也不会发生乳房炎。

4. 离奶离圈断奶法：仔猪达到断奶日龄后，将母猪与仔猪分圈饲养。这种断奶方法简单，但由于断奶突然，仔猪易患消化道疾病，母猪易患乳房炎。因此断奶前要调整母猪的饲料，降低泌乳量，并细心护理仔猪，使之适应新的生活环境。

采用哪种方法断奶，应根据猪的品种、母猪的膘情和泌乳量、仔猪的用途、仔猪补料情况等灵活掌握。必须做好断奶前的准备工作：一是断奶前1周，要逐渐减少母猪饲料的喂量，特别是能促进泌乳的饲料更要减少，并适当减少饮水，以便逐渐降低泌乳量，防止母猪发生乳房炎。二是断奶前7~10天，应在仔猪饲料中掺入适量优质干草粉，锻炼仔猪的耐粗饲能力。三是在断奶期间，应让仔猪饱食后对母乳不感兴趣，容易断奶。

四、断乳仔猪的饲养管理技术

断乳仔猪是指从断乳到断乳后两个月的育成猪。断乳仔猪由于生活习惯的改变，如果饲养管理不当，往往增重较慢。因此，断乳仔猪必须按以下方法加强管理，防止掉膘。

1. 合理饲养。断奶仔猪的胃肠容积小，消化力弱，而生长迅速，要求较多的营养物质。所以，饲料仍应以精料为主，适当搭配一些青绿、多汁饲料和品质良好的豆料干草粉，以补充维生素、蛋白质和矿物质。青绿、多汁饲料一次不要喂得过多，以免引起腹泻。饲喂次数开始 1 天喂 5 次，随着日龄和体重的增长，优质粗饲料的比例可逐渐增多，饲喂次数可改为 4 次，但仍要保持其迅速生长的要求，使其每天增重 250 克以上。

2. 加强管理。仔猪断乳后，初离母猪，精神不安；从吃母乳改变为吃料，身体受到很大影响。因此，必须给予精心照顾。猪舍要保持干燥清洁，冬暖夏凉。冬季应勤换勤晒垫草，特别要注重调教，使其养成定点排便的习惯。要适当运动，冬季天气好时，每天放在运动场自由活动 2 ~ 3 小时，有条件的可在夏天放牧 4 ~ 5 小时。还应该经常观察其活动和粪便情况，搞好防病治病工作。

3. 合理分群。断乳仔猪半个月内最好原圈留养，以后再并窝分群。分群时按拆多不拆少，拆强不拆弱的原则，按公母、大小、强弱、吃食快慢进行分群。并窝分群的时间，最好在傍晚时进行。群的大小根据圈栏大小来决定，一般每圈 10 头左右。以后随着体重增长，逐步减少头数。

4. 注意驱虫。断乳仔猪精神安静和食量正常以后，要进行驱虫。力求把肠内的蛔虫驱除干净。对患皮肤病和生癞的仔猪，也要及时治疗，以免影响增重。

五、仔猪诱食有技巧

常言道："仔猪早开食，长得肥又壮"。为促进仔猪生长发育，增强抗病力，一般仔猪产后 7 天可训练诱食吃料。

1. 择时诱食：每天上午 9 时至下午 15 时是仔猪活动的时间，补饲的时间要和仔猪活动的时间吻合。

2. 饲喂甜料：仔猪对甜料尤为喜爱，所以应利用这一特点，将胡萝卜、南瓜等带有甜味的饲料切成小块，或将玉米、黄豆、高粱等粒炒熟后喷上糖水作诱食饲料，效果很好。

3. 红土诱食：仔猪有拱土的本能，所以可把粒料撒在新鲜的红黏土上，仔猪可一边拱土一边吃料。

4. 以大带小：仔猪有模仿和争食的习性，所以可让已会吃料的仔猪和不会吃料的仔猪一起吃料。这样仔猪经过模仿和争食，能很快学会吃料。

5. 少给勤添：利用仔猪"料少则抢，料多则厌"的特点，少给勤添，而且这样还不会浪费饲料。

6. 铁片喂料：仔猪喜欢舔金属片，可以利用这个特性，将饲料放在铁板上，使仔猪肯舔金属片的同时又可以吃到饲料，从而达到诱食的目的。

7. 喂配合料：从 20 日龄起，就可生喂仔猪配合料或粒料，要求每天喂 4~5 次，使仔猪逐渐养成及时吃食的习惯。自主配合饲料的营养要求为每千克含有粗蛋白质 19%~26%，钙 0.7%~1%，磷 0.6%~0.8%，消化能 10.5~11.8 兆焦。

8. 30 日龄旺食，仔猪 30 日龄后生长加快，采食量大增，进入旺食期。此时不仅是让仔猪更多的采食，而且要稳定饲料质量，增加蛋白质和维生素饲料，同时补充微量元素。一般每天喂料不少于 5~6 次，夜间 10~12 时补喂夜餐，喂料的同时供给清洁的饮水。

六、提高仔猪体重的新技术

养猪户实践："出生多一两，断奶多一斤，入栏多一斤，出栏多十斤"。这句话确有科学道理，意思是育肥的仔猪体重越大，则生长速度越快，饲料利用率高，出栏时间也越短。不但疾病少，而且还能克服环境应激和心理应激。如果初生仔猪体重小，则断奶前死亡率就越高。主要是体温调节能力弱，能量储备少，活动力和耐饥饿能力小，因此被压死、冻死和饿死的机会增加。

所以，提高初生仔猪体重对养殖户是提高经济效益是十分重要的。

英国农业专家研究出一种提高仔猪体重，增强体质的新技术，就是给母猪饲喂高蛋白饲料。

具体做法：从分娩前两周开始，给母猪饲喂含粗蛋白18%以上的高蛋白饲料，一直喂到断奶期，仔猪断奶后再改为低蛋白普通饲料。采用此项技术，不仅可以提高仔猪的初生体重和断奶体重，还能增强仔猪体质和抗病能力，减少仔猪的死亡率，为下阶段育肥打下了良好基础，这项新技术应大力推广。

七、仔猪每天增喂一次夜食生长快

据对比试验，日喂4次饲养的仔猪60日龄时，比日喂3次饲养的仔猪体重可增长30%～50%，经济效益明显。

仔猪生长发育的特点是：新陈代谢十分旺盛，对饲料中营养物质的需要量较大，但胃的容积尚小，每次的采食量有限，而排空速度却很快，每3～5小时就可将胃容物消化完。另外，仔猪在晚上胃分泌的消化液比白天多，约占全天的70%，因而晚上消化速度更快。

为了更好地发挥仔猪生长速度快的潜力，采取日喂4次的饲养方法较为科学。具体操作方法是：以晚上 10 点钟为标准时间，间隔 5 小时依次倒推计算，即第一次喂食在早上 7 点钟，第二次在中午 12 点，第三次在下午 5 点，第四次在晚上 10 点。这样，可减少仔猪饥饿时哼叫，保证营养物质的及时补给，满足其生长发育的需要，使之快速增重。

八、仔猪助长打"四针"

仔猪助长"四针法"是通过多年反复试验摸索出来的经验。经过四针注射的仔猪，爱吃、爱睡，全身皮肤红润，被毛油光发亮。仔猪到了 60 日龄，在春、夏季可长到 17.5 ~ 19kg，冬季也能长到 16 ~ 17.5kg，此方法 1992 年在农村推广使用，效益十分显著。

具体做法是：第一针仔猪出生 3 天注射"血多素"1 毫升，仅一次注射，这样断奶仔猪与不注射的多长 2.5 ~ 4kg 肉。第二针在仔猪出生后第 7 天，用维生素 B_{12} 0.5 毫克、肌苷注射液 0.1 克作耳后肌内注射。第三针在仔猪出生后第 14 天，用维生素 B_{12} 1 克，肌苷注射液 0.1 克作耳后肌内注射。第四针在仔猪出生后 30 天，用维丁胶性钙 1 毫升、三磷酸腺苷 20 毫克作耳后肌内注射。

九、使仔猪快速生长的若干技巧

1. 喂"仔猪肥"：从母猪怀孕 95 天起，在日粮中加入"仔猪肥"饲料添加剂 150 克，连喂 15 天，至分娩前 3 天停喂。"仔猪肥"配方是：炒黄豆粉 25%，玉米粉 70%，优质过磷酸钙 2.5%，硫酸铜 0.4%，硫酸锌 0.5%，硫酸亚铁 0.6%，黄芪 1%，把这 7 种物品粉碎混匀便成。

2. 催长汤：母猪产后第二天开始喂药，先将中药：王不留行、三棱、川芎、通草、麦冬、地榆、猪苓、双花、蒲公英、党

参、茜草、甘草、大青、花粉、莪术各 25 克，泽泻 20 克，谷芽
30 克混合用水煮沸，取药液拌入母猪（切不可喂仔猪）饲料中
喂 2 次，每次 1 剂。以后每隔 10～15 天喂 1 剂即可。用此汤喂
产仔后的母猪，仔猪吃奶不拉稀，增重速度加快，对 100 窝
1000 多头仔猪进行试验，成活率 99%，与不喂催长汤对比，平
均窝增重 50kg 左右。

　　3. 喂"生长散"。"生长散"是一种中草药添加剂，具有补
血提气，消食健胃，养心安神，润肠通便之功能，可使仔猪食欲
增加，安静贪睡，增重加快。"生长散"适应于小猪阉割后到育
肥开始这个阶段饲喂。生长散处方：骨粉 30%，麦芽（或神曲）
20%，秋牡丹 10%，土黄芪 10%，赤首乌 10%，贯众 10%，碘
盐 10%。将以上药研成粉末，每 5kg 体重的仔猪每次在饲料中
加喂 3～4.5 克，日喂 2 次，仔猪喂生长散后，日增重可提高
20% 左右。

　　"生长散"是续"催长汤"后的一种后劲添加剂，为育肥打
下坚实基础，可提前出栏。

　　4. 喂维生素 C。在怀孕后半期和哺乳期以及在哺乳仔猪的
饲料中添加维生素 C 后，母猪泌乳力可提高 6.94%，仔猪断奶
时每头活重和窝重分别提高 7.5%、10.8%。因此，在重胎母
猪、哺乳母猪和哺乳仔猪的饲料中加入维生素 C，其剂量为 1kg
饲料中加入 0.1～0.2 克。

　　5. 喂糖精。在每吨仔猪饲料中添加 300 克糖精，可使仔猪
日增重提高 27%，每增重 1kg 少消耗饲料 0.17kg，并无不良
反应。

　　6. 喂大麦芽粉。大麦芽中含有多种酶，如淀粉酶、糖化酶、
蛋白质分解酶等。据湖北省畜牧兽医研究所试验，在日粮中加
4% 的大麦芽粉（将大麦发芽、烘干、粉碎而成），饲喂哺乳仔
猪、断奶仔猪和僵猪，日增重分别可提高 2.3%、15.3% 和

56.4%，饲料转化率分别上升 7.1%、12.9% 和 30.4%。

7. 喂雪水。用雪水喂仔猪，一昼夜的日增重为 600 克，比用普通水喂仔猪要多长 240 克。

8. 喂健胃酊。健胃酊是一种合剂，由龙胆酊、橙皮酊和大黄酊按 1∶1∶1 组成。据福建省龙岩市食品公司良种场试验，30 日龄以上的哺乳仔猪，每头每日用健胃酊 5 毫升拌料饲喂，可使仔猪日增重提高 66%；断奶仔猪每头每日用健胃酊 5～10 毫升，育肥猪为 10 毫升，日喂 2 次，可提高日增重 30% 以上。

9. 据苏联研究发现，每隔 5 天给断奶后的小猪饮用含氧汽水——每升普通水中加入 1 升氧气，可使仔猪日增重达 200～250 克，如能在汽水中加些催肥剂，效果更佳。

10. 喂蚯蚓粉，可使猪增重提高 10%～15%。蚯蚓粉的加工方法：将蚯蚓用清水洗净，盛在簸箕内，用开水烫一遍，边烫边翻动，上下烫 4～5 分钟（勿烫糊）后取出。然后用竹帘摊开晒 1～2 天，干透后粉碎即成。每头猪每日添加量为：20～25kg 的猪 10 克，25～50kg 以上的猪 25 克，50kg 以上的猪 50 克。蚯蚓粉应与饲料充分拌匀，每天喂 1 次。

11. 喂松针粉，在哺乳仔猪中添加 2.5%～4.5% 的松针粉，60 日龄的仔猪可比对照组多增重 14%～47%，成活率 90%，而且可预防仔猪白痢病（保护率达 91%～93%）和母猪瘫痪（保护率达 90%）。

12. 喂抗生素，生饲料中添加适量的抗生素，可促进猪生长发育，增强抗病能力，提高成活率 10%～30% 和日增重 10%～20%，饲料消耗降低 5%～10%。仔猪每吨饲料添加抗生素 40 克，抗生素要连续使用，如仔猪断奶后停喂，就会导致疾病发生。

13. 喂微量元素，每公斤体重仔猪添加硫酸铜 0.25～0.3 毫克，硫酸锌 0.15 毫克，硫酸亚铁 0.3 毫克、硫酸锰 0.1 毫克，日增重可提高 22%，饲料利用率提高 8%。

14. 仔母分离喂养，原捷克斯洛伐克试验用塑料袋接生仔猪，并立即将初生仔猪送到已严格消毒的猪舍，用牛奶喂养两周，每只仔猪共耗奶7升，结果表明，仔猪发育良好，平均日增重0.77kg，比靠母猪喂养提高经济效益25%～30%。

15. 喂麦饭石。麦饭石属天然药添加剂，经中国农科院中兽医研究所对14024头断奶仔猪试验表明，在猪日粮中添加2%，平均日增重可以提高13.98%，饲料转化率提高34%。

16. 仔猪离地笼养。仔猪离地笼养是国外兴起的一项新技术。广州市良种猪场采取离地笼养技术试验40日龄杜洛克仔猪20头，全期30天，每头仔猪日增重1kg，仅消耗饲料2.1kg。

17. 温度要适当。温度对仔猪的生长有很大的影响，过高或过低都会降低增重速度。低温时仔猪采食虽增多，但热能消耗大，日增重反而降低。据测定，气温4℃以下时，饲料增加2倍，增重却降低50%。气温35℃时，采食量减少，增重也缓慢。一般仔猪最适宜的生长温度为20～30℃。

18. 饮水要充足。仔猪生长旺盛，母乳较稠，含脂肪多。若不供应充足的饮水，仔猪就到处找水，不管污水或尿液都喝，容易引起肠道疫病。所以，出生后3天的仔猪必须注意供应足够的洁净饮水。

19. 夜间要添喂。仔猪胃液的分泌与成年猪相反，白天少夜间多，白天占31%，夜间占69%，因此要添喂夜食。试验证明：晚上9～10时增喂一餐，其增重速度比不喂的提高10%左右。这有利于提前断奶和提高母猪的繁殖率。

20. 添加蛋氨酸。仔猪饲料中粗蛋白质含量应为17.2%，低于17%时，应添加蛋氨酸0.2%。有人做过试验：两组猪第一组喂粗蛋白含量为12%的饲料，另一组喂粗蛋白含量为18%的饲料；一组不添加蛋氨酸，另一组添加0.15%蛋氨酸。结果，添加组比不添加组长势良好；添加蛋氨酸的低蛋白组与不添加蛋氨酸的高蛋白组，日增重几乎相等。由此可见，若添加 0.15% 的蛋氨酸能节省高蛋白饲料。

21. 添加柠檬酸。柠檬酸可降低胃中 pH，激活消化酶，提高消化吸收率。体重 5～10kg 的仔猪，每千克饲料添加 30 克柠檬酸，可使猪日增重由 189 克提高到 236 克。

22. 阉割要适时。从增重情况考虑，据试验，在相同的饲养条件下，分别于 3、20、30、40 日龄阉割，阉割后到 90 日龄时的平均日增重以 20 日龄阉割增重最快，30 日龄次之。

从成活率考虑，3 日龄阉割成活率为 82.7%，20 日龄为 88.8%，30 日龄为 94.7%，40 日龄为 95.2%。40 日龄与 30 日龄的阉割成活率最高。

在日增重和成活率差异不大的情况下，从节省劳力和操作简便考虑，认为 30 日龄阉割最好。这时公仔猪睾丸和母仔猪的子宫角均发育到一定程度，便于对同窝非种用公母仔猪一次阉割完毕。同时，仔猪已开食，度过了白痢关，抵抗力较强，可提高成活率；并且个体还不大，阉割时容易保定；血管较细，手术出血少，刀创愈合快。但也不能"一刀切"。对母仔猪留种的，公仔猪可提前到 20 日龄去势；对饲养水平较低、生长较慢、40 日龄体重还在 7.5kg 左右的仔猪，则应适当延长阉割日龄。

第三节　仔猪快速增重的实践经验

一、热水洗浴，增强活力

广西壮族自治区都安县科委温小明，经多次试验证明，初生仔猪热水洗浴后可加快血液循环，有利于仔猪新陈代谢，增强活力，而且对仔猪黄痢病起到消毒预防作用。

具体做法是：母猪产仔前，按正常规程接产。喂奶前用

0.1%高锰酸钾水把奶头洗净并挤掉积奶，然后用盆或桶装5kg 45～50℃的温水，放入5克高锰酸钾（浓度不能过高，以水呈淡红色为宜）。逐头把仔猪泡入热水中，口鼻露出水面，一边泡一边擦洗，每头猪洗浴一分钟即抱出抹干，放到母猪身边哺乳。

二、合理配料，认真管护

四川省开江县回龙乡畜牧站张光炳，采用新法饲养仔猪，每窝仔猪只需要多投资30～40元饲料费，即可多赚90～130元的纯利润，其经验是：

自配饲料，配方是玉米40%、麦麸20%、菜籽饼20%、黄豆（炒熟）10%、蚕蛹5%、血粉2%、碳酸氢钙1.5%、食盐0.5%、硫酸亚铁0.5%、硫酸锌0.5%、硫酸铜0.1%、复合氨基酸0.1%、喹乙醇0.02%～0.05%。先将后7种添加剂充分搅匀，再逐一与粉碎好的血粉、蚕蛹粉、黄豆粉和菜籽饼拌和均匀，配成仔猪预混料，装入塑料袋中保存备用。玉米粉和麦麸分别装在一起，喂前按量称取配制，用小苏打发酵处理。

三、新法饲养，母优仔壮

广西壮族自治区宁明县驮龙乡坑道塘村赵子金，采取新法饲养仔猪，60日龄断奶体重达30kg。他的经验是：

1. 选好母猪，其外形要求头大小适中，颈中等长，胸宽深而开阔，背平直而宽长，臀长、宽而平或微斜，四肢直而结实，乳房发达，乳头数不少于14个且间距宽、排列均匀，性情温顺，生殖器官健全，体躯要长。

2. 养好母猪，日粮组成为玉米50%，木薯10%，麦麸10%，豆饼或花生麸25%，鱼粉2%，食盐0.5%，添加剂0.2%，贝壳粉1.8%，多种维生素0.05%。

3. 母猪怀孕 97 天后在饲料中增加营养粉。配方为：秘鲁鱼粉 50%，炒黄豆粉 30%，炒菜籽饼 12%，贝壳粉 5%，松针粉 3%，另加复合维生素 B 600 片，神曲 600 克，土霉素 15 克及少量添加剂，每日加饲中 125～150 克，连喂 14 天，于分娩前 2 天停喂。

4. 仔猪产后 3 天内注射补血针预防贫血。

5. 仔猪产后 7 天进行补饲。

6. 母猪产后第一个月用海带 0.5kg，泡涨切碎，加猪油 50～100 克，煮汤喂母猪，每隔 7～8 天喂 1 次。第二个月每隔 4～5 天喂 1 次。

四、保胎促长、窝重增加

湖南省邵阳县畜牧水产站周诚立与肖国清等人研制出母猪的保胎良方——泰山盘石散。其处方是：人参（或党参）、黄芪、当归、断续、黄芩、白术、砂仁（土炒）各 20 克，川芎、灵草各 15 克，糯米 100 克。母猪配种后 21 天，将上述中药加水 2500 毫升，煎留 1500 毫升，去渣加入糯米 50 克煮稀粥喂给。一副药煎 2 次，每天 1 剂，连喂 2～3 剂，临产前 10 天再喂 1 剂。若有习惯性流产，可每日喂 1 剂。据实验，母猪孕期服用"泰山盘石散"胚胎保护率 100%，分娩后再服"仔猪催长汤"，效果更佳。

五、自配药方，快速增重

浙江省淳安县龙源乡乐富村余海生，在民间兽医余德生的帮助下，试制出一种"仔猪助长素"，经当地养猪户试喂，仔猪平均日增重达 1.15～1.5kg。

其配方是：何首乌 500 克，贯众 250 克，黄精 250 克，小苏打 500 克，食盐 500 克，黄豆粉 1000 克（60 日龄后可用尿素代替，数量为 500 克即可），硫酸亚铁 50 克，硫酸铜 30 克，硫酸锌 20 克，酵母片 100 片，过磷酸钙 1000 克。除过磷酸钙外，上述 10 种药混后研细。10~30kg 的仔猪每天喂 40 克，30kg 以上喂 55~60 克，分早晚 2 次拌料加过磷酸钙 10 克喂给。

六、巧妙合群，相安无事

四川省彭水县上岩西乡新力村陈庆明，针对新买仔猪并群时经常发生咬斗影响生长的问题，采取了一种有效的方法：把原存栏仔猪赶出栏外，与新买仔猪混在一起，用酒喷洒在它们身上，栏舍也同时喷洒一次。然后将新买回的仔猪先赶进栏，再把原存栏仔猪赶回栏里，由于猪身、栏舍均有酒味，猪互相闻不到异味，加上新猪先入栏，原存栏仔猪入栏失去"霸栏"特性，不再乱咬新来伙伴，此方也适于寄养仔猪。

七、一月断奶，效益增加

福建省诏安县深桥乡树美村叶子荣，在母猪产后 1 个月即让仔猪断奶，使母猪很快发情。结果，母猪平均 6 个月产一窝仔猪，提高了经济效益。

由于采取一个月断奶新法，1985 年 1 月，叶子荣养的 5 头母猪陆续产 5 窝仔猪，仔猪吃半月奶后，他就进行人工喂养，30 日龄完全断奶。母猪离奶后 7 天开始发情配种，到 6 月 9 日前后下第二胎仔猪，7 月 9 日第二胎仔猪断奶。母猪在 7 天后发情配种，到 12 月上旬又生下第三胎仔猪。

八、养好母猪，仔猪肥壮

湖北省宜昌市伍家乡旭光村刘先武，是当地有名的养仔猪专业户，他的经验是：

1. 选好品种，适龄交配。对种猪取档编号，记下交配时间，分娩日期，产仔数量，窝仔重，窝仔均重等，防止近亲交配。

2. 做好母猪产后护理，产后 7 天增喂精料。配方是玉米粉 5%，麦麸 40%，玉米秆粉 30%，鱼粉 4%，骨粉 2%，食盐 0.5%，统糠 15%，石粉 2.5%，添加剂 1%，每 50kg 另加土霉素 40 片（25 毫克）。

3. 管好仔猪。在母猪日粮中拌入 10 片土霉素，防止白痢，仔猪开食后喂给配合饲料。配方是：玉米 30%，麦麸 32.5%，大麦 10%，谷子 20%，鱼粉 4%，骨粉 2%，食盐 0.5%，添加剂 1%，喹乙醇 1 克。

九、及时断奶，主动防疫

湖北省沔阳县郭河区郭河乡刘河村肖运发，在饲养仔猪方面很有一套，他最有特色的经验是：

1. 改双月断奶为单月隔离定时喂奶。仔猪生下 28 天后就与母猪隔离，定时喂奶，并给仔猪饲喂足够的精料和少量的青饲料，保证母猪的健康，提高繁殖率。

2. 用多种配合饲料喂养，仔猪开食后，以精料 70%，青料 30%，加适量的土霉素、钙片、酵母片、食盐喂养，每 50kg 饲料加土霉素 50 克，钙片 40 克，酵母片 150 克，食盐 700 克，每天每头还以 100 克大米熬成清米汤或用三合粉配成米浆供仔猪食用。

3. 改被动防疫为主动防疫。一是从分娩之日起，每餐用饲料土霉素 10 克拌入精料中喂母猪，提高其防病能力，防止仔猪血痢，直至断奶为止；二是仔猪出生后 22 天注射一次猪瘟疫苗，满月后注射一次仔猪副伤寒疫苗，断奶 10 天后补注一次猪瘟疫苗；三是仔猪出生后 40 天，用驱虫净驱虫，每千克体重用药 25 克。

十、补铁加餐，及时阉割

广西壮族自治区兽医研究所刘子权指出，要使仔猪加速生长，饲养时必须注意 10 个问题：

1. 补铁，仔猪出生后 3 天肌注"血多素" 1 毫升，仅注射一次，断奶体重可比不注射的多增重 2.5 ~ 4kg。

2. 吃足初乳。初乳中的铁和维生素 A、维生素 D 含量比常乳高 10 ~ 15 倍，仔猪出生后吃足初乳，可提高抗病能力，促进生长。

3. 气温适宜。一般仔猪最适宜的生长温度是 20 ~ 30℃，过高过低都应注意调节。

4. 供足饮水，仔猪出生 3 天后，必须供给清洁饮水，否则会因口渴乱喝污水、尿液引起拉痢等疾病。

5. 提早开食。仔猪出生后 7 天，应用炒熟的黄豆、麦粒或熟料拌些糖水，引诱仔猪吃下，这样做可以提高增重 12% ~ 26%。

6. 加喂夜餐。晚上 9 ~ 10 点加喂 1 餐，仔猪增重速度比不喂的提高 10% 左右。

7. 添加蛋氨酸，仔猪的饲料中蛋白质应达到 17.2%，低于 17% 时，应添加蛋氨酸 0.2%。

8. 适时阉割。公仔猪 60 日龄阉割效果最佳，不能太早或太晚。

9. 及早断奶。补料早，生长快，体质好的仔猪，45 日龄应该断奶。

10. 防疫注射。仔猪 30 日龄前后，应进行疫苗预防注射，但在断奶后一周及去势时不宜注射，以免影响仔猪生长。

第四章　猪肉快速育肥与节粮措施

第一节　肉猪生长规律与特征

一、育肥猪生长发育的规律

肉猪按生长发育阶段可划分为 3 期：体重 20 ~ 60kg 为发育期，称为小猪阶段；体重 35 ~ 60kg 为育肥期，称为中猪或架子猪阶段；体重 60 ~ 90kg 为催肥期，称为大猪或催肥阶段。

1. 体重绝对增重规律　一般体重的增长是慢—快—慢的趋势。正常的饲养条件下，初生仔猪的体重为 1.0 ~ 1.2kg，7 日内增重为 110 ~ 180 克；2 月龄体重为 17 ~ 20kg，日增重为 450 ~ 500 克；3 月龄体重为 35 ~ 38kg，日增重为 550 ~ 600 克；4 月龄体重为 55 ~ 60kg，日增重为 700 ~ 800 克；5 ~ 6 月龄体重为 70 ~ 100kg，日增重为 700 克左右。

2. 机体组织生长规律　骨骼在 4 月龄前生长期强度最大，随后稳定在一定水平上，皮肤在 6 月龄前生长最快，其后稳定；脂肪与肥肉的生长刚好相反，体重 70kg 以前增长较慢，70kg 以后增长最快。综合起来就是通常所说的"仔猪长骨，中猪长皮（肚皮），大猪长肉，肥猪长油（脂肪）"的规律。我们可以充分利用这一规律，在猪增重量上升的时候，尽量满足其生长发育的营养需求，采取适当饲养管理方法促进其生长发育。

3. 猪体化学成分变化规律　随着年龄的增长，猪体内蛋白

质、水分及矿物质含量下降。如体重 10kg 时，猪体内水分含量
为 73% 左右，蛋白质含量为 17%，到体重 100kg 时，猪体含水
分只有 49%，蛋白质含量只有 12%，初生仔猪体内脂肪含量只
有 2.5%，体重 100kg 时含量高达 30% 左右，我们可以利用幼猪
含水量高、低脂肪和成猪含水量低、高脂肪的生长规律，在前期
促进生长，减少饲料消耗。

二、育肥猪的阶段及特点

在养猪生产中，肥育猪饲养的好坏，直接影响养猪生产的经
济效益。只有掌握育肥猪的基本生理特性，采取最佳的投入和最
合理的饲养管理方法，才能获得最佳的经济效益。

依据商品肥育猪的生理特性，我国通常用的饲养标准将其分
为 20～60kg 和 60～90kg 两个生长阶段，国外和南方猪的饲养标
准分为 20～35kg、35～60kg、60～90kg 三个生长阶段。

1. 肥育猪体重 20～60kg 阶段的生理特性　体重 20kg 左右的
猪，其机体各系统组织和器官的生长发育及功能很不完善，特别
是消化系统的功能还不能完全发挥作用，此时的营养必须全部从
饲料中获取。体重 20kg 以上的猪，正是生长发育最旺盛时期，
平均日增重为 200～400 克，但分泌的消化液不但量少，而且成
分不全，限制了某些饲料的消化和吸收，胃的容积小，一次性不
能容纳很多的食物，神经系统和免疫系统正处在逐步完善阶段。
因此，在此阶段，我们必须提供优质的、易于消化吸收的饲料，
并加强管理，改善养猪的环境条件，以保证其正常的生长发育。

2. 肥育猪体重 60～90kg 阶段的生理特性　体重达到 60kg 的
肥育猪，其身体各部分机能发育完善，消化系统得到很大发展，
对各种饲料的消化能力和各种营养的吸收能力均有很大的提高，
神经系统和免疫系统的功能逐渐完善，对周围环境的影响，如温
度、湿度等变化的适应能力大大加强。在这个时期，育肥猪生长

很快，平均日增重均在500~700克以上，最高可达1.5~2.0kg。因此，必须提供充分满足肥育猪生长的营养需要。

三、育肥猪增重慢的原因与对策

影响肉猪增重速度、饲料报酬和胴体质量的因素很多，问题较为复杂。品种、温度、密度、管理、疾病、饲料等，总之，它们之间是有机联系和相互影响的，并有主次之分。只要掌握这些因素及其关系，有针对性地加以解决，对加快育肥猪的生长具有重要意义。

1. 断奶不合理对育肥猪的影响因素：农户养猪多采取一次断奶法，断奶后立即上市出售，使仔猪生活条件突然发生了改变，一时难以适应而影响仔猪基础增重。应当在断奶前5~6天，采取逐渐减少仔猪哺乳次数的方法，直至完全断奶。这种方法给仔猪一段过度和适应期，对仔猪日后生长十分有利。

2. 补料不及时对育肥猪的影响因素：仔猪在哺乳阶段没能及时补料，断奶后不能很好地进食，基础打得不牢，引起育肥期发育不良，生长缓慢。仔猪应在7日龄开始诱食补料，这样在母猪的泌乳量下降时，就能吃食补料，以弥补母乳的不足。开始以甜、香、脆、易消化的饲料为主，以后逐渐适应改为正常饲料，这样在育肥前期就能达到身强体壮。

3. 饲料及饲养方法不合理对育肥猪的影响因素：断奶后，仔猪吃不上母乳，若饲料质量较差，喂料湿多干少，日喂次数由断奶前的5~6次，急剧减少到3次，这些突然变化都使仔猪很难适应，使猪的正常生长发育受到阻碍。因此，购猪时要详细询问猪的饲料管理状况，做到精、青、粗饲料逐渐过渡，饲喂次数由多到少逐渐适应。

4. 管理条件差对育肥猪的影响因素：现在有的农户养猪不讲科学，一般是一猪一圈，生活单调，有的吃食、睡觉、排便在同一地方，加之清扫垫圈不勤，粪便清除不及时，造成环境污秽，生长条件差，很容易引起疾病，严重影响猪只的健康。在管理好的养猪生产中，可根据猪的吃食快慢、性情好坏，以 3 ~ 6 头为一圈，猪多，吃食时争抢，从而生长快。还要做好调教工作，使猪定点吃食、定点排便、定点睡觉，保持优良舒适的生长环境。

5. 品种和类型对育肥猪的影响因素：猪的品种和类型不同，其生长速度和胴体质量也不相同，据试验，用同样饲养水平的饲粮，喂不同品种的猪，相同的体重，其增重效果不一致。

6. 经济杂交对育肥猪影响因素：通过不同品系和品种间的杂交，利用其杂交优势，是提高育肥猪效果的有效措施之一。目前，我国正在广泛利用国外引进的优良瘦肉型猪与我国优良地方品种猪进行经济杂交，加快生产商品瘦肉猪。利用杜洛克猪、大白猪、长白猪、汉普夏猪作为父本与本地品种或培育品种杂交，均取得很好的应用效果。其中杜长北的胴体瘦肉率为 58.56%，比北京黑猪提高 10%，饲料利用率提高 5% ~ 10%；广东畜牧所用汉普夏猪与大花白猪杂交，杂种猪瘦肉率为 50%。

7. 饲粮营养水平对育肥猪的影响因素：合理的能量和蛋白质水平是影响育肥效果的主要因素之一。吃得好，才能长得快，这一道理是显而易见的。所以营养水平越高，育肥期就越短。高—低、低—高营养水平对提高瘦肉率，比高—高和低—高营养水平更为有利。农村传统的前期、中期、"吊架子"期的饲喂方法，不利于提高猪的胴体瘦肉率。

8. 仔猪初生重大小与快速催肥的影响因素：仔猪初生重大与断奶重高低成正比，即初生重越大，生命活力越强，疫病少，断奶重越高，以后增重也越快。因此，要抓好育肥猪日增重必须从加强妊娠母猪的饲养和正确培育仔猪开始。

9. 温度和湿度对育肥猪的影响因素：猪生长的适宜温度为

15～23℃，过冷、过热都会降低增重速度，影响猪的育肥效果。据试验，当气温在25～30℃时，猪为了散热，呼吸频率和肛门温度增高，导致食欲下降，采食量减少，若温度再高甚至会造成死亡。如气温在4℃以下，增重下降50%，与此同时，饲料消耗增加2倍。

若温度不适宜，湿度从30%升高到60%，猪的增重即显著下降；但温度适宜，即使湿度从45%上升到95%，对增重亦无明显影响。可见，在适宜温度下，湿度大小对猪的增重不起直接作用，但对疾病发生起作用，会间接影响猪的增重。

10. 饲养密度对育肥猪的影响因素：据试验，在相同的饲养条件下，按每头猪占0.5m²、1.05m²、2.0m²，分为3组，其增重、采食量和饲料报酬如表4－1所示，事实证明，饲养密度越大，增重越慢。

表4－1　饲养密度对育肥猪的影响

每头猪所占面积（m²）	试验期增重（kg）	平均采食量（kg）	饲料报酬
0.5	40.5	2.42	4.00
1.0	41.8	2.37	3.86
2.0	40.7	2.36	3.60

还有不易发现的疾病和僵冻猪也是影响育肥猪增重慢的因素，但要及时发现及时治疗，快速解除疾病。

四、育肥猪采食量突然下降的原因与控制

（一）饲料的适口性方面

1. 干湿问题：喂猪用料共有三种，即：干粉料、湿粉料（水料1∶1）和稀料，据试验，湿料喂法采食量最好，稀料最差。

2. 粉碎粒度：玉米粒度要求在 0.8 ~ 1.5cm 为佳，如果过粗，饲料的利用率下降，造成浪费；过细，长期有可能造成消化道溃疡，不利于健康，同时过细的饲料适口性也下降，从而影响采食量。

3. 粗纤维的含量水平：如果饲料中粗纤维含量大于 6%，会造成猪的采食量下降。

4. 盐分：正常生长育肥猪对盐的需求量在 0.45%，当下降到 0.2% 时，猪的采食量可下降20%，增重也减少38%。

5. 甜味剂：猪的味觉非常发达，舌部的味蕾数为人类的 3 倍，猪最喜食的是甜味，如饲料中含有甜味剂时，采食量上升。

（二）饲料的气味方面

饲料气味变化也会影响猪的采食量。猪的嗅觉异常发达，所以对饲料气味的变化非常敏感，以至影响采食。

1. 香味剂的变化：如乳香型、鱼腥型、鱼香型、香甜型之间的转换，或暴露于空气中时间过长，使气味挥发变淡，都会影响其采食。

2. 饲料发霉变质：如饲料被霉菌污染，使饲料发霉产生霉变味，无论从气味还是适口性上都将使猪的采食量下降。

3. 饲料酸败：环境温度高或饲料存放时间长，饲料中的粗脂肪就会氧化酸败，出现我们通常所说的哈喇味，使其采食下降。

4. 油脂种类的不同：如饲料中添加豆油、玉米油等，气味都会不一样，如果发生变化，会影响采食量。

5. 其他原料的特殊气味对饲料的影响；如鱼粉含量的多少、质量的好坏等。

（三）某些饲料成分直接影响猪的生理反应，使其采食量下降

1. 氨基酸：饲料中氨基酸不足或不平衡，对猪的采食量影

响较大。试验证明，猪的采食量随饲料中赖氨酸水平的提高而提高，但到一定程度后采食量有下降的趋势。

2. 矿物质：饲料中锌、磷的缺乏及钙、锰、碘和铁的过量，都会造成猪的食欲不佳。

3. 维生素：维生素 B_1、维生素 B_2、维生素 B_{12} 和烟酸、泛酸的缺乏都会使仔猪采食量下降，如维生素 B_1 不足，会对猪体内三羧酸循环造成影响，使丙酸在体内大量蓄积，从而损害消化系统，影响食欲。

4. 抗生素：大量的试验证明，在猪日粮中添加少量的抗生素，可使猪的采食量提高 7% ~15%。

5. 水分：水是生命的源泉，水也是运送营养的必须物质。缺水初期，猪食欲明显减退，尤其不爱吃干粉料，随着失水的增多，猪的食欲可能完全废绝。

6. 能量：饲料所含能量高则采食量低，反之能量低则采食量高。

另外，一些猪病如寄生虫病、感冒、胃肠炎等，猪舍温度的变化，养猪过程中的转群、并圈、换料，防疫过程等都会对猪的采食量有所影响。

育肥猪饲料中出现采食量突然下降的情况，应按以上因素，认真查找问题，采取积极有效的措施加以解决，否则将影响养猪经济效益的提高。以上问题找不出原因，则有可能是疾病问题，立即采取治疗措施。

五、体重 20 ~60kg 生长育肥猪的管理措施

刚离开母猪的仔猪，由于消化系统不完善，必须保证一定的饲喂次数。一般每天的饲喂次数为 5 次，即每天清晨和夜晚各喂 1 次，白天喂 3 次，并保持饲喂的间隔时间基本一致，这样可以保证小猪不会因为饥饿而慌乱，使猪群保持安定。当体重达到

30kg 以后，则可以适当减少饲喂次数，一般每天 3 次为宜，即早、中、晚各喂一次。投饲以后供给饮水，在条件允许的情况下，让其自由饮水，并保持饮水清洁卫生，在气温较低的冬春季节，最好能供给 30～40℃ 的温水，以免小猪饮用冷水而发生胃肠疾患。在生长肥育猪的饲养管理中，还需要注意下列几个问题：

1. 过量投饲易发生小猪腹泻　体重 35kg 以下的小猪，其消化机能尚未发育完全，投喂过量的饲料或不易消化的饲料，极易导致腹泻的发生。

2. 提倡生料喂养　饲料煮沸后喂猪，不仅造成燃料的浪费，而且饲料中的某些营养物质极易分解失效，尤其是饲料中维生素的含量损失最大，从而降低饲料的营养价值。因此，常规的豆类籽实及其加工副产品需煮熟饲喂，其他饲料应实行生喂。

3. 正确掌握拌料的用水　一般料水比例为 1:1 为宜。在饮水方便或炎热的夏季，可采用干料喂猪。

4. 添喂青科或青贮料　在生长肥育猪的日粮中应添加 5%～8% 的青料或青贮料，其好处有：一是可以锻炼生长育肥猪消化系统的功能，提高对青料、青贮料的适应性；二是青科、青贮料营养全面，可以替代日粮中部分精料，降低饲料成本，提高经济效益；三是青科、青贮料的适口性好，可以增进食欲，提高采食量。

六、体重 60～90kg 生长育肥猪管理技术

当肥育猪体重达到 60kg 以上时，每天饲喂 3 次为宜，即早、中、晚各 1 次。在饲养管理水平较高的条件下也可每天饲喂 2 次，即早、晚各 1 次，但这种方法对日粮的品质要求很严，一般家庭养猪难以做到。

1. 拌料用水的控制　使用最多的喂料方法是潮拌料和稠料

两种。潮拌料是用 1~1.2 倍的水将料抖湿，以手气球饲料渗水
为宜；稠料是在潮拌料的基础上再加一定量的水使料成稠粥状，
其料水比一般为 1：2~4，可以根据具体情况加以选择。

2. 限量饲喂　限量饲喂主要目的是控制肥育猪在生长后期
体内脂肪过多沉积，提高猪体的瘦肉率。其喂量是按每日肥育猪
所需日粮的 80%。由于此时肥育猪生长十分迅速，肌肉组织的
生长优势下降，而脂肪组织的生长占主导地位。

3. 合理添喂青饲料或青贮料　在体重 60~90kg 肥育猪日粮
中添加 10%~15% 青饲料或青贮料，不仅可以降低饲料费用，
而且可以增加肥育猪的食欲，提高饲料的转化效率。但过多地饲
喂青饲料或青贮料，降低了日粮的养分浓度，影响肥育猪的生
长，延长肥育期。

猪养到 60kg 时，是猪肉生长高峰期，按正常理论说，这个
时期最高日增长可达到 700~800 克。但在生产实践中，很多养
猪者创造出日增重 1.5~2.5kg 的新现象。这种高产技术在本书
中有很多事例，可供广大养猪户采用，如十日催肥法、40 日催
肥法、全国养猪状元—龙成祥等人养猪法，增重都可达到此目
标。广大猪户根据实际情况灵活运用，将会带来更大的经济
效益。

第二节　几种肉猪快速催肥技术

一、肉猪十日催肥法

（一）十日催肥法的特点

这是四川省沐川县民警中队养猪场经过 3 年多的试验总结出
的大猪快速催肥技术。体重 80~85kg 的大猪，采用此法育肥，
10 天可达到出栏体重，平均日增重 1.5~2kg。本法适合于即将

出栏的大猪。

"十日催肥法"的特点是采用高能量的配合饲料，经发酵处理，同时对生猪进行驱虫、健胃处理，增强其对饲料的消化吸收能力。

（二）十日催肥法的基础日粮

在大猪出栏前10天催肥期内，基础日粮的配制方法是：每头猪每日用大米0.6kg，稻谷0.4kg，米糠1.5～2kg，黄豆0.25kg，玉米150克，骨粉（猪、鸡、鸭、猪骨头均可，焙黄研末过筛；或用经高温消毒的蛋壳粉）150克，白糖75克（或红糖150克），麦麸1.5～2kg，花生麸100～150克，青饲料3～4kg。

饲料先经过发酵处理：将米糠、玉米粉、麦麸、糖、花生麸和青饲料掺加适量水（干湿度以手握能捏成团，但指缝不溢水为宜），混合拌匀，压紧堆沤自然发酵，待发出酒香味便可饲喂。另将黄豆、稻谷炒至八成熟后磨成粉，将大米煮成粥，与发酵饲料和炒熟的粉料一起混合搅拌均匀，即可饲喂，每日3餐。如上述定量不够吃，酌添青饲料，如吃不完则酌减青饲料。

（三）必须进行驱虫、健胃

这10天内，还必须按下列程序进行驱虫、健胃处理，以充分发挥饲料的营养效果。

第1天，按猪体重，每5kg用畜用敌百虫1片，先用温开水将药片溶化，然后泼洒于饲料中，混合拌匀早餐时一次喂完。

第3天，每头猪用大黄苏打片8～10片或纯碱（苏打，化学名称碳酸钠）25～35克，粉碎后拌匀于饲料中，1餐或1天内喂完。

第7天，每头猪用韭菜500克，白酒150克，分1～3餐拌匀于饲料中喂给。

韭菜是畜禽的好饲料，它所含的挥发性精油可促进猪体的新陈代谢，所含的辣味素能刺激猪增强食欲，因而是天然的健胃剂；韭菜还有强烈的杀菌作用，有助手清洁猪的胃肠，提高其吸收养分的功能。此外，韭菜含有丰富的蛋白质，在蔬菜中名列前茅；还含有粗脂肪、硫化物和多种维生素等，这些均有利于加快猪的催肥进程。白酒也能促进猪的食欲，加强血液循环，与韭菜具有相辅相成的功效，因而同样被用作十日催肥的健胃剂。

按上述方法，一般催肥 10 天，最多不超过 12 天大猪便达到屠宰体重，应及时出栏，盲目推迟出栏日期会加快速猪脂肪的沉积，增加饲料消耗，反而导致经济效益下降。

二、肉猪二十日催肥法

山东省宁阳县茅庄乡后望峰村黄东岗，经过长期生产实践，摸索出一种断奶仔猪饲养 100 天即可出栏的养猪方法。除了选择杂交一代仔猪作育肥对象，精心安排日粮以外，他的绝招是：断奶仔猪饲养到 80 天，活重 60~70kg 以后，进行后期补饲催肥。

具体方法：

1. 按每 2.5kg 体重用 1 片敌百虫的分量，用水将药片溶化，拌入饲料，让事先饿一天的猪吃下，第 3 天每头猪添喂大黄苏打片 8~10 片，分 1~3 次拌饲喂给；第 5 天每头猪添喂 9~6 片小苏打，分 3 次拌料喂完；第 7 天每头猪添喂韭菜 1kg，白酒 300 毫升，分 2~3 次喂完。

2. 催肥 20 天内，每天均喂催肥剂。其配方为：咸鱼、豆饼、黄豆、骨粉各 3kg，猪油、白糖各 1kg，玉米 7.5kg，陈皮、麦芽各 25 克，神曲 10 克。先将黄豆炒熟，连同咸鱼、玉米粉碎，与其他料混匀后，分为 20 份，每头猪每天喂 1 份，分 3 餐添入日粮中。

3. 猪舍建在僻静地点，舍内创造黑暗环境，装上电灯，喂食时开灯照明，喂完后关灯恢复黑暗，使猪安静入睡。

三、肉猪四十日催肥法

解放军某部兽医蔡进春根据猪的生理特点和生长规律，研究出一种架子猪的快速育肥法。采用这种方法养猪有三点好处：一是增重快，催肥期间，每头猪平均日增重1kg多；二是成本低，每增长1kg体重，约需要精饲料1.3kg，需粗、青饲料2~3kg；三是方法简单，容易掌握。具体方法如下：

1. 备足饲料，在育肥期，每头架子猪可准备精饲料（玉米、麸皮、大麦、甘薯粉等）67.5kg，粗饲料（草糠、米糠、甘薯秧、花生壳粉、酒糟等）150kg，青饲料（青草、水浮莲、小茜草等）60kg，硫酸铜75克，硫酸亚铁36克，硫酸锌30克，尿素820克。

2. 粗料发酵，粗饲料中含有大量粗纤维，猪不易消化吸收，通过发酵，可以使粗纤维软化和糖化，从而增强适口性，并有利于消化吸收。发酵时，每50kg粗饲料中添加硫酸铜25克，硫酸亚铁12克，硫酸锌10克，食盐500克。先把上述添加剂用温水溶解，均匀地撒在饲料中，然后加水搅拌，直到用手抓捏时，指缝见水而不下滴为止。拌好料后，就可以装入缸内，用塑料薄膜或其他覆盖物封严，在37~42℃的温度下自然发酵，经过4~7天，就可喂猪。

3. 分段喂养：整个育肥期为40天。

第一阶段5天，每天喂4餐，每头猪每餐约需精饲料250克，粗、青饲料不限。在饲喂前将精、青饲料拌在发酵好的粗饲料中，并在早晚各加入6克尿素。

第二阶段10天，每天喂5餐（半夜加1餐），每餐喂精饲料300克，粗、青饲料1kg，早晚各加尿素8克。

第三阶段20天，每天又改为4餐，每餐500克精饲料，1.5kg粗、青饲料，早晚各加尿素15克。这一阶段的饲料应稠一些，并供给充足的饮水。

第四阶段 5 天，每天 4 餐，每餐 350 克精饲料，并适当减少粗、青饲料的给量。

4. 注意事项

（1）硫酸铜、硫酸亚铁、硫酸锌都是化学药品，在溶解时，不能使用金属器皿，不要与碱性药物混合使用。

（2）尿素在饲喂之前添加在料中，必须混匀。

（3）添加的各种药品和尿素不能超过规定剂量。

（4）猪养到 100～125kg 时就要出售，因为 125kg 以上的猪日增重明显下降，继续喂养就会增加成本。

第三节　肉猪快速增重与节粮绝招

一、广西壮族自治区伍朝琨以红薯秧为主的节粮养猪法

广西百色市兽医站助理兽医师伍朝琨总结出一种快速养猪法，这种养猪法以喂青饲料为主，加入部分精料（配合料），可满足猪对各种养分的需要，猪生长快，出栏早，达到用较低的饲料成本，换取较多肉品的目的。一般一头 15kg 毛重的小猪，饲养半年可达 125～170kg。用这种方法养猪，简单易行，经济效益高，受到有关部门重视。其方法主要是：

1. 饲料构成　此法所用的饲料主要是红薯秧等青饲料。红薯是一种容易种植、高产的旱地作物，所以在农村中采用红薯秧喂猪并不难。而且红薯秧营养较为丰富，据分析，干秧含碳水化合物 44.5%，粗蛋白 16%，粗脂肪 6.2%，粗纤维 13.8%，灰分（矿物质）14.5%。红薯秧可晒干留用，也可以青贮待用。冬春季，如果无红薯秧，可用其他饲料代替。此外，要喂一部分精料。精料采用 6 种原料配合而成，按 1 头猪 6 个月饲喂量

150kg 计，各饲料的配比量为：畜用赖氨酸（广西上思县赖氨酸厂生产）3kg、饲料添加药（广西兽医所生产）3kg、饲料磷酸氢钙（广西柳城县磷肥厂生产）3kg、黄豆 15kg（炒熟打粉）、玉米粉（或米粉）60kg、米糠（细糠）66kg。或将以上各种饲料的 1/6 配成每月喂量 25kg。

2. 饲喂方法　红薯秧生喂、熟喂均可，稠喂比稀喂好。每餐以喂饱为宜，每天喂鲜秧 2.5～7.5kg（由小至大逐渐增加）。精料每天用量：小猪（毛重 15～30kg）0.5kg，中猪（30～75kg）0.75kg，大猪（75～150kg）1kg。将精料拌在红薯秧内，每天喂 4 餐。

3. 实践效果　自去年以来有 1 万多农户试用这种方法，据反映，都收到明显的经济效果。例如，广西百色华侨农场第 10 队黄海翔用此法喂养 5 头猪，进栏时平均体重 14kg，饲养 6 个月，平均每头达到 165kg。百色汽车总站家属黄权芳，养 2 头猪，进栏时，平均每头体重 14.5kg，养 6 个月后，每头重达 155kg。购买 1 头 15kg 重的断奶小猪（每千克 2.6 元）需要 40 元左右，饲料成本（精料 71 元，红薯秧 950kg 约 48 元）119 元，两项合计 159 元。一头毛重 150kg 的猪，出肉率以 70% 计，得肉 105kg，若以每千克 2.6 元计，共得 273 元（内脏未算），可获利 114 元。用新法养猪，不但经济效果好，而且减少大米或玉米等精料用量，脂肪沉积少，利于瘦肉增长。

4. 注意事项　选好猪种，最好选用长白猪或约克杂交一代猪，本地猪体型小，生长慢，不要选用；在中小猪阶段每月要驱虫一次（用兽用敌百虫片，按体重每千克服 1 片）；饲料添加药和磷酸氢钙在百色市兽医咨询处有售。

二、解放军某部魏景祖的不用豆粕特效节粮养猪法

解放军某部连长魏景祖利用业余时间研制成特效快速养猪

法。这种方法具有成本低、屠宰率高的特点，特别是对 20kg 以上的公、母猪增重更明显，平均每日增重可达 1.5kg 以上，而成本不足 1.50 元。这种技术运用地域广泛，不受自然环境、气候影响，不偏于一类猪种。现将这种特效快速养猪法的饲料配方、加工、饲养和管理方法介绍如下：

1. 饲料配方　玉米粉 25%、米糠 20%、麦皮 24%、统糠 15%、花生麸 8%、食盐 1%、骨粉 0.7%、鱼粉 5%、贝壳粉 1.1%、添加剂 0.2%。

2. 饲料加工　先按饲料配方，将各种配料分别用粉碎机粉碎并按百分比进行配料。配合饲料不能掺水，将干料装入干净的水缸或瓦缸内。喂猪之前，将配合饲料放入与之相等重的温开水或冷开水之中，浸泡 3 小时后再拌入主食内，方可喂猪。

3. 饲养方法　每天只需喂早晚 2 次（按部队的饲养规律），每次可用 1.5～5kg 牛皮菜或青菜、白菜等作为主食。按猪的重量来计算使用配合饲料的多少。一般重量在 20kg 左右的猪，配合饲料每天只需 1.5kg。如配合饲料用量过多或过少，都会产生相反的作用。

4. 管理方法　首先对准备进行快速增重的猪进行一次检查，对有病的猪要及时治疗，此期间绝对不能使用配合饲料。在喂配合饲料期间，特别是开始几天，要注意观察猪的反应。若遇到猪身发冷或增重每日不超过 1kg，就要停止使用配合饲料。如无其他后果，可稍停几天再用，便会正常。如发现吃了配合饲料的猪周身发热，表明正在增重。要注意圈内和猪食卫生，定时清除圈内粪便。主食切勿用开水洗烫，可用少量冷水冲刷，以无泥土、砂石、杂物为宜。在喂配合饲料期间，要保持圈内的干湿度。冬春要保持干燥，夏秋季要适当在圈内挖个小槽（根据南方天气）放入一定的冷开水并经常更换。只要做到以上各项，便可收到满意的效果。

三、江苏省徐泽民不用玉米养猪节粮新技术

目前沿用的猪饲料大都采用玉米、麦麸作为基础日粮中的主要能量来源，南方稻谷产区不易采集。江苏省丰城市人民路畜禽快速养殖培训部徐泽民，最近研制成功一种新型缩饲料，只需与稻谷粉、碎米拌和，即成全价配合饲料，特别适合南方稻谷产区推广使用。这一配制技术已将申请国家发明专利。

据测定，采用本品配成饲料喂饲肥育猪，可使每头日增重达700克，饲料转化率提高15%～20%，料肉比为2.88：1，可提前30天出栏。在稻谷产区应用，每出栏1头肥育猪，可节省饲养成本30元。

这种浓缩饲料的配方有三种：

1. 茶籽饼44%，豆饼26.5%，鱼粉21.5%，石粉3.5%，磷酸氢钙1.5%，食盐2%，氨基酸添加剂1%。其营养成分为：粗蛋白质43.12%，蛋氨酸1.07%，精氨酸2.38%，等等。

2. 茶籽饼38%，豆饼30%，鱼粉18%，石粉7%，磷酸氢钙3%，食盐、氨基酸添加剂各2%。

3. 茶籽饼48%，豆饼25%，鱼粉23%，石粉2%，磷酸氢钠、食盐各1%。

饲喂肥育猪时，将本品20%，稻谷粉50%，碎米30%混合，拌匀，即成全价配合饲料。

四、广西刘学基的养猪不用粮食新方法

广西昭平县科协刘学基经过多年研究实践，探索出用松针粉作综合添加剂，以木薯、红薯为主要饲料，代替人工合成添加剂和玉米稻谷快速养猪，可降低养猪成本30%～44%，不但节约粮食，而且每头育肥猪按现价降低成本400元左右。经过上万群众应用和有关科研部门鉴定，证明该法养猪不用粮、少花钱、快

致富，平均每天增重 1kg 左右，出栏一头猪可节约饲料（指粮食、合成饲料添加剂）成本 100 元左右，是符合广西乡情特别是贫困山区脱贫致富的好门路。该成果获 1989 年广西农牧渔业厅科技进步三等奖。

1. 配方

各类型猪的配方见表 4 –2。

表 4 – 2　各类型猪的配方

饲料名称	体重（kg）			
	20 ~ 40	40 ~ 60	60 ~ 70	70 ~ 90
木薯（%）	28	35	40	50
麦糠（%）	28	16	13	10
三七统糠（%）	18	22	22	—
纯统糠（%）	—	—	—	13
花生饼（%）	10	8	4	5
菜籽饼（%）	6	8	10	10
鱼粉（%）	6	6	6	6
松针粉（%）	3	4	4	5
骨粉（%）	1	1	1	1
食盐（%）	0.5	0.5	0.5	0.5
赖氨酸（%）	0.1	0.1	0.1	0.1
土霉素（片）	6	5	4	4

2. 配制

松针叶一年四季都可采集，以秋、冬两季采集为好，此时松针叶含水分低、含营养成分高。将采集到的松针叶摊在荫凉通风处自然干燥（不要让太阳暴晒），干燥度以含水量 12%、干重为鲜品的 50% 为宜。干燥后松针叶用粉碎机加工成粉，过 100 目筛。自制松针粉，最好采取少量多次加工的方法，随制随用。如作商品，则要把加工好的松针粉用薄膜袋包装密封，放在清洁、避光、通风、干燥处贮存。

3. 用法

将松针粉与饲料拌匀喂猪。

4. 注意事项

（1）选择瘦肉型种公猪（如长白猪）与本地母猪杂交的第一代仔猪饲养。

（2）饲料浸泡生喂。将配合饲料按猪每餐需要，定量放在缸内浸泡，饲料与水的比例是1∶3。具体做法：先放水，后放料，不要搅动，自然浸泡。夏、秋季浸泡2~3小时，冬、春季浸泡3~4小时，即可搅拌喂猪。

（3）合理用料，可参考表4-3。

表4-3 养猪耗料及增重

体重（kg）	20	30	40	50	60	70	80	90	100	120
日耗粮（kg）	1.5	1.8	2.2	2.5	2.9	3.3	3.6	4	4	4
日增重（kg）	0.5	0.6	0.65	0.7	0.75	0.8	0.9	1	1	0.9

不要怕猪吃料多，只要在饲料配比恰当，昼夜不断饮水、排粪正常的情况下，猪吃得越多长得越快。但也不要喂得过饱，如果喂得过饱，就会影响猪下一餐的食欲，一般喂九成饱即可（猪吃完食，饲槽无剩料，10分钟内睡觉为九成饱；猪吃完食，饲槽有剩料，10分钟内睡觉为过饱；猪吃完食，饲槽无剩料，不睡觉、走动为未饱）。

五、山西省吕贵喜利用农业废弃物的养猪法

山西榆次市农牧局吕贵喜设计的肉猪催肥饲粮配方,突出特点是节约谷物饲料,可因地制宜选用粉渣、树叶粉、草粉、米糠、红薯、高粱、酒糟等廉价的非谷物饲料,作为饲粮的主要组分。几则行之有效的配方如下:

1. 鲜粉渣(浆)型。粉渣(浆)60%,玉米20%,麦麸5%,花生饼(或豆饼、芝麻饼等)13%,骨粉、食盐各1%。

2. 树叶粉型。树叶粉20%,玉米32.5%,麦麸21%,杂糠16%,饼类9%,贝壳粉2%,食盐0.5%。

3. 酒糟型。酒糟25%,玉米22%,红薯干18%,麦麸21%,花生饼(或豆饼等)11%,鱼粉1%,骨粉1.5%,食盐0.5%。

4. 草粉型。草粉35%,玉米21.5%,红薯粉22.5%,麦麸5%,豆饼16%;另按上述混合料总量的0.5%添加食盐。此方适用于体重20~35kg的小猪;中、大猪可用:草粉35%,玉米32%,高粱18%,麦麸6%,豆饼8%,骨粉、食盐各0.5%。

5. 米糠型。米糠53%,麦麸25%,花生饼(或豆饼等)20%,骨粉、复方微量元素添加剂各1%;另按混合料总量的0.5%添加食盐。

6. 红薯型。红薯粉15%,玉米37%,红薯秧粉24%,麦麸6%,豆饼16%,碳酸铵、食盐各1%。

7. 高粱型。高粱、高粱糠各11%,玉米33%,麦麸20%,菜籽饼9%,豆饼15%,食盐1%。

8. 谷糠干粉渣型。谷糠27%,干粉渣19.5%,玉米、高粱各15%,麦麸20%,鱼粉、骨粉各1.5%,食盐0.5%。

六、湖南省沈文祥配制的高效节粮育肥法

湖南临澧县科协沈文祥研制的高效育肥法，可使中猪日增重 1~1.5kg。他注意利用杂交优势，以大围子猪作为母本，约克夏猪、长白猪为父本，将其杂交一代作为育肥对象。精心配制育肥饲粮，以满足不同体重阶段的生猪需要。15~30kg 阶段：碎米、细米糠各 30%，棉籽饼 12%，大豆（炒熟）6%，菜籽饼 7%，麦麸 11%，陈石灰 1.5%，蒸骨粉或过磷酸钙 1%，食盐 1.2%，翠竹牌猪用复合添加剂 0.3%；30~65kg 阶段：稻谷、细米糠各 30%，小麦 10%，棉籽饼 8%，麦麸 9%，炒黄豆粉 5%，菜籽饼 4%，陈石灰 1.7%，过磷酸钙、食盐各 1%，翠竹牌猪用复合添加剂 0.3%；65~100kg 阶段：稻谷 50%，小麦 10%，细米糠 20%，炒黄豆 4%，棉籽饼 12%，陈石灰 1.7%，过磷酸钙、食盐各 1%，翠竹牌猪用复合添加剂 0.3%。

饲喂方法也很讲究，上述饲粮加水浸泡 2~3 小时才喂给。上午 7 时、11 时，下午 4 时、晚上 9 时各喂一餐。每日喂量：15~25kg 重的猪，1.5kg；25~40kg 的猪，1.5~2.5kg；10~60kg 的猪，2.5~3kg；65kg 以上的猪，3.5~4kg。喂完即提供青饲料，供足饮水。

七、广东省养猪能手张根旺的节粮高效养猪法

广东东莞市大朗乡黄草朗村张根旺，曾赴国外传授养猪技术，可称为农民养猪专家，他善于根据生猪不同生长阶段，配制经济实惠、营养全面的配合饲料，因而仔猪生长发育快，断奶重明显提高，育肥猪日增重 1kg 以上，出栏期缩短。他从仔猪阶段就精心设计，配制高效速养饲粮，对育肥猪则分为三段，分别提供不同营养水平的饲粮。他的主要经验有三条：一是根据不同生理阶段合理搭配饲料，成本低；二是抓好饲养管理，生长速度

快；三是注意卫生防疫，发病率低。对育肥猪分别提供不同营养
水平的饲粮，其配方如下：

25～60 日龄仔猪：玉米、麦麸各 20%，稻谷粉（或红薯，
下同）26%，统糠 10%，淡鱼粉 8%，花生麸、黄豆粉各 6%，
贝壳粉 3%，食盐 1%，日粮投喂量占体重的 7%，每日喂 5 次，
青饲料保证新鲜、细嫩、多汁、自由采食。

体重 15～25kg 的小猪：稻谷粉 24%，玉米 25%，麦麸
20%，统糠 10%，淡鱼粉、花生麸、黄豆粉（炒熟）各 6%，
贝壳粉 2%，食盐 1%，每日投喂量占猪体重 6%～6.5%，一天
喂 4 次。

体重 25～45kg 的中猪：稻谷粉 26%，玉米、麦麸各 20%，
统糠 15%，花生麸 10%，淡鱼粉 6%，贝壳粉 2%，食盐 1%，
每日投料量占猪体 5%～6%，一天喂 3 次。

体重 45kg 以上的大猪：稻谷粉 29%，玉米 25%，统糠
20%，麦麸 10%，花生麸 8%，淡鱼粉 6%，贝壳粉、食盐各
1%，每日投喂量占猪体重的 4%～4.5%，一天喂 3 次。

八、湖南省袁永清的高效节粮养猪法

湖南省绥宁县瓦室乡白家坊村养猪专业户袁永清，利用中草
药添加剂并科学调配基础日粮，可使断仔猪饲养 105～108 天就
出栏，体重符合上市标准。他根据生猪的不同生长阶段，合理调
配日粮组成，其配方如下：

体重 10～25kg 阶段：稻谷 24%，玉米 12.8%，黄豆、麦麸
各 10%，米糠 33%，菜籽饼 6.6%，鱼粉 3.6%。本期育肥
30 天，每天喂 4 次，每次喂精料 250 克，中药添加剂 30～35 克。

体重 25～45kg 阶段：稻谷 19%，玉米 23.4%，黄豆 5%，麦
麸 10%，米糠 33%，菜籽饼 6%，鱼粉 3.6%。本期育肥 30 天，
每天喂 3 次，每天喂精饲料 450 克，中药添加剂 60～65 克。

体重45～70kg阶段：稻谷15.7%，玉米18%，黄豆1.4%，麦麸4.2%，红薯干3.5%，菜籽饼4.2%，米糠51%，鱼粉2%。本期育肥30天，每天喂3次，每次喂精饲料750克，中药添加剂230～250克。

体重75kg以上：稻谷29.7%，玉米10%，黄豆9%，麦麸29%，米糠18.3%，鱼粉4%。本期育肥15～18天，每天喂4次，每次喂精料700克，中药添加剂310～360克。

以上各期，每餐均提供充足的青饲料和饮水。

中药添加剂，亦按不同体重阶段配制，配方如下：

体重10～25kg阶段，育肥期（30天，下同），中药：贯众1100克，松针叶、市售生长素各250克，苦参、四眼草、鸡矢秆各50克，何首乌60克，神曲20克，柑橘皮30克，食盐80克。

25～45kg阶段，中药：贯众1500克，松针叶350克，苦参、何首乌、四眼草各80克、神曲30克、鸡矢秆100克，柑橘皮、水杨柳各30克，市售生长素350克，食盐100克。

45～70kg阶段，中药：贯众2000克，松针叶500克、苦参、何首乌、四眼草各100克，神曲40克，鸡矢秆80克，柑橘皮、水杨柳各30克，市售生长素350克，食盐150克。

70kg以上，中药：苦参100克，神曲20克，鸡矢秆50克，酒曲150克，白糖1750克，市售生长素400克，食盐200克。

九、广西养猪能手李爱媛的节粮养猪法

广西上林县大丰镇李爱媛饲养肉猪，平均日增重达1kg。她的技术诀窍如下：

1. 选好育肥对象。选购长白猪与本地母猪的杂交一代仔猪。挑选优良个体时，按下列特征选择：眼珠明亮，凸额纹深，耳朵薄大鼻孔宽，背宽平直体躯长，鬃毛稀疏皮柔软，臀部丰满尾粗

长，肛门距离尾很远，四腿粗壮后脚直，蹄呈 V 形乳头圆，嘴巴无缝牙齿白，腹呈三角体健壮。

2. 分段配制日粮。按不同体重阶段提供配合饲料。体重15~35kg：玉米40%，稻谷14%，米糠28%，花生麸10%，黄豆（炒熟）6%，骨粉2%；35~60kg：玉米39%，米糠44%，鱼粉3%，花生麸12%，骨粉2%；60~90kg：玉米12%，米糠40%，花生麸13%，鱼粉3%，木薯粉30%，骨粉2%。

3. 自制复方催肥剂。配方：硫酸铜、硫酸锰各3克，硫酸锌8克，硫酸亚铁10克，碘化钾1.5克，氯化钴2克，多种维生素10克，赖氨酸、蛋氨酸各50克，骨粉、小苏打、鱼粉各1kg，贯众750克，山楂500克，硫黄300克，干酵母、喹乙醇各100片，土霉素50片。将上述各料粉碎、拌匀，分装100包。每头猪日喂量：小猪0.5包，中猪1包，大猪2包，于早、晚餐拌料喂给。每隔4天添喂1次。

十、河南尹爱菊的节粮养猪法

河南宜阳县后庄村尹爱菊实行"节粮饲养法"，大大提高了栏舍利用率和经济效益。主要做法是：

1. 将生猪饲养分为3期，第1期从仔猪进栏到第50天，第2期为第51天，第3期为第121天到出栏。

2. 第一批仔猪进入第2期，即安排第2批仔猪进栏；第一批仔猪进入第3期，即安排第3批仔猪进栏。各期紧密衔接，及时出栏。

3. 按"高—高—低"的营养水平配制日粮。配方为：第1期，玉米（或红薯粉）、麦麸各20%，棉籽饼10%，豆饼（或菜籽饼）18%，鱼粉5%，米糠（或玉米皮）15%，粉渣6%，石粉3%，畜用生长素、市售保健散各1%，土霉素、食盐各0.5%。每百千克饲粮另加畜用多种维生素15克，黑矾25克，酵母片 300 片。第 2 期，玉米（或红薯）、豆饼（或菜籽饼）各 20%，麦麸 15%，棉籽饼 10%，鱼粉 8%，米糠（或玉米皮）15%，粉渣 6%，石粉 3%，畜用生长素、市售保健散各 1%，土霉素、食盐各 0.5%。每百千克饲粮另加畜用多种维生素 15 克，黑矾 25 克，酵母片 300 片。青饲料每头每天 2.5kg。第 3 期，玉米（或红薯）粉、麦麸各 15%，米糠（或玉米皮）35%，棉籽饼、豆饼各 10%，鱼粉 3%，粉渣 6%，石粉 3%，畜用生长素、保健散各 1%，土霉素、食盐各 0.5。青饲料每头每天喂 2.5～5kg。

十一、谢爱娇的节粮快速养猪法

谢爱娇是全国农村科技致富能手，家住广西上林县乔贤乡那良村。她创造的一套生猪快速育肥法，省工省料增重快。体重 15～25kg 的断奶仔猪，饲喂 4 个月便达到 100 多千克，平均每头猪可盈利 40～70 元。1984 年 1 月至 1987 年 3 月，她养猪 406 头，出栏 323 头，纯收入 1.5 万元。广西南宁地区推广谢爱娇养猪法的已有 7700 多户，共出栏 8.9 万头，增加收益 445 万元。这种方法可归纳为 3 个特点：一是善于选择猪苗，发挥杂种优势；二是采用发酵混合饲料；三是利用中草药保健。其主要做法是：

1. 选择适宜育肥的猪苗。谢爱娇的养猪诀窍是："耳大嘴圆尾根粗，腰背平直毛粗疏，两眼有神后腿直，四脚落地双双匀。"她认为，耳大、下垂的猪能保持杂种优势，嘴圆如竹筒的猪不挑食，尾根粗大表明营养良好，腰背平直、四脚匀称显示骨架、四肢发育好，有利于日后快速增重。

2. 配制发酵混合饲粮。小猪每头日粮配方为：玉米 400 克，米糠 100 克，大米 150 克，黄豆粉 50 克，酒饼 5 克；中猪（体重 70kg 以下）每头日粮配方为：玉米粉 750 克，木薯粉 250 克，米糠 750 克，大米 250 克，黄豆粉 100 克，酒饼 10 克。将上述饲料（大米、黄豆粉除外）混合，用温水拌匀（干湿度以手握能成团、松手即散开为宜）。然后装入缸、桶内，加盖塑料布密封发酵。夏季 1 天、冬季 2～3 天，待饲料逸出酒香味即可取出喂猪。黄豆粉与大米共煮成粥，上午、下午与发酵饲料拌匀后各喂 1 次。

3. 后期催肥。猪长至 70～75kg 时，转入催肥阶段，冬季需 20 天、夏季只需 15～18 天。在催肥前 3 天作下列准备工作：第 1 天晚上，每头猪用断肠草鲜叶 50 克（勿超量），切碎拌料饲喂；第 2 天早上每头猪用硫黄粉 15 克、食油 50 克拌匀后投喂，中午用葫芦茶（中成药）100 克、首乌 25 克、熟地 25 克煎汁拌料喂猪；第 3 天，每头猪用甲基硫氧嘧啶片 8 片、氯化钴 0.2 克、硫酸铜 0.5 克、硫酸亚铁 1 克，研末混匀，分 3 次服。催肥阶段每头猪的基础日粮配方为：玉米粉、米糠各 1250 克，大米 650 克，黄豆粉 150～200 克。将大米与黄豆粉煮成粥，玉米粉与米糠加入酒饼 15 克拌匀，掺适量水（干湿度同上）混匀密封发酵。待发出酒香味时取出，拌入米粥喂猪。同时，将硫盐合剂（每次 5～8 克）与葫芦茶（每次 200～300 克）分别隔日轮流添喂。硫盐合剂的制法：每头猪用食盐 200～250 克，炒干，加入硫黄粉 50 克，研末拌匀即可。

十二、四川省谭璇卿利用中药发酵谷糠节粮养猪法

四川省泸定县女畜牧兽医师谭璇卿，充分利用本地丰富的中草药资源，研制成一种中草药快速育肥的发酵饲料，经对 30 头 50kg 左右猪的试验证明，催肥期间每头猪平均日增重 1.51kg，最高日增重 2kg，最低 1.1kg。饲喂这种饲料不仅时间短，出栏快，节约粮食，经济效益高，而且成本低，方法简单，该饲料尤以喂 50kg 以上的猪最为明显。对于即出栏的架子猪用此法快速

育肥，半个月就会出现增长高峰。中草药发酵饲料的制作和饲喂方法如下：

1. 曲种的配方和制作　配方：山药73克、陈皮73克、茯苓83克、贯众60克、黄芪67克、首乌66克、党参60克、麦冬60克、海螵蛸50克、六一散100克、细茶3克、小苏打50克。将以上药品研制成细粉，混合后加米糠2kg、小麦麸0.75kg、玉米面0.5kg，再加入3枚鸡蛋分离出的蛋清，用热开水充分搅匀，湿度以手捏料能成团、触之即散为宜。待料温降到36℃，用甜酒曲75克、酵母片30克，纤曲60克，研细混合后，接种于上述混合料中，然后装入消过毒的桶内进行保温发酵。冬季必须加盖薄膜、棉絮或热水袋等进行保温，料在6小时后温度逐渐升高，夏天发酵12小时，冬天约18小时，温度必须控制在30~32℃左右，如超过了就要翻动酿料或取下覆盖物降温。此曲每千克成本约1.10元，可供两头猪育肥使用。

2. 育肥饲料的制作配方

小麦麸30~40kg，谷糠30~40kg，骨粉3kg，菜籽饼3kg，白酒1.5kg，玉米3kg。将以上原料拌匀，夏天加冷水，冬天加热水，拌到手捏能成团、触之即散的程度，再加制好的曲种1~1.2kg充分搅匀，装入清洁桶内发酵。夏天12小时，冬天16~18小时，至有酒香味即可。以上育肥饲料可供两头猪育肥，分10~12天喂完。

3. 喂养方法

（1）预养期：预养期为7天。第1天用敌百虫片（每5kg体重1片）内服一次进行驱虫，第3天用大黄苏打片8~10片内服，第5天用小苏打10片分三次内服，第7天用韭菜0.5kg洗净切碎，加白酒150克浸泡10分钟后内服，第8天开始喂育肥饲料。

（2）育肥饲料喂法：每天做大米稀饭0.6kg，炒熟的细谷子粉 0.4kg，炒熟的细黄豆粉 0.25kg，将这三种原料拌在当日的育肥饲料内，再加青饲料 3 ~ 4kg（如吃不完可适当减少青料），发酵 1 ~ 2 小时即可饲喂。每日 3 ~ 4 次，定时定量。如猪吃得少，要加喂经浸泡 3 天的等量大蒜白酒共 15 毫升（喂法：用 15 毫升大蒜酒加 100 毫升清水和少量玉米面调匀内服）。另用清洁水让猪自由饮用（发酵饲料不能加水）。12 天后，即可出栏。如果继续饲喂，效果则不明显。

十三、广西养猪能手韦玉兰用发酵米糠育肥法

广西荔浦县城关乡沙街村养猪专业户韦玉兰，采用发酵米糠和青饲料对肉猪育肥，效益显著，成本低廉，主要做法是：

1. 自制曲种。取大米粉 50kg，酒草药 7.5kg，神曲 3 块，桂皮 250 克，八角（大料）1kg，川椒 250 克，酵母片 100 片，小苏打 50 片，薄荷 500 克，红糖 1kg，酒药 100 枚，共研细末，拌成酒饼丸子，晒干备用。

2. 米糠发酵。每 125 ~ 150kg 米糠加入曲种 500 克，加水拌匀，湿度以手捏能成团，指缝不滴水为宜，待米糠逸出酒香味即成。

3. 青饲料发酵。每 100kg 切碎的青饲料加入食盐 1.5kg，曲种 200 克，拌匀，装缸发酵 1 天（冬季 3 天即可喂猪）。

4. 饲喂方法。一般中、小猪用发酵青饲料 8 份，发酵米糠 2 份加清水拌匀喂给，每天喂 3 ~ 4 次。大猪催肥，用发酵米糠 4 份，发酵青饲料 6 份，另加精饲料的玉米粉、豆饼、木薯粉等，一般第一个月每餐加 500 克，第 2 个月 750 克，第 3 个月 1000 克以上。

5. 防治疾病。从市场买回的仔猪每餐用量 0.5 ~ 1kg，首先用苦楝皮 2.5kg，使君子 1.5kg，槟榔 150 克，硫黄 25 克，混合碾成粉，按大猪每次 20 克，小、中猪每次 15 克的剂量，拌料喂

猪，每月一次，3 天后，用纯碱每次 1 汤匙拌料喂猪，连喂 2~3次。然后，每头猪用牛奶果（全株）、羊奶果（全株）各 200 克、贯众、元宝草、四眼草、陈皮、食盐各 100 克，神曲一块，与猪骨头 750 克煎汁拌料喂猪，每月 2 次。

十四、江苏省军区司令部农场创造的节粮育肥法

这是江苏省军区司令部农场创造的肉猪育肥法，适用于断乳仔猪和架子猪。据 5 批次共 100 多头猪试验，能使 10~15kg 重的断乳仔猪，4 个月体重达 100kg，平均日增重 0.7~0.75kg；40kg 的架子猪，平均日增重可达 1.4~1.5kg。具体做法如下：

1. 配制添加剂：硫酸亚铁 15~25 克，硫酸铜 12~22 克，硫酸锌 8~10 克，硫酸钴 30~50 毫克，亚硒酸钠 3~8 毫克，土霉素 3~5 克，干酵母 40~50 克，钙片 10~15 克，食盐 400~650 克，以上混合拌匀为 1 包量。

2. 混合饲料配方：玉米或大麦 15%，油饼（如黄豆饼、花生麸等）5%~10%，麦麸 25%~30%，稻糠 40%，秸秆或叶蔓藤类草粉 10%。上述饲料如有缺乏，可用粗蛋白质、消化能含量相近的其他饲料代替。

3. 喂饲方法：将微量元素添加剂 1 包投入 15kg 清水中搅匀、溶化，拌于 50kg 干的混合饲料中。湿度以手捏能成团、指缝不溢水为宜。然后堆沤自然发酵，待升温到 35~40℃，饲料中有酒香味逸出即可取出喂猪。刚断奶到体重 40kg 的猪，每日喂 4 餐，吃饱为止。体重 40kg 以上的猪，前期每日喂 3 餐；达到 100kg 重时，酌添能量饲料（玉米、木薯、稻谷等）和餐次，平均日增重可达 1kg 以上。先干喂，后饮水，让猪多吃多饮多睡。夏季当气温在 30℃ 以上应现配现喂，拌有添加剂的饲料存放期不可超过 2 天。冬季气温低于 20℃ 时，饲料经过发酵，可存放 5 天。添加剂不可与金属容器或碱性物质（如小苏打之类）

接触，以免发生化学反应导致失效甚至猪中毒。

如果饲料品种较多，来源充足，为了充分发挥微量元素添加剂的作用，最好按照猪的不同生长阶段调整日粮配方。饲料的调制、发酵和喂法均同上述。饲料配方如下：

（1）仔猪期：玉米 20%，麦麸 25%，红薯干 10%，豆饼 15%，草糠 30%。每 50kg 饲料掺和微量元素添加剂、骨粉、鱼粉各 100 克，食盐 0.5kg。

（2）架子猪期：玉米 20%，麦麸 15%，红薯干 10%，豆饼 5%，草糠 50%。每 50kg 饲料拌入微量元素添加剂、骨粉、鱼粉各 100 克，食盐 0.5kg。

（3）育肥期：玉米 30%，麦麸 15%，红薯干 10%，豆饼 5%，草糠 40%。每 50kg 饲料拌入微量元素添加剂、骨粉、鱼粉各 100 克，食盐 0.5kg。

十五、解放军武汉某部研制的高效节粮育肥新技术

这是解放军武汉部队某部研制的育肥法，具有长肉快、成本低、饲养周期短、出栏率高和容易推广等优点。适用于体重 55～65kg 的中猪，育肥期仅 50 天，比常规饲养缩短 80～100 天，平均日增重 0.9～1kg。具体做法是：

1. 饲粮配方。干粗料（如谷物秸秆、红薯藤、花生壳、干青草等加以粉碎而成）50kg，硫酸铜 25 克，硫酸亚铁 12 克，氯化钴 5 克，食盐 500 克，清水 50kg。

2. 发酵糖化。用塑料桶盛水（不可使用金属制品，以免与添加剂发生化学反应而影响使用效果），将上述微量元素制剂、食盐投入清水中溶解。再将干粗料与水混合拌匀后装缸自然发酵。温度控制为：夏季 37～42℃（发酵 24 小时）；冬季 25℃以上（发酵 48 小时，必要时在发酵间内生火炉升温）。当发酵至既定温度时，用塑料布将缸口密封糖化 48 小时后即可饲喂。每

次取料后随手将缸口密封好，以防温度升高造成饲料变质。

3. 饲喂方法。选择无疾病、长势好的架子猪作为育肥对象。每日喂4餐（6时半、11时、16时和21时），每餐每头猪喂发酵饲料1.5kg、精饲料（玉米粉、米糠、麦麸或稻谷粉之类）250克，拌匀后干喂；吃完后每头再喂青饲料0.5~1kg。最后在食槽中加入清水（冬季用温水）让猪饮用。早、晚餐每头猪各添喂尿素15克（育肥结束前5天停喂尿素，以免影响肉味）。

如果缺乏干粗料，可改用"溶液育肥法"。即用酒糟或糠渣、醋渣、酱油渣（喂酱油渣时不再添加食盐，以免猪中毒）、打浆青饲料等，不必经过发酵，便可直接添加微量元素制剂喂用。添加剂配方为：硫酸铜8克，硫酸亚铁4克，氯化钴1.5克，食盐170克，清水5kg。每头猪每天喂4餐，每餐喂上述稀料3kg，掺和添加剂和精饲料各250克。

如按照此法养猪可节约饲料，而且猪肉日增重速度很快。在当前粮食短缺，饲料价格高，按此方法养猪是最佳选择，如果育肥一头肉猪，可节粮50%，按现价可降成本500元左右。

十六、解放军驻山东54924部队孔繁祥研制节粮养猪法

这是解放军驻山东54924部队高炮营饲养员孔繁祥研制的育肥法，断奶仔猪可在120天内出栏，平均日增重700~750克。具体做法是：

第一段：猪重15~30kg，育肥50天。饲料配方为玉米30%、麦麸15%、红薯干15%、棉籽饼（或菜籽饼）8%、淡鱼粉1%、食盐1%、米糠30%。每50kg饲料中添加硫酸铜25克，硫酸亚铁12克，硫酸锌10克，尿素15克。

第二段：猪重31~55kg，育肥40天。饲料配方为：玉米15%、麦麸10%、红薯干15%、棉籽饼（或菜籽饼）5%、豆饼4%、鱼粉1%、米糠50%。每50kg饲料中添加硫酸铜

25 克，硫酸亚铁 12 克，硫酸锌 10 克，尿素 15 克。

第三段：猪重 56～105kg，育肥 30 天。饲料配方为：玉米 15%、麦麸 10%、红薯干 15%、棉籽饼 4%、豆饼 4%、鱼粉 1%、食盐 1%、米糠 50%。每 50kg 饲料中添加硫酸铜 25 克，硫酸亚铁 12 克，硫酸锌 10 克，尿素 15 克。

日粮配制方法：将上述 3 种微量元素制剂溶解于少量温水中，均匀泼洒于配合饲料中，加适量水搅拌。湿度以手捏能成团、指缝不滴水为宜。然后将饲料装入缸内，加盖麻袋封缸发酵，温度控制在 37～42℃。待饲料逸出酒香味，即可添加尿素饲喂。

饲喂方法：每日生喂 4 次，第一次早上 6 点半，以后每隔 4 小时喂 1 次。每头猪喂量 1kg，喂毕充分供应饮水（冬季给温水）。为防止争食和喂量不均，应按猪大小分圈饲喂。

十七、云南省养猪能手李秉衡的中药节粮育肥法

云南养猪能手李秉衡，利用玉米、米糠、秸草糠等做基础日粮，以中草药、微量元素作添加剂，可使体重 20～30kg 的仔猪饲养 75 天即重达 80～90kg。其技术要点如下：

1. 中草药配方

鸡血藤 100 克、山楂 150 克、竹叶 100 克、芦子根 30 克、藤子暗哨 50 克、何首乌 50 克、丹参 50 克、千叶眼 50 克、紫地参 50 克、倒吊花根 50 克。上述草药可碾成粉，也可煎汤。

硫酸锌 10 克，硫酸铜 18 克，硫酸亚铁 15 克，硫酸镁 12 克，食盐 800 克。上述药加入 100kg 干粗饲料中。

2. 发酵方法

先将食盐、草药粉或汤剂放入水中搅拌均匀，再倒入干料，按 50kg 干料加 150kg 水的比例浸泡 2～4 小时，再把微量元素用温水溶化，洒入饲料内拌和至手捏能成团、打开即散即可。然后

装入缸或池内，用草席或麻袋覆盖，温度保持在 38～40℃，发酵 18～24 小时即可饲喂。

3. 饲喂技术

（1）日粮配比为：稻谷（玉米）48%，米糠 8%，秸草糠 20%，鱼粉 6%，骨粉 2%，松针粉 5%，生长素 0.5%，大豆或蚕豆粉 2%，菜籽饼 8%，饲料土霉素粉 0.5%。

（2）饲喂方法：按日粮搭配比例加入精料拌和，一日内4餐自由采食，供给充足饮水。每喂一池（缸）均要留下 2～3kg 陈料作为下次发酵菌母，这样可连续使用 3～5 次。微量元素每次均要投入，草药则可每隔 3～5 次再投 1 次。

（3）饲养管理技术：一是仔猪进栏后，头 3 天进行强弱分群调教，并喂十万分之一的高锰酸钾水以清理肠胃；中间 3 天用广谱驱虫药——敌百虫进行驱虫；后 3 天用竹叶 100 克，大黄 250 克，石膏 150 克煎汁再清理一次胃肠，并用山楂 1.5kg，藤子暗哨 0.5kg，紫地参 0.5kg，生姜 0.25kg 煎汤饲喂，以健脾胃。以上为 10 头猪用量。二是从第 11 天开始投以草药和微量元素相结合的配合饲料饲喂，每天 4 餐，25～30kg 的健康小架子猪，喂养 75 天左右，可达 80～90kg，少数突破 150kg。三是注意猪舍卫生，每天早、晚各清扫一次猪场，做到圈干、食饱、水足，并常喷洒药水灭蝇灭蚊和各种病菌。四是预防疾病：每 10 天用千针眼 0.5kg，藤子暗哨 0.5kg，蚯蚓 0.25kg，桉树叶 1kg，生姜 0.25kg 煎成汤剂，再加大蒜汁 100 克，作为预防投药饲喂，酷热夏天每 3～5 天用双花和甘草各 150 克，苦刺根 0.5kg，竹叶 1.5kg 煎水，喂一次以清热降暑；严寒冬季或天气突然变冷，用桂枝 0.5kg，千针眼 0.5kg，芦子根 0.5kg，生姜 0.25kg 加头痛粉（每头猪 2 包）煎汤投喂，以御寒防病。以上为 10 头猪用量。五是猪拉稀及发热咳嗽的防治。猪拉稀：用土霉素 10 片，乳酸菌素 5 片，藤子暗哨 50 克，煎成汤，加味精

3 克，煎点稀饭拌和，喂 1 ~ 3 次即愈。猪发热咳嗽：用千针眼
50 克，芦子根 50 克，小青鱼胆 50 克，桂枝 50 克，白芍 25 克，
甘草 10 克，生姜 25 克，桉树浆 25 克，煎成汤加头痛粉 2 包，
土霉素 10 片与稀饭拌和，饲喂 1 ~ 2 次即愈。

十八、山东省牟平县驻军 83 分队研制的用少量玉米养猪法

　　山东省牟平县姜格庄镇酒馆驻军 83 分队的科研小组，最近
试验成功了适合北方特点的新的"微量元素"饲料添加剂。这
种添加剂不但能缩短猪的生长期，而且能提高经济效益。不喂添
加剂，60kg 的架子猪，每头日平均增重 0.5kg 左右；喂了添加
剂，每头日平均增重 1.25kg，最高可达 1.5kg 以上。瘦肉率可增
加 20%。

　　1. 微量元素主要成分　硫酸铜 8% ~ 20%，硫酸亚铁
18% ~ 25%，硫酸锌 10% ~ 23%，亚硒酸钠 0.002% ~ 0.007%，
硫酸钴 0.02% ~ 0.04%，土霉素片 5%，酵母片 20%，钙
片 10%。

　　2. 饲料配比　将猪的整个生长期分为三个阶段：（1）提苗
阶段，断奶（10kg 左右）到 25kg。饲料比例：玉米 20%，麸皮
30%，瓜干 10%，豆饼 10%，草糠 30%。100kg 饲料加微量元
素添加剂 0.2kg，骨粉 0.2kg，鱼粉 0.2kg，食盐 1kg。（2）拉架
子阶段，25 ~ 60kg。饲料比例：玉米 15%，麸皮 20%，瓜干
10%，豆饼 5%，草糠 50%。100kg 饲料加微量元素添加剂
0.2kg，骨粉 0.2kg，鱼粉 0.2kg，食盐 1kg。（3）育肥阶段，
60kg 至出栏（100kg 以上）。饲料比例：玉米 20%，麸皮 20%，
瓜干 10%，豆饼 5%，草糠 45%。100kg 饲料加微量元素添加剂
0.2kg，骨粉 0.1kg，鱼粉 0.2kg，食盐 1kg。

　　3. 使用方法　将"微量元素"用净水溶化，拌入饲料中，
以手握成团，不滴水为宜，然后反复搅拌均匀，堆集发酵，使饲

料具有酸香并有酒味，可直接干喂，食后供给充足的饮水。

4. 注意事项　（1）用"微量元素"前，必须对猪只进行驱虫和体外消毒。体内驱虫按每千克体重用敌百虫0.5片，体外消毒，用0.1%的敌百虫擦洗。同时猪圈内要用石灰水消毒。（2）饲料搅拌均匀，防止药物相对集中。（3）拌"微量元素"的饲料不能久放。冬天堆集发酵两天，等发酵到温度为35℃左右时食用，可存放5~7天，夏天要现拌现喂，可存放2~3天。（4）搅拌饲料不能用铁器，以免发生化学反应造成中毒。

第四节　提高肉猪出栏率的先进技术

一、猪百日出栏的育肥法

闻名全国的广西梁忠纪发明的肉猪百日育肥法，20多年来始终完全实用，应大力推广。梁忠纪是广西宁明县科委干部，他经过多年生产实践，制造出猪百日育肥出栏技术，为此，他成为中山大学客座讲师。采用这种新技术饲养断奶仔猪100天左右，增重可达到90~100kg，平均日增重0.9~1.5kg。一般家庭养猪，一年可出栏3批肥猪。

1. 配方

硫酸铜12克，硫酸锌12克，硫酸亚铁25克，硫酸锰7克，氯化钴2克，碘化钾1克，亚硒酸钠0.1克，硫酸镁8克，硫酸镍5克，柠檬酸15克，脱脂骨粉25克。

2. 配制

将药研细混匀即成。

3. 用法

每50kg饲料拌入50克促长剂（0.1%），再添入干酵母100片、土霉素20片、钙片20片（均研细）、多维素5克拌匀喂猪。

4. 注意事项

（1）选养杂交猪。

（2）使用配合饲料，配方为：

体重 10 ~ 20kg 猪：玉米 44%，稻谷 7%，花生饼或豆饼 15%，麦麸或大米 20%，淡鱼粉 7%，松针粉 5%，过磷酸钙 1%，赖氨酸 0.15%，蛋氨酸 0.05%，食盐 0.7%。

体重 20 ~ 35kg 猪：玉米 44%，木薯 12%，麦麸或大米 15%，花生饼 10%，淡鱼粉 7%，松针粉 10%，过磷酸钙 1%，赖氨酸 0.15%，蛋氨酸 0.05%，食盐 0.7%。

体重 35 ~ 60kg 猪：玉米 48%，麦麸或大米 25%，花生饼 10%，淡鱼粉 5%，松针粉 10%，过磷酸钙 1%，赖氨酸 0.15%，蛋氨酸 0.05%，食盐 0.7%。

体重 60 ~ 90kg 猪：玉米 40%，稻谷 12%，麦麸或大米 20%，花生饼 10%，淡鱼粉 6%，过磷酸钙 1%，赖氨酸 0.15%，蛋氨酸 0.05%，食盐 0.7%。

（3）出栏前 20 天，进行后期育肥。除原有日粮，每餐添喂催肥饲料。配方：咸鱼（或淡鱼粉减半）、骨粉、花生饼或豆饼、黄豆各 3kg，糯谷（或糯玉米、木薯）7.5kg，猪板油 1kg，红糖或白糖 1kg，喹乙醇 2.5 克，陈皮 25 克，神曲 10 克，麦芽或谷芽 25 克。配制：糯谷炒开花，黄豆炒熟，全都粉碎，加煎成油的猪板油混合拌匀，分成 20 等份，每头猪每天喂 1 份，分 3 餐加于日粮中，连喂 20 天即可出栏。

二、百日出栏育肥猪必须把好八关

购进 15 ~ 20kg 仔猪，饲养 100 天左右，其体重达到 90 ~ 100kg 的出栏标准。养猪快速育肥必须把住八个关键性的技术要点：

1. 消好毒

入栏前，除搞好栏舍的防寒、隔热、通风透气、采光、排水、防潮、打扫卫生、清除粪便杂物外，重点要用20%的石灰水混悬液或用20%的漂白粉液彻底对栏舍进行消毒处理。

2. 选好苗

"苗好一半收"。选购好仔猪填栏，从品种上，要挑选二元杂交猪或最理想的"杜长大"三元杂交瘦肉型猪苗；从群体上，要选择体重达标，大小均匀的仔猪；从个体上，要选购"咀深四脚齐，稀毛显白皮，一身圆滚滚，吃食把脚移"的健壮、活泼、肯长的小猪。

3. 配好方

百日出栏技术关键之一是采用高能量高蛋白日粮，要根据猪不同阶段生长的营养需求进行饲料配方，20~35kg，每千克饲料含消化能3100~3200千卡；粗蛋白质17%~18%；35~60kg，每千克饲料含消化能2900~3000千卡，粗蛋白质14%~15%；60~90kg，每3000千卡，粗蛋白质13%~14%。

4. 驱好虫

生猪经常接触地面，加上喂生料，易感染寄生虫，影响猪的发育、增重，严重的还会造成死亡。故对购进的仔猪必须进行体内驱虫。驱虫药可采用盐酸左旋咪唑，按每千克体重用量8毫克，或用敌百虫片，按每千克体重用量0.1克，混入饲料中喂服，药物剂量一定要准确，以防中毒。

5. 健好胃

当猪驱虫后，每头小猪用苏打片10克，早晨拌入饲料中喂服洗胃，过两天，再每头小猪喂5克大黄苏打片健胃。

6. 打好针

当猪进栏后，观察7天无病，第一次给猪注射猪瘟疫苗，同时给猪口服仔猪副伤寒苗。再过7天，如猪无病，给猪第二次注射丹毒、猪肺疫二联苗。再过 7 天，如猪无反应，再给猪第三次注射猪链球菌苗。疫苗的注射与口服严格按标签上说明操作。

7. 去好势

用作育肥的公母猪均适时阉割。小猪阉割后，性情变得温顺，促进食欲，提高增重速度，改善肉的品质。小公猪一般应在出现雄性特征（如爬跨）前，进入旺食期阉割较好。小母猪应在性成熟后，即第一个发情期后阉割为宜。

8. 适时出好栏

猪养到 100kg 以上还不出栏是不经济的。从猪的发育规律来看，前期生长较快，日增重达到高峰。高峰期后，增重下降，继而生长缓慢，甚至停顿。当肥育猪体重超过 100kg 时，不仅饲料报酬降低，维持生存所需要的能量大大增加。一般说来，生猪活重达到 100kg 左右屠宰最适宜，屠宰率可达 75%，净肉率 66%，经济效益很好。

三、全军扶贫状元龙成祥的高速育肥法

四川省军区全国扶贫状元龙成祥研制的高速养猪法，中猪日增重 2～2.5kg。他最具有特色的经验是：

1. 日粮配方标准化。30kg 重的猪，要求每天增重 1.5kg，日粮配方为：玉米 34%，麦麸 12%，蚕豆粉 10%，米糠、炒黄豆粉各 8%，花生麸 13%，碳酸氢钙、磷酸氢钙各 1.5%，豌豆粉 4%，大米粉 3.5%，自配生长素 2%，食盐 0.5，白糖 1%，添加剂 1%。

35～70kg 的猪要求每天增重为 2.1～2.5kg，日粮配方为：玉米粉 15.9%，麦麸、米糠各 11.5%，花生麸 12%，鱼粉 6.6%，炒熟的稻谷粉 28%，炒熟的黄豆粉 8.2%，大米粉 6.3%，每百千克混合料另加硫酸铜、硫酸锌、硫酸亚铁、赖氨酸、蛋氨酸、色氨酸各 15～25 克。

2. 育肥前按常规驱虫、健胃：每头 50～60kg 重的猪，添喂白酒 150 毫升，韭菜 500 克；60～75kg 重的猪，添喂白酒 200 毫升，韭菜 1000 克。

3. 自制生长素，配方为：苍术、羌活各 50 克，当归 100 克，首乌、六神曲、山楂、麦芽、健曲各 150 克，畜用酵母片 150 克，晒干研细，拌匀即成，每天喂给 15～25 克。

4. 喂给保健饮料：采集金银花茎、黄柏皮、芦根、淡竹叶、车前草、土黄连茎、红根皮、野菊，每次任选其中 4～5 种，煎汁供猪饮用，每周一次，可预防多种疾病。

第五节　提高猪肉质量的技术

一、怎样提高猪肉的瘦肉率

目前市场需要的是背膘薄、瘦肉率高、肉质好的商品猪，生猪收购时也是"按质论价"，因此，养猪生产者对如何能提高瘦肉率的兴趣越来越大。猪体的瘦肉多少是由遗传和环境两个因素决定的。通俗地说，就是由猪种的饲养管理等条件决定的，要达到瘦肉多的目的，除了改良猪种之外，饲养方式也是关键。如果只有瘦肉型种猪，而无养瘦肉猪的方法和良策，也不能充分发挥瘦肉型猪多长瘦肉的特点，因此，猪要多长瘦肉，必须做到以下几点：

1. 实行经济杂交改良品种。开展经济杂交，是让猪多产瘦肉的根本办法，才能培育出瘦肉多的新品种。我国的猪种可以分为三大类：第一类是地方猪种，如太湖猪、东北民猪、梅山猪等，这类猪毛色多为黑色，瘦肉率低，每头猪瘦肉只有 41% 左右，体重 90kg 左右肉猪，产瘦肉只有 26kg 左右；另一类是引进国外猪种，如大约克夏猪、长白猪、杜洛克猪等，这类猪毛色为白色或红棕色，瘦肉率高达58%～65%，每头体重90kg的肉猪，可产瘦肉42kg左右；第三类为杂种猪，这类猪是我国生产发展方向，是猪的品种改良重要途径，是占据国际国内市场的基础，是提高猪瘦肉率的先决条件。杂种猪目前可分为二元杂交猪和三元杂交猪。二元杂交猪是指以地方猪种为母本，以国外猪种为父本的杂交一代猪，每头体重90kg的二元杂种猪，可产瘦肉35kg左右。将二元杂种母猪留下来，再与国外没有血缘关系的公种交配，生下的小猪称为三元杂种猪，每头体重90kg的三元杂种猪，可产瘦肉39kg左右。

全国各地一些单位对杂种猪瘦肉率的测定见表4-4。

表4-4　二元杂交猪瘦肉率测定结果

母本	父本	杂交组合	瘦肉率（%）
上海白猪	杜洛克	杜×上白	60
哈白猪	杜洛克	杜×哈	59.38
老太潮	长白	长×太	51
民猪	杜洛克	杜×民	56
哈白猪	汉普夏	汉×哈	57.56
哈白猪	长白	长×哈	57.04
三江猪	杜洛克	杜×三	62.03

以上二元杂交组合的优点，保持了本国猪种的高繁性能，提高了瘦肉率10%以上，其肉质风味好。

以表4-5可看出，三元杂种猪瘦肉率可达62%～65%以上，接近引进国外品种的水平。事实证明，用国外引进的纯种瘦肉型长白、杜洛克、大约克夏等公猪与地方母猪杂交，产生的后代仔猪二元或三元杂种猪瘦肉多，生长快，饲料报酬高，适应性强，是我国今后养猪业提高瘦肉率的重要途径。

表4-5　三元杂交猪瘦肉率的测定结果

母本	第一父本	第二父本	杂交组合	瘦肉率（%）
哈白猪	长白	杜洛克	杜×长×哈	62.20
哈白猪	杜洛克	长白	长×杜×哈	62.68
上海白猪	长白	杜洛克	杜×长×上	60
上海白猪	汉普夏	杜洛克	杜×汉×上	65
小梅山猪	汉普夏	大约克夏	大×汉×梅	60
三江白猪	大约克夏	杜洛克	杜×大×三	62

　　实践证明，用纯种瘦肉型长白猪、杜洛克、大约克等公猪与地方母猪杂交产生的后代仔猪，二元三元杂种猪都有瘦肉多、生长快、饲料报酬高、适应性强等优点，只要给其杂种后代以适应的生产瘦肉的饲养管理条件，从配种到产肉一年多时间，即可收到增加瘦肉量的好效果。

　　2. 控制营养水平，一般情况下，猪体内脂肪的沉积取决于日粮中能量的多少，而瘦肉的增长则取决于日粮中蛋白质水平的高低。利用控制能量和增加蛋白质给量的方法，可以提高胴体瘦肉率。

　　猪生长发育过程大体可划分为小猪长骨、中猪长肉、大猪长膘三个阶段，就是说，猪年龄越小体重越轻，骨骼生长越快。随年龄体重的增加，肌肉长势加强，一般15~60kg时肌肉充分生长，60kg后则加快了脂肪的沉积。因此，应采取"前敞后限"或"前催后控"的育肥方法。营养水平由高到低，有利于瘦肉的生长。对于高瘦肉生长潜力的育肥猪，60kg体重以前，蛋白质水平应为16%~18%，后期应为13%~15%，而杂交猪生长潜力的育肥猪前期应为14%~16%，后期应为12%~14%。

　　3. 合理搭配饲料，根据中国农科院畜牧所和山西农科院畜牧兽医研究所的试验，对杂交型猪可采用如下配方，见表4-6

和表 4 - 7。

表 4 - 6　肥育猪日粮配方（瘦肉型杂交猪）

饲料 \ 品种 \ 阶段	大×长×北	
	20～60kg	60～90kg
玉米（%）	55.09	65.05
豆饼（%）	4.76	10
麦麸（%）	5	5
大麦（%）	30	15
鱼粉（%）	5.07	—
草粉（%）	3	3
蛋氨酸（%）	0.1	0.1
维生素、矿物质（%）	0.28	0.25
骨粉（%）	1.73	1.2
食盐（%）	0.5	0.5
消化能（kcal/kg）	3002	3090
粗蛋白（%）	13.24	11.75
日增重（g）	615.676	709.583

资料来源：中国农科院畜牧所。

表 4 - 7　肥育猪日粮配方（瘦肉型杂交猪）

饲料 \ 品种 \ 阶段	大×长×北	
	20～60kg	60～90kg
玉米（%）	58	60
豆饼（%）	12	9

续表

品种 阶段 饲料	大×长×北	
	20~60kg	60~90kg
麦麸（%）	2	10
高粱（%）	9	8
大麦（%）	5	5
菜籽饼（%）	2	3
L-赖氨酸（%）	0.098	0.072
食盐（%）	0.2	0.2
合计（%）	100	100
消化能（kcal/kg）	3092	3131
粗蛋白（%）	15.29	13.36
日增重（克）	513	615

资料来源：山西省农科院畜牧兽医研究所。

以上配方是二元杂交和三元杂交猪的配方，该方是经过科学实验所获得的，适合瘦肉型猪的营养需要。饲喂要定时、定量、供充足饮水。

4. 适宜饲养环境。创造适宜的饲养环境主要注意两点，一是舍温度，试验证明，商品瘦肉猪蛋白质沉积的最佳温度是18~22℃。温度过低会阻碍蛋白质沉积，增加脂肪的沉积和饲料消耗；温度过高，则食欲和日增重明显下降。如温度在-10℃与20℃时，瘦肉率下降10.6%，背膘厚增加3.4%。二是笼养，笼养商品肉猪，一般比圈养肥育猪的瘦肉率高0.8%，月增重多2150克，体重每增加1kg可节约饲料58克。

5. 适时出栏屠宰，为了增产瘦肉率，应根据猪生长发育规律，确定一个适宜的屠宰时间，据实验证明，地方良种猪在体重70kg 时肉脂比例为 6∶4，料肉比为 3.3∶1；80kg 时肉脂比例为5∶5，料肉比为 3.85∶1；90kg 时肉脂比例为 4∶6，料肉比例为4.3∶1。可见地方良种猪最适宜的屠宰体重为 70kg，进口猪和三元杂交猪也不宜养得太大，一般 90～100kg 即可出栏。试验证明，猪在体重 40～60kg 时每天增长瘦肉率是 285 克，脂肪是182 克，到 60～90kg 时瘦肉率 288 克，脂肪是 280 克，到 90kg以后，每天瘦肉率 129 克，脂肪增长是瘦肉的 2 倍。据辽宁畜牧研究所试验，用"苏民"杂种猪测定，育肥猪 60kg 屠宰，胴体瘦肉率为 55.1%，80kg 屠宰时为 51.5%，100kg 屠宰时为 50%，125kg 屠宰时为 46.3%。

6. 饲喂瘦肉添加剂

（1）谷物加油饼为基础日粮，其中含有的赖氨酸一般不能满足猪生长需要。在仔猪和母猪日粮中添加赖氨酸 0.1%～0.2%，使日粮赖氨酸水平达到 0.8%～1%，比不添加的缩短了肥猪的出栏时间，胴体瘦肉率提高 5.9%。日粮添加赖氨酸后精料蛋白质的豆饼可适当减少，因而成本不会提高，还会防止仔猪腹泻病的发生。

（2）在猪的日粮中添加 5% 的蝇蛆粉，不仅使猪增重加快，而且提高瘦肉率 15%。

（3）添加 γ-亚麻酸油（CLA 油）。γ-亚麻酸油中的活性成分是 γ-亚麻油，能降低血液中胆固醇含量，减少猪体内脂肪沉积，在两组体重平均为 60kg 的育肥饲料中，分别添加亚麻酸油和大豆油，添加量为每头每日 90 克，饲喂 6 周后，试验组猪背部脂肪厚度明显低于对照组。

（4）添加有机铬。在猪饲料中添加有机铬，可促进瘦肉形成。将浓度为 100～200 微克的有机铬螯合物添加到猪日粮中，8 周后猪里脊部位的平均瘦肉面积及瘦肉率明显增加，而脂肪厚度及脂肪量均有所降低。

（5）添加二羟基丙酮、丙酮酸。用 80～85kg 的猪做试验，将二羟基丙酮、丙酮酸以 3∶1 的比例混合均匀，按饲料量的 4% 加到基础日粮中，4 周后，试验组猪脊部脂肪厚度平均值比对照组少 12%。

（6）添加脂肪细胞抗体，通过对脂肪细胞进行免疫破坏处理，达到了减少脂肪沉积的目的，给 6 周龄的猪（体重 13kg）腹腔内注入抗猪脂肪细胞膜的抗体，饲养到 20 周龄（体重 90～95kg）测定，里脊部位的脂肪重量低于 25%，瘦肉产量增加 12%。

（7）高钙，对于体重 60kg 的猪而言，钙含量以 0.5%～0.63% 为好。猪吸收钙的能力随年龄不同而有所变化，小猪对钙的吸收率为 40%～50%，中猪为 30%～40%，大猪为 20%～30%。

（8）高铜，猪饲料中添加高剂量的铜，可提高日增重 5%～10.5%，饲料利用率可提高 3.9%～8.1%。据有关试验表明，添加 2.5×10^{-4} 的铜，效果最好。

（9）腐植酸钠，在猪日粮中添加 0.3%～0.6% 的腐植酸钠后，（90kg 进行屠宰测定）膘厚比未添加者薄 0.35 厘米，而瘦肉率提高 5.62%，腐植酸纳在育肥猪 75～90kg 阶段饲喂，对抑制育肥猪内脂肪的沉积有重要作用。

（10）甜菜碱是一种天然化合物，无毒、无害，广泛存在于动植物中。它的基本功能是作为机体甲基化反应的供体和维持渗透压平衡的保护剂。在动物代谢过程中起着非常重要作用。甜菜碱能明显降低育肥猪背膘厚，提高胴体瘦肉率，促进猪的生长，提高饲料利用率。

在猪日粮中添加 100mg/kg，日增重提高 3.5%，胴体瘦肉率提高 5.71%，眼肌面积提高了 9.2%。

二、猪肉的风味如何控制

猪肉的风味主要取决于猪体内脂肪沉积时所供营养成分。掌握幼猪在育肥过程中，体躯各组织生长化学成分的变化以及脂肪沉积的规律，继而根据这些规律选择不同的饲料，以便培育出风味各异的产品。

脂肪沉积规律是：首先是腹腔脂肪沉积，其次是肌肉间沉积（依次是肌纤维素、肌纤维间、肌纤维内），再次是皮下沉积。要改变猪肉的风味，关键在于肌肉间沉积脂肪时，恰当地选择含有特殊风味而没有异味的饲料。猪活体 50～80kg 是肌肉间脂肪沉积时期，在此阶段最好是饲喂鱼粉、豆饼等优质蛋白饲料，不要饲喂蚕蛹、血粉、棉饼、亚麻仁饼、菜籽饼等饲料，因为它们影响猪肉的风味和品质。如：蚕蛹约为鱼粉价格的 60%，代替鱼粉养猪比较合算，但其含有特殊的腥臭味，这种腥臭味可通过猪体传给肉、肝等产品；血粉含有血腥味和不易消化的氨基酸。

总之，要想控制猪肉的风味，必须做到：

1. 掌握肌肉间脂肪沉积时间；
2. 选择优质无异味的饲料；
3. 抓好时机添加具有特殊风味的物质；
4. 加强饲养管理，杜绝疾病的发生。

具体采取什么措施改善猪的风味，除以上方法外，我们还没有这方面的经验。但据德国《星期日图片报》报道，在极其保密的情况下，日本 22 名志愿者品尝了一种很特殊的烤肉，这种特殊的烤肉就是在鸡、牛和猪还活着的时候就已经在肉里加进了饲料。在这些牲畜被宰之前，日本钟渊食品公司为这些牲畜提供了长达一周时间的特殊的"死刑前的晚餐"，据说在普通饲料里加了胡椒、姜、辣椒、丁香以及豆肉豆蔻等佐料。

在饲料里加入调料对动物试验的目的是：不仅使肉吃起来更

加香味浓郁，而且还可以延长肉的保鲜期，因为香料有利于贮藏。钟渊食品公司已经使这种方法喂养的畜禽打入了欧洲市场，并申请了专利。

三、提高胴体品质，必须控制营养水平

随着猪屠宰率的不断提高，胴体品质已成为生猪价格的主要决定因素。尽管已经证明自由采食有利于猪的生长和育肥，但是，在猪的生长后期，由于采食的能量过多，瘦肉率偏低。

有关资料证明，在育肥猪 20～50kg，增加日粮能量水平可提高日增重和饲料转化率，胴体脂肪也不会过多沉积。但是，在 50kg 以后，能量在不断增加，而日增重不断降低，饲料转化率直线下降，胴体脂肪含量升高。

以下数据也证实了以上的试验结果，在 20～50kg 阶段，采食能量为自由采食量的 80% 时，日增重约降低 20%，饲料转化率降低 0.8%，胴体脂肪含量只降低 2.5%。这一结果表明，只有在降低相当大的生长速度和饲料转化率时，胴体品质才能获得显著提高。然而，在 50kg 以上时，生长猪的采食量已超过瘦肉生长的需求，因此，需要采取限制饲喂的方法以提高饲料转化率和胴体品质。在 50～90kg 阶段，采食量限制在自由采食量的 80% 时，生长速度降低 15%，但饲料转化率提高 11%，胴体脂肪沉积降低 13%。这是对育肥猪前期敞开饲喂、后期限喂的根据。

在正常情况下，自由采食的营养物质约有 1/3 用于维持生命需要。在此基础上增加营养水平，营养物质首先用于生长，导致饲料转化率高。但是，当营养水平接近自由采食时，其中大部分营养物质用于脂肪沉积，导致饲料转化率低。

猪的生长是肌肉、脂肪和骨骼组织生长的总和，限制饲喂关键是掌握好限制饲喂的程度和脂肪生长速度超过肌肉生长速度的

时间。最早的研究资料表明，限制饲喂的时间应在50kg活重后。但是，最近的研究表明，限制饲喂的时间由于外界环境、健康状况、管理水平以猪基因型的不同而有很大差异，有些猪在小于50kg时开始限制饲喂为宜，有些猪在70kg时开始限制饲喂为好。由于限制饲喂的时间差异很大，所以要求育肥猪场的技术人员在本地条件下做一些试验，以便确定最佳方案。另外，必须认识到阉割猪、母猪和公猪在限制饲喂上有所不同。对阉割猪来说，50kg后开始限制饲喂最为适宜，而对母猪和公猪可分别推迟到60kg和70kg。

第六节　育肥猪快速增重若干妙招

一、鸡蛋清催肥

在50kg以上生猪颈部下的甲状腺或颌下腺两侧（增食穴）各注射5~10毫升新鲜鸡蛋清，注射时垂直进针3.3厘米（1寸），注射后猪爱睡不爱动，说明注射成功，可不再行注射，隔5~7天再注射一次，剂量加倍。然后喂给易消化、营养丰富的饲料，精心护理半个月至一个月。猪可在正常增重的基础上，平均再增重1.5kg左右，最高可达2.35kg。

二、猪血催肥

采集健康（或屠宰）猪新鲜血液，每100毫升加入抗凝剂枸橼酸纳5毫升，保存在2~10℃条件下备用。定期定量地输入育肥猪的静脉血管内，可以加快猪的生长发育。

据试验，小猪两头，体重为14kg，在同样条件下饲养管理，其中一头每隔7天按每千克体重每次输血2毫升，120天称重，输血试验猪体重达到60kg，对照猪体重为45kg，输血的猪增加重量为 33.2% 。为了探讨输血对猪生长后期的影响，对一头饲养 6 个月体重 50kg 的架子猪进行输血育肥，第一个月 5 天输血 1 次，增重 23.5kg，第二个月第 6 天输 1 次，增重 27kg，第三个月每 7 天输 1 次血，增重 29kg，第四、第五个月每 8 天输 1 次血，每月各增重 32.5kg，仅育肥 5 个月，体重猛增到 194.5kg。这一方法给营养条件较差，已成为僵猪的架子猪使用效果尤为显著。

三、红光催肥

据国外畜牧专家试验，猪舍用红光照射，对猪的各项生产指标有利。在猪生长育肥阶段照射红光，饲料利用率可提高 1.51% ，日增重比原来增加 43 克。照射红光要求是：在每平方米猪舍中，离地面 1 米处安装一盏 15 瓦的红灯泡，每天照 12 小时，早 6 点到晚 6 点，若是 2 平方的猪栏则安装一盏 30 瓦的红灯，并有驱蚊的作用。

四、紫外线催肥

饲养在黑暗条件的猪，用紫外线石英灯隔天照射 15~30 分钟，比日常饲养的猪平均增重提高 11.23% 。

五、刷拭猪体催肥

据试验：每天早、晚给育肥猪刷拭猪体（用硬毛刷遍身刷拭）1 次，每次 10~20 分钟，在饲养管理相同条件下，猪增重可提高 7.2%~11.4% 。

六、微量元素催肥

上海等地试验，每 100kg 饲料加 10 克硫酸锌，猪可增加增重 4% ；北京等地试验，饲料中添加 0.1%~0.2% 的硫酸铜，可使猪增重提高 13.3% ；河南等地试验，每 100kg 饲料中加硫酸铜 50 克、硫酸锌 20 克、硫酸亚铁 24 克，25 万单位的土霉素 40 片，食母生 200 片、钙片 20 片，食盐 700 克，混合均匀，连日饲喂，可使猪增重达 0.5 ~ 1kg；山东等地试验，在饲料中添 50% 氯化胆碱，小猪 0.6 克，肉猪 1.2 克，母猪 1.6 克，能使猪增重提高 30% ~60%。

七、松针粉催肥

在肉猪日粮中加入 5% 的松针粉，可使肉猪的日增重提高 23%，每头肉猪可多收入 40 元左右。

八、赖氨酸催肥

据有关资料报道，在每吨饲料中加入 1 ~3kg 的赖氨酸喂猪，可使猪的日增重提高 15% ~ 25%，相对减少饲料消耗 15% ~ 20%。

九、蚯蚓粉催肥

蚯蚓粉适量加入猪饲料中，日增重提高 10% ~ 15%。通常 5kg 鲜蚯蚓可制出 1kg 蚯蚓粉。一般体重 25kg 以下的肉猪每天每头喂蚯蚓粉 10 克，25kg 以上的肉猪喂 25 克，50kg 以上的肉猪喂 50 克。

十、沸石粉催肥

沸石内含有磷、铁、铜、钠、钾、镁、钙等 18 种动物所需要的元素。在猪的日粮中加入 5% 的沸石粉，日增重提高 30%，育肥期可缩短 15 天以上。不仅如此，还有以下三条好处：

1. 节省饲料 5%，降低养猪成本；每头猪可节约饲料 43 ~ 50kg，而且沸石本身价格低廉。

2. 沸石其内部呈多孔道多穴位的晶体结构，孔道（穴）体积占沸石总体积的 50% 以上，有强大吸附力，能吸附猪胃肠内甲烷、乙烷等有害气体和大肠杆菌、沙门氏菌的毒素，并能抑制有害细菌的生长繁殖，可预防猪腹泻、胃肠炎、支气管炎、佝偻病，如喂母猪可加快胎儿生长速度，防止死胎，提高成活率，节省医疗费用。

3. 减少臭气，改善饲养环境。猪的粪便含水量减少，栏内清洁干燥，充分改善猪场卫生，有利于猪的生长发育。

十一、糖精催肥

猪喜欢甜食，在配合饲料中加入糖精喂猪，能增加采食量 6%，日增重提高 7%，每增重 100kg，饲料消耗和成本分别下降 4.8% 和 3.5%，不仅适用于仔猪，也适用于育肥猪，糖精的添加方法是：糖精先加水溶解或直接加入饲料中拌匀，每 100kg 饲料添加糖精 5 克。

十二、鸡冠花催肥

据测定，鸡冠花籽内含有粗蛋白质为 70% 左右，尚有各种氨基酸，在肉猪日粮中加入 5% 的花瓣或 10% 的茎叶喂猪，可提高日增重 10% 以上。

十三、青干草粉催肥

据有关资料报道，在肉猪日粮中加入 5% ~ 7% 青干草粉，可以使肉猪日增重提高 25% 左右。

十四、发酵血粉催肥

在猪的日粮中加入 3% ~ 10% 的发酵血粉，肉猪经过 73 天饲养即出栏，而体重达到 100kg 以上，饲料成本降低 20% 左右。

十五、芒硝催肥

芒硝也叫硫酸钠，能提高饲料转化率，据《中国畜牧杂志》介绍，在猪日粮中加入 0.6% 的硫酸钠，经 120 天试验，18 头试验猪比对照猪多增重 22.96%，饲料转化率提高 18.72%。

十六、杏仁渣催肥

杏仁营养丰富，不仅含有丰富的脂肪和蛋白质，而且还含有丰富的微量元素及维生素。

据饲喂试验，在生长的育肥猪的日粮中添加 3% ~5% 榨过油的杏仁渣，猪增重可提高 20% 以上。

十七、艾叶粉催肥

艾叶含有脂肪、蛋白质、多种维生素及各种氨基酸、叶绿素等，并还有某些生长因子。在肉猪的日粮中加入 2% 的艾叶粉，可提高日增重 5% ~8%，饲料消耗降低 7% ~12%，而且可增强肉猪的体质和预防疾病。

十八、煤炉渣催肥

煤炉渣灰粉内含钙、磷、钾、钠、镁、铜、锌、锰等几种矿物质元素的氧化物。元宝山区平庄种猪场用 15 ~100kg 的育肥猪做试验，在精饲料相同条件下，在加入 1% 煤炉渣灰粉喂猪组，平均每头每日增重 570 克，料肉比 3.56：1，并可预防仔猪佝偻病。

十九、羽毛粉催肥

羽毛粉是禽类羽毛经过高温、高压、水解等工艺制作而成的，蛋白质含量高达 85%。在肉猪日粮中加入 3% 的羽毛粉，可使猪日增重提高 500 克。

二十、氯丙嗪催肥

氯丙嗪是一种良好的镇静剂，对猪的中枢神经机能有良好的抑制作用，使用安全、可靠。据广东省花县畜牧水产局试验，每 50kg 混合饲料中加入氯丙嗪 5 克喂猪；平均日增重可提高 10% ~23%，饲料消耗下降 9% ~ 13%，降低饲料成本 2% ~ 6%，并预防猪应激综合征，但需猪屠宰前 3 ~5 天停喂。

二十一、黄霉菌素催肥

据德国赫可特公司用黄霉菌素对猪进行育肥试验表明，在每千克饲料中加入 5 毫克的黄霉菌素，可提高日增重 7%，提高饲料转化率 5%。

二十二、三十烷醇催肥

用三十烷醇育肥，特别适用于体重 40 ~ 50kg 的中猪催肥，平均每头日增重可达 0.5 ~ 1.2kg。四川省许多养猪户采用此法育肥，效果令人瞩目。给猪肌内注射三十烷醇催肥，可使日增重提高 24% ~ 35%。方法是：取含量 80% 的三十烷醇粉剂 25 克，溶于 500 毫升蒸馏水中，经高温灭菌后，每 10kg 体重注射 1 毫升，每隔 25 天注射一次。

二十三、喹乙醇催肥

喹乙醇又名信育诺，是一种广谱抗菌生长促进剂。据北京、江苏、河南、广西、江西、辽宁等十几个省市自治区试验，添喂喹乙醇，对肉猪可提高日增重 10% ~15%，降低饲料成本 8% ~ 10%，1 头猪从 10kg 长到 60kg，共需添喂喹乙醇 8.3 克，每使用 1kg 喹乙醇，可节省饲料 900 ~ 1000kg，喹乙醇在猪饲料添加量为每 100kg 配合饲料中加 5 克，即十万分之五。

二十四、腐植酸钠催肥

体重 50kg 以上的猪，每日添喂腐植酸钠 5 克，分早晚两次拌料喂服，连服 20 ~ 30 天，每头每日可多增重 120 ~ 200 克，缩短出栏 30 ~ 50 天。

二十五、喂磁化水

据江西省南昌市农科所试验，给猪饮用磁场强度为 1500 ~ 2000 高斯的磁化水，可以使猪的日增重提高 8.1% 。

二十六、喂海泥

在猪日粮中加入 2% 的海泥喂猪，肉猪的日增重可以提高 10% 。

二十七、喂蚕沙

在猪的日粮中加入 15% 的蚕沙喂猪，日增重可提高 13.3% ，成本降低 19.4% ，猪的食欲旺盛、贪睡、毛发发亮。

二十八、喂蛋氨酸

据有关报道：在粗蛋白质水平为 13% 的基础日粮中，加入 0.15% 的蛋氨酸，仔猪日增重与用含 15% 的粗蛋白质水平日粮喂猪效果相同，且可提高瘦肉率。

二十九、换栏

生猪在育肥过程中换栏 1 ~ 2 次，可以提高生长速度，平均日增重可达 1kg 以上。

三十、冬季密饲

密集式养猪，是冬季保持快速育肥的一种新措施。在高密度饲养条件下，平均每头猪占地面积为 0.4 平方米，依靠猪群的体温，加上人工保温措施，使栏舍温度保持在 15 ~ 25℃。采用密饲方法在严寒冬季日增重可保持在 0.5kg 以上。

三十一、喂配合饲料

根据育肥猪生长发育对营养物质的需要，配制配合饲料饲喂，比用单一饲料养猪育肥期可缩短 1 ~ 3 个月，每头肉猪可节省饲料 25 ~ 50kg，饲料成本降低 10% ~ 20%。

三十二、加大喂量

据报道，如果生猪日采食量增加 20%，其日增重可增加 30% 左右。

三十三、喂颗粒饲料

据不同料型（颗粒饲料、粉料、潮拌料）喂猪的对比试验结果表明，饲喂颗粒平均日增重分别比粉料、潮拌料提高 10% ~ 18%。

三十四、喂酶制剂

湖南省津市市畜牧水产站试验：在低能量低蛋白饲料条件下，用糖化酶和淀粉酶等量混合，拌入饲料，用量为饲料的 0.08%，平日增重达 500 克以上。

三十五、喂"玉米酵麸"

用玉米淀粉渣发酵而成的"玉米酵麸"替代饲料粮食进行

杂交猪饲喂，试验表明，完全替代优质麸皮可降低饲料成本 22.7%。

三十六、喂中药

将何首乌、枳壳、贯众各等中药研成细末拌在饲料中，体重 50kg 的猪每日服 18～20 克，连服 14 天，停药 2 天后再喂，日增重可达到 750～1000 克。

三十七、喂调味素

据德国资料报道，在猪的日粮中加入香草、茴香、莳萝等，可使猪的日增重加快，降低养猪成本。

三十八、喂麦饭石

麦饭石属天然药物添加剂，经中国农科院中兽医研究所对 14024 头断乳仔猪的试验表明：平均日增重可以提高 13.98%，饲料转化率提高 34%。

三十九、喂杆菌肽等

在每吨日粮中加入杆菌肽 10～100 克、金霉素 10～100 克，土霉素 90～150 克，红霉素 20～70 克，能使生长停滞的幼猪日增重提高 100%～200%，肉猪提高 20%。

四十、喂健胃酊

健胃酊是一种合剂，由龙胆酊、橙皮酊和大黄酊按 1∶1∶1 组成。据福建省龙岩市食品公司良种场试验，30 日龄以上的哺乳仔猪，每头每日用健胃酊 5 毫升拌料饲喂，可使仔猪日增重提高 66%；断乳仔猪每头每日用健胃酊 5～10 毫升，育肥猪为 10 毫升，日喂 2 次，可提高日增重 30% 以上。

四十一、喂高剂量铜

在日粮中按说明书加入高剂量铜，生长猪日增重可提高 6.5%，饲料转化率提高 2.3%；喂肥猪日增重可提高 3.6%，饲料转化率提高 1.1%；喂仔猪日增重可提高 22.1%，饲料转化率提高 8.3%。

四十二、喂碘化钾

体重 45~50kg 猪，每头每天添喂碘化钾 0.5 克，可提高日增重 26.7%。

四十三、喂氯化钴

将 1 克氯化钴溶于 3kg 水中，均匀地拌于饲料中，每天早餐饲喂，1 个月后可使猪日增重提高 17% 以上。

四十四、肌注亚硒酸钠

体重 30kg 的猪，每头肌内注射 0.1% 亚硒酸钠 4 毫升，隔 20 天再注射 1 次，可使猪的日增重提高 10%。

四十五、喂漆子

漆子内含大量的蛋白质、脂肪等有机物质，用它来喂养肉猪，可以提高日增重 20% 左右，缩短育肥期 1 个月。

四十六、喂泥炭

苏联人把泥炭进行机械分解，水洗和菌化变成糖和蛋白，喂猪提高瘦肉率 15%~20%。

四十七、喂沼气渣

沼液、沼气渣、沼气液含有相当多的粗蛋白质、粗脂肪、无氮浸出物和矿物质，营养价值大大超过优质牧草黑麦草，是一种大有利用前途的再生饲料。在肉猪日粮中加入 10% ~20% 沼气渣，或使用沼气液拌料喂猪，肉猪可提前 1 个月出栏，瘦肉率提高 3%。

四十八、喂蚕蛹

蚕蛹干品粗蛋白质 68%，赖氨酸 3%，蛋氨酸 1.6%，色氨酸 0.68%，钙 1.3%，磷 0.84%，粗脂肪含量高达 20%。育肥猪生长前期添喂蚕蛹，增重效果特别显著。一般在育肥猪日粮中加入 13%，可提高日增重 23%，缩短育肥期 40 天，但育肥期的生长后期不宜添喂，否则影响猪肉品质量。

四十九、喂过磷酸钙合剂

过磷酸钙合剂配方：过磷酸钙 10kg，硫酸亚铁 35 克，硫酸铜 30 克，硫酸锌 10 克，硫酸镁 10 克，硫酸锰 25 克，磺化钾 0.5 克。将这些药物混合后加入饲料中喂猪，小猪每次喂 5 ~10 克，中猪 15 ~25 克，大猪 30 ~35 克，能促进生猪生长，特别适用于僵猪。

五十、喂豆科草粉

在猪的日粮中加入 17% 的豆科草粉喂猪，日增重可以提高 3.1%，饲料消耗降低 4%，提高经济效益 5.7%。

五十一、喂氯化胆碱

氯化胆碱作饲料添加剂，肉猪日增重可提升 30% ~60%。

氯化胆碱有水剂和粉剂，如用 17% 的胆碱水溶液，小猪日喂 1.43 克，肉猪喂 0.86 克；若用 50% 胆碱粉末，小猪日喂 2 克，肉猪 0.2 克。

五十二、喂小苏打

在猪日食粮中加少量小苏打，以补偿饲料中赖氨酸的不足，调节胃肠中的酸碱度，促进粗纤维的消化，可起到加大日增重和加速生长发育的作用。小苏打用量为饲料的 2%，即 5kg 饲料中拌入小苏打 100 克。喂时将小苏打均匀地拌入精料中，注意不能单独用小苏打直接喂猪。小苏打的化学名称叫"碳酸氢钠"，一般化学药品商店均有售。

五十三、喂膨润土

膨润土俗名白陶土、观音土、白膳泥。使用前要进行加工：将采回的膨润土粉。添喂量为 2%，饲喂时要搅匀。肉猪吃了添加膨润土的饲料，体重比不添喂的增加 20%～30%。

五十四、喂醋

在粗蛋白为 13.5% 和代谢能为 3000 千卡/千克的肉猪日粮中，加入 0.5%～2.0% 的醋，猪采食量增加 20%～23%，日增重提高 11%～22%。

五十五、喂含氧气水

据苏联某国营农场的经验，用含氧气水喂养断奶小猪，每隔 5 天给断奶小猪饮用 1 次，小猪日增重 200～250 克。这种含氧气水就是在普通饮水中加入一定比例的氧气，通常是 1 升水中注入 1 升氧。如能在汽水中加些催肥剂之类的添加剂，效果更好。

五十六、喂金维磷合剂

每 50kg 混合饲料中加入过磷酸钙合剂 0.75kg，金霉素 8 片（含 200 万单位，需粉碎），多种维生素和复合维生素 B 各 7 万单位、维生素 B$_1$ 235 毫克、维生素 B$_2$ 140 毫克、C 350 毫克，烟酸 910 毫克，泛酸 70 毫克，充分拌和均匀，即可作小猪日常用的饲料添加剂。

如饲喂僵猪、大猪：过磷酸钙合剂 10 ~ 15 克，金霉素 6 万 ~ 6.5 万单位，多种维生素和复合维生素 B 各两片；中猪：磷酸钙合剂 5 ~ 10 克，金霉素 4 万 ~ 4.5 万单位，多种维生素和复合维生素 B 各 2 片；小猪：过磷酸钙合剂 3 ~ 5 克，金霉素 2 万 ~ 3.5 万单位，多维生素和复合维生素 B 各 1 片。每日 2 ~ 3 次，切忌煮服。

经试验证明：用金维磷合剂，小猪和僵猪增长率可提高 26%，降低饲料消耗 18%，降低成本 10%。

第七节　解决土猪生长慢和瘦肉率低的新方法

2011 年乡土猪市场开始兴旺发达，特别地方品种的黑猪号称 1 号土猪，山东烟台黑猪（大约 6 ~ 7 个猪品牌）、湖南五戒土猪、四川的巴山土猪、重庆的绿乡猪、湖北土猪、浙江金华猪、安徽的爬山猪、南京黑猪、广西御园黑猪、厦门黑猪、海南的香猪，几乎在各个地方都有专卖店，每斤 35 元、40 元、60 元不等。其中最高海南的香猪上肩肉每斤 398 元，而且顾客盈门，供不应求。这是近年来市场出现的新、奇、特猪肉品种，在全国各地都已注册，放养猪、爬山猪、溜达猪、听音乐吃螺旋藻的香猪名目繁多，起初只有 5% 的市场占有率，现在已经占 15% 左右，发展速度很快。这些名目的猪多数在低迷的市场中开创了新的局面，符合人类向往恢复自然生态的追求和愿望，所以大受消费者欢迎。

地方土猪受到广大消费者喜爱的原因：一是地方土猪与现代瘦肉型猪肉质不同，地方土猪其肉是膘肥肉红，肥瘦兼备，肌纤维直径细嫩，鲜烹多汁嫩滑，味香浓隽，回味无穷，可以加工成腌、腊、火腿等畅销中外的美食。而洋猪肉瘦肉率已达到极致，其肉质不符合中国人口感需求，瘦肉干硬无嫩滑感，香味不足难饱口福；二是猪放养之后运动大大增加，在野外空气新鲜，猪肉的鲜活成分增加，原始风味得到恢复；三是恢复了传统的饲养方法，符合人们食品安全要求，对这种猪肉的信任度大大提高；四是猪散养之后，它们能自由地摄取营养，还有中药材如蒲公英、金银花、牧草能补充谷物饲料缺乏的维生素、矿物质，调节猪生长平衡，中药还有防病和促进生长的功能；五是传统地方土猪，已经几十年吃不到，加上旧饲养方法的恢复，人们心理的向往终于实现，大有品尝香味十足传统猪肉的欲望，所以消费旺盛。据报道，今年全国两会湖南省湘村黑猪经层层筛选，严格审核，成为两会特供猪肉。

据四川省报道，地方黑猪猪肉价格是洋猪肉的 2 倍多，部分以生态、绿色为卖点的价格更高，地方黑猪肉已成为一种高端消费品。据中国畜牧总站不完全统计，全国各地现有 30 种黑猪重回市场，业内人士预测，随着人们生活水平的提高，健康理念的深化，地方黑猪市场发展空间巨大。

面对兴旺发达的土猪市场有喜有忧。四川省畜牧科学研究院养猪研究所研究员应三成博士说："地方黑猪品种养殖较高的饲料成本和至少 10 个月以上的饲养周期，都会增加养猪户的技术压力和资金风险，特别是成本控制成为难题。"我们认为这么贵的猪肉价格到底能坚持多久不好预测，我国地方优质种猪 90 多种，物以稀为贵，普及到市场 50% 以上时，价格一定会有波动，因为价格昂贵的猪肉不符合大多数人的需求。我们认为具有远见的企业家和养殖户一定要做好土猪价格回落的准备。那就是既保证地方品种猪肉的原始风味，又要想办法缩短饲养周期，提高效益，不管市场怎么变化都会立于不败之地。

人所共知，我国传统农家养猪具有几千年历史。农家传统养猪，饲养没有标准，饲喂不讲科学，有啥喂啥，没有饲料配方，猪生长所需的四大支柱（蛋白质、能量、矿物质、维生素）中除了蛋白质、能量之外，根本没有矿物质、维生素，好在当时猪是放养，可以自己补充一些需求，维生素靠牧草，矿物质靠拱地，拱到就吃。由于猪生长所必需的四大支柱不齐、不全，违背了猪的生长规律，所以生长缓慢是必然的。过去和现在仍然按照传统方法饲养地方土猪，所以饲养周期长。为了绿色环保的需要，一些养猪者还宣传自己所饲养的猪没有使用任何添加剂，这种说法是错误的，既欺骗了消费者，又害了自己，且违背猪的生长原理，造成了猪生长缓慢，饲养周期长，增加了饲养成本。

如山东牟平县姜格庄镇驻军 83 部队的科研小组，试验成功了微量元素添加剂，这种添加剂能缩短猪生长周期，提高经济效益。不喂添加剂的 60kg 架子猪日增重平均只有 500 克，喂了微量元素添加剂，平均日增重达到 1.5kg 以上。而且瘦肉率提高 20%（主要喂 40% 秸秆发酵饲料）。微量元素添加剂只需百分之零点几，为什么有如此大的作用？因为矿物质是猪生长发育和繁殖等生命活动中不可缺少的一些金属和非金属元素，是猪生理生化反应酶类催化物的组成部分，并参与肌肉、神经组织兴奋性调节，维持细胞膜的通透性，保持体液一定的渗透压和酸盐平衡，促进猪的生长发育。

有些养猪户根据 83 部队这一经验，发明了以下四种饲料添加剂，以解决地方土猪饲养周期长的问题：

1. 浙江省绍兴县农林局畜牧兽医站，针对农村养猪户因饲料单一、营养不齐全而引起的猪生长缓慢的实际情况，经过反复试验，研制成功了适合地方猪品种饲养效果很好的"营养粉"。

他们研制"营养粉"的特点是蛋白质、能量、矿物质、维生素这四种营养元素齐全。经过试验证明：仔猪喂营养粉之后，日增重由95.5克增加到285.5克，提高效率近3倍；哺乳母猪喂"营养粉"之后，其仔猪日增重比不喂"营养粉"的哺乳母猪所带仔猪提高75%；种公猪喂"营养粉"后精子含量增加23.7%，效果十分突出。

猪营养粉的配制方法是：鱼粉50%，炒菜籽饼粉12%，炒黄豆粉30%，蚌壳粉5%，松针粉3%。每50kg再外加复合维生素B600片，中药神曲600克，土霉素15克，硫酸亚铁90克，硫酸铜45克，硫酸锌30克，亚硒酸钠30毫克。经分析，每千克营养粉中含可消化蛋白质402克，消化能3882千卡，钙35克，磷18克，粗纤维33克，赖氨酸3.4%，蛋＋胱氨酸1.4%，色氨酸0.96%。

猪营养粉使用方便，其加喂量一般是：15kg以下的幼猪每天50克；15～25kg的猪每天80～90克；中猪、大猪的加喂量为日粮的6%～10%；哺乳母猪每天120克，怀孕母猪和配种公猪每天喂120～160克。此外，在使用时还应视猪只个体情况作适当调整。

2. 四川省射洪县管大方研制了一种粉剂的"速育饲料精"，并已申请了国家专利。它含有丰富的蛋白质、矿物质、微量元素、维生素等多种成分，因而有助于促进猪增重，缩短出栏期。仔猪平均日增重500克以上，中猪日增重1kg以上，大猪日增重达到1.5～2.0kg。

速育饲料精的配制方法十分简单。称取硫酸铜35克，硫酸亚铁、硫酸锌各20克，硫酸镁、硫酸锰各25克，亚硒酸钠0.18克，氯化钴15克，泰德维他2.5克，氯化胆碱（粉剂，含量50%）45克，美味香15克，土霉素渣180克，鸡内金（中药）70克，赖氨酸150克，蛋氨酸20克，酒曲90克，磷酸氢钙700克，血粉、蚕蛹粉各1.5kg，鱼粉500克，肉粉800克，骨粉1kg。将以上料物碾成粉末，混拌均匀即成成品，添加于50kg精饲料（玉米粉、大麦粉、米糠、木薯粉、稻谷粉等）中，混拌均匀，搭配粗饲料后即可喂猪。

3. 江苏省丰城市徐泽民针对传统农家养猪营养不齐全研制的"复合高效催长剂"，使营养水平低于饲养标准的传统农家饲料，只需添加1.5kg复合高效催长剂，可使15kg断奶仔猪4～5个月体重达到90～110kg出栏，并可节约饲料成本30%。

"高效催长剂"的配方如下：硫酸钙390克，磷酸氢钙200克，硫黄85克，赖氨酸13克，蛋氨酸10克，喹乙醇、土霉素碱各2克，鱼粉140克，食盐104克，钴盐38克，镁、锰、铜、锌、铁盐共16克，合计1000克。据测定，本品每公斤含下列营养成分：粗蛋白质120.3克，蛋氨酸19.7克，赖氨酸20.35克，铜0.25克，铁0.47克，锌0.87克，锰0.13克，钴19.1克，钙248.1克，磷22.4克，镁0.62克。

4. 适合土猪应用"猪百乐"

"猪百乐"是一种新型复合饲料添加剂，由广西农业大学博白兽药厂莫以贤研制成功，并已申请国家发明专利。

"猪百乐"不仅含有猪体必需的氨基酸、多种维生素，而且含有近10种微量元素制剂，从而使日粮中的营养成分更为齐全，具有健胃消食，增强猪体应激能力的功效，有助于提高增重，改善饲料报酬。据试验，仔猪添喂"猪百乐"后，每千克增重仅耗料1.4kg，超过美国良猪饲养标准30%；中猪最高日增重可达1.9kg，比添喂同类进口添加剂提高增重26%，盈利增长45%。示范、推广实践表明，"猪百乐"可以用于不同营养水平的饲粮或不同猪种、不同生长期，均有显著效果。

在每千克"猪百乐"中含有下列组分：硫酸亚铁37～39.5克，硫酸锌21～23克，硫酸铜0.7～1.7克，氯化钴

0.01~0.1克，硫酸镁 19~21克，硫酸钠 13~15克，硫酸锰 0.45~0.65克，碘化钾 0.005~0.015克，硫酸钙 65~85克，磷酸氢钙 140~160克，亚硫酸钙 527~537克，多种维生素 4~6克，杆菌肽锌 0.15~0.35克，L-赖氨酸 90~110克，L-蛋氨酸 40~60克。将上述结晶体的微量元素制剂烘干，分别粉碎，过 80 目筛；将极微量元素制剂（碘化钾、氯化钴）先用少量水稀释，喷洒于载体上，以递增方式均匀混合；最后，将以上预混物一并投入拌料机混合，按剂量包装、密封，即为成品。

以上各方经过试验，效果十分突出，希望全国养地方品种猪的养殖户不妨一试，完全可以改变地方品种猪饲养周期长的问题，向科学要效益。

5. 怎样提高地方土猪瘦肉率的问题，解放军驻山东姜各庄镇 83 部队的研究小组，为我们提供了经验。他们所养猪利用发酵草粉（秸秆）40% 以上，在猪饲料中增加粗纤维数量，猪吃粗纤维饲料是生理需求和原始本性。粗纤维含营养成分丰富，调节猪的营养平衡；增加猪饱食感，可减少猪规癖行为；粗纤维可稀释能量、蛋白质浓度，刺激胃肠蠕动，减少"富贵病"的发生；更主要的是粗纤维饲料可降低血清总胆醇和低密度脂肪蛋白含量，因而可有效的调节脂肪代谢，控制脂肪在猪体内的沉积，达到增加瘦肉率的目的。事实证明：猪吃粗纤维饲料可降低养猪成本，减少粮食消耗，并可增加土猪的瘦肉率 15% ~20%。所以，让猪吃些粗饲料是一举多得的好事，可使地方品种猪瘦肉率达到 60% 左右。

第五章　劁猪的彻底革命

劁猪是我国民间兽医的传统技术，用手术刀将公猪割除睾丸，母猪摘除卵巢，这种传统技术一直延续了几千年没有变革。

随着养猪业的大力发展，科技不断进步，广大养殖户和兽医工作者结合生产实际，打破陈腐观念，破旧立新，不断探索，多次试验，改变了传统手术阉割去势的保守和局限性，使传统的古老技术进行彻底的革命。

改革后猪在去势上的技术特点是：一般的养殖户可自行操作，方法简单，成本低廉，无需专业兽医和防疫人员，技术容易推广和大量普及，其死亡率为零。避免了因手术不善，造成出血、感染、粘连、死亡而引起的纠纷和损失，克服了手术伤口愈合期所造成的减食、停食、疾病等影响猪正常生长的问题和其他副作用。其中药物去势，还可节省手术所用的消炎防护药品，对缩短饲养周期，降低成本，提高养猪经济效益具有十分重要的作用。

第一节　仔猪去势最佳时间

劁猪是我国民间传统技术，各地习惯不同，去势日龄不一，到底什么时间去势猪最合适呢？

从增重考虑：据试验，在相同的饲养条件下，分别在 20、30、40 日龄去势，去势后到 90 日龄时的平均日增重以 20 日龄去势增重最快，30 日龄次之。

以成活率考虑：3 日龄去势成活率为 82.7%，20 日龄为
88.8%，30 日龄为 94.7%，40 日龄为 95.2%，30～40 日龄去势
成活率最高。

在日增重和成活率差别不大的情况下，从节省劳力和操作简
便方面考虑，30 日龄去势最好。因为这时公仔猪睾丸和母猪的
子宫角均发育到一定程度，便于对同窝非种用公母仔猪一次去势
完毕。同时，仔猪已开食，度过了痢疾关，抵抗力较强，可提高
成活率，并且个体不大，去势时容易保定，仔猪血管较细，出血
少，刀创愈合快，有利于仔猪生长。不过，对母仔猪留种的。公
仔猪可提前 20 日作去势；对饲养水平较低，生长较慢、40 日龄
体重还在 7.5kg 左右的仔猪，则应适当延长去势日龄。

第二节　乳猪捏捻睾丸去势法

据山东济宁市中区金城东孟种猪场刘延年介绍，乳猪捏捻去
势法的优点：一是痛苦小，由于去势乳猪日龄较小，痛苦很小，
基本上不影响哺乳；二是不动刀，不必担心伤口感染、破伤风等
疾病之忧；三是方法简便好学，人人可做，容易推广；四是节省
去势费用开支，提高经济效益。

具体操作方法：

1. 乳猪去势日龄：3～5 日龄效果最好。

2. 保定、消毒，左手提起乳猪两后肢，左侧横卧于地上，
术者左脚前掌轻踩乳猪颈上部，切勿压迫气管，以不动为妥。右
脚踩住尾根，左手把猪后肢推向乳猪腹部并用腕肘挡住，使阴囊
充分暴露。如阴囊及会阴部粪便、污泥等污染，应先用 2% 来苏
尔溶液洗净、擦干，再用 5% 碘酒消毒，牢固保定好。

3. 去势，左手把一侧睾丸推赶到阴囊底内，拇指、食指和
中指紧捏住阴囊基部，使阴囊皮肤紧张无皱后，右手拇指和食指

轻轻把睾丸实质捏碎，先轻后重捻揉睾丸实质 1～2 分钟，睾丸实际即呈液体状时，再用拇、食指尖用力猛掐几下精索，同法捏捻另一侧睾丸。技术熟练者两则睾丸可同时进行。术后阴囊部涂擦碘酒消毒，即告结束。

4. 护理，从去势第 2 天起阴囊开始肿胀，3～4 天肿胀高峰，5 天后开始消肿，10 天左右开始萎缩。

王文忠经过多年实践，采用浓碘酒注射法给各种家畜去势。即将 10% 碘酒给 30 日龄的仔猪每头注射 1.5～2.0 毫升，首先做注入部位常规消毒，注意不要针透睾丸，边退针边注入药液即可，无感染，无食欲减退，注入后 5～6 天肿胀，6 天后开始消退，经过多年临床手术几千头仔猪成功率达 100%。

第三节　劁母猪不剖腹

历来，农户对母猪阉割多采用大桃法、小桃法和白线法。其中小桃法和白线法仅适于 15kg 以下的小母猪，但方法较难掌握，术后易出血感染，严重者甚至引起死亡。大桃法只适于 15kg 以上的母猪，且有以下缺点：在母猪发情时施术易引起卵巢和子宫出血，不宜手术；术前必须禁饲一顿；在施行手术时不易保定，且易造成猪窒息，术后容易感染导致死亡。解放军 54896 部队兽医所研究出一新方法——母猪阴蒂切除阉割法，解决了上述问题。

具体操作方法：助手将母猪左侧横卧保定（基本上同公猪的阉割保定法）。术者用 0.5% 新洁尔灭消毒液对阴部进行消毒，而后在母猪背后侧，左手拇指和食指按压开阴门显露阴蒂，右手持止血钳固定阴蒂并稍往外牵动，使阴蒂韧带分离。此时，助手持手术剪分别剪断阴蒂角和阴蒂体。如有出血可用 3% 碘酒棉球止血消毒。

试验结果证明，阴蒂切除的试验和卵巢摘除的对照母猪，在个体增重、酮体测定、肉质指标和雌性激素含量等方面均无差异。而且阴蒂切除法具有方法简便、容易掌握，无感染、无出血死亡等不良现象，为劁母猪减少了不必要的经济损失，很值得大力推广。

第四节　控制走花猪

四川省潼南县科协樊书海，对没有阉净、发育到一定程度又出现发情求偶现象的猪，在实践中摸索出用中药治疗走花猪的方法，实验证明效果很好。

具体方法：牡蛎 150 克、皮硝 250 克，研成细末，混合后每餐用 1 匙羹拌在食物中喂给，可阻止其发情。

第六章 养猪可利用的各种饲料资源

第一节 粗饲料对养猪的益处

猪是杂食动物，养猪生产要求四季不断青饲料，所以养猪吃些粗饲料会起到以青代精，节约粮食，降低成本，满足猪营养需要，增加产仔数量，改善肉质，净化环境的目的，取得可观经济效益、社会效益和生态效益，使养猪生产走向良性循环。

目前在个体户和集约化养猪条件下，生猪吃的是以玉米、豆粕、鱼粉等原料为主的配合饲料。日趋"精"化的饲料日粮，粗纤维含量十分低，导致生猪出现消化功能障碍、便秘等"富贵病"，影响了养猪效益的提高。实际上，让生猪吃点"粗"粮，在日粮中保持适宜的粗纤维含量，对于降低饲养成本、提高生猪生产性能作用特别明显。在目前猪饲料短缺的情况下将起到积极的作用。

一、猪吃粗饲料是其原始本性

人所共知，家猪祖先是野山猪，野山猪的品种遍及世界各地，这种动物行动神速，步法敏捷。现在国内外各种类型的猪，是经过人类几千年的驯化、杂交、改良、繁育而成的。野山猪常年在山地、森林、草丛等人类稀少的地方生存。为了吃喝方便，多数栖于常绿的阔叶、灌木林、山溪密集的草丛中，在低劣的环境中常年靠树木嫩叶、野果、青草、植物根茎及块茎为主来充

饥。有时它们也吃昆虫、鱼、虾、田鼠等小动物，偶有机会夜间
窜到农田偷食农作物，那是一次难得的美味佳肴。

我国养猪有几千年历史，传统的饲养方法就是利用农业副产
品，米糠、麸皮和谷类饲料，有啥喂啥，由于营养不齐、不全，
猪只能维持生长，一年都是养到春节前杀猪吃肉。改革开放之
后，随着科技进步，学习国外经验，实行全价饲料供养，生产效
率大大提高，每年可出栏 2 ~ 3 茬猪。这种饲料各类营养较为齐
全，但是过于精细，猪是单胃动物，消化粗纤维能力低于牛羊，
但也不是一点消化粗纤维能力都没有。猪饲料中粗纤维含量要达
到种公猪 6% ~ 8%、空腹母猪 8% ~ 12%、后备母猪 6.5% ~
8%、断奶仔猪 3% ~ 4%、育肥猪 6% ~ 7% 的要求，可现在的全
价饲料几乎一点粗纤维都没有。由于缺乏粗纤维不能满足猪饱腹
感，加上现代养猪圈养、笼养，环境单调，严重缺乏运动，违背
了猪的原始本性，规癖行为严重，如喂上一些粗饲料，很多不良
现象就会大大改观。

二、粗饲料是不可缺少的营养保健物质

目前，国际上把动物福利养殖已经提到重要日程，欧盟已经
率先提出猪圈养的限制，到 2013 年要求猪全部放养。这些措施
是正确的。我国有句名言："养马比君子"，"要让马儿跑必须给
马喂足草"。我们养畜禽的目的是为人类提供营养食品。人每餐
吃主食之外，还要搭配蔬菜，而且花样不断翻新，对畜禽也应如
此。如牛是草食动物，四胃结构，所以每天必须保证有 50% 的
牧草，但是这些粗饲料也应该防止单一，必须多样化。牛的精饲
料 70% 长时间饲喂，会引起"真胃移位""酸中毒"、"母牛雌
激素不分泌，不发情怀孕"，并可把它喂成废牛或者死牛。冬季
我国北方养猪根本吃不到青饲料，精明的养殖者发现有问题，常
常采取补充多种维生素来调节，这种办法效果不佳。这与人平时

不注意营养需求，生了病利用药物调解健康一样，是很难取得最佳效果的。

1. 粗纤维中各种营养成分含量丰富品质优良

有些养殖户对猪的生理特点缺乏了解，因为猪的肝脏贮存维生素 A 的能力只有其他家畜的 1/6，一旦缺乏青饲料，维生素缺乏症就显示出来。母猪繁殖力强，平均每年产仔 2 窝以上，配种母猪当精子与卵子结合时迫切需要维生素 A 和胡萝卜素得以保护胚胎着床，减少胚胎死亡率，提高每胎仔猪头数。

动物的肌肉、内脏、血液、皮肤、毛、羽、爪、角、蹄及乳、蛋等都含有粗蛋白质，蛋白质是形成生命现象的物质基础。蛋白质含量高低是衡量饲料营养价值的标志。牧草一般占干物质的 12%～25%，其中以豆科含蛋白质很高，如 1kg 青苜蓿所含蛋白质等于 0.5kg 玉米、高粱籽的含量。

很多牧草中含维生素很高，其中胡萝卜素含量是玉米的80～380 倍；维生素 C 的含量是谷物类的 100～1300 倍；维生素 B_2 的含量是玉米的 14～22 倍，因此，养猪充分利用牧草可防止畜禽维生素缺乏症。

矿物质含量也很高，干苜蓿草含钙、磷是玉米的 50 倍以上。这些营养物质含量丰富，是纯天然有机物质，无毒无害。

2. 粗饲料可以补充谷物饲料中的营养不足

一般禾科牧草和叶茎类饲料含粗蛋白质为 1.5%～3.0%，豆科为 3.2%～4.4%；以干物质计算粗蛋白质含量为 13%～25%；各种维生素含量丰富，尤其是胡萝卜素每千克含 50～80 毫克，矿物质为 1.5%～2.5%，其中钙、磷含量较高。这些营养物质是谷物饲料较为缺乏的，利用牧草可以补充谷物饲料的缺乏，这样可以满足猪的生长需求。

3. 粗饲料可以调节猪的营养水平

粗纤维进入猪胃肠后，其体积膨胀增大，可以扩充胃肠容积，使猪能忍耐饥饿，这样使猪安静，减少猪的规癖行为。同时，粗纤维可稀释能量、蛋白质的浓度，达到合理利用猪饲料的目的。

4. 可以刺激胃肠蠕动，减少"富贵病"的发生

粗纤维对猪胃肠黏膜有一定的刺激作用，并含有优质可溶性纤维，对粪便的排泄起着清洗剂的作用，缓解猪便秘，有利于猪营养物质的吸收。同时可增强微生物毒素排泄的速度，亦可在胃肠道内与猪有害的物质形成暂时结合物，而不作用于猪体，起到解毒的作用，可有效地防止猪胃溃疡、水肿病和腹泻的发生，保护猪的健康。

5. 粗饲料可以控制脂肪沉积

增加饲料的粗纤维，可降低血清总胆固醇和低密度脂肪蛋白含量，因而可有效地调节脂肪代谢，实践证明粗纤维能控制脂肪在猪体内的沉积，增加瘦肉率20%。

6. 粗饲料促进生猪健康成长

粗纤维的可溶性部分对减少生猪胃酸的分泌起到重要作用，并能限制肠道内病原菌的生长，预防肠道疾病的发生。同时能加速胆汁排泄作用，有利于抑制胆囊和胆管结石，防止脂肪肝的发生，还有增加消化道和内脏器官功能的重要作用，从而保证猪的健康成长。

7. 粗饲料可提高母猪繁殖性能

在妊娠母猪日粮中，饲喂粗纤维应保持8%~12%，可提高母猪繁殖性能，很多牧草中维生素A和胡萝卜素含量很高，比玉米高得多，母猪怀孕后可以保护精子和卵子结合着床的作用，所以可降低妊娠母猪胚胎死亡率，平均每头母猪多产仔1.5头，同时饲喂纤维素的母猪所产仔的生长速度要提高20%，仔猪肥壮成活率高。

8. 粗饲料可以节粮降低成本

为了提高饲料日粮的纤维含量，利用 30%～50% 粗纤维饲料来代替精饲料，既节约粮食又能降低养猪成本，而不影响肉猪日增重，母猪产仔数增加。如每头育肥猪到出栏需全价饲料 300kg，利用牧草 10%，可节约粮食 30kg，再利用 5% 沸石，每头肉猪节约精饲 35kg，按现行价格 105 元扣除牧草和沸石粉 40 元，每头可降低成本 65 元。母猪一个产仔周期利用牧草 30% 可节粮 67kg，按现价 201 元，扣除牧草 30 元，每头母猪可降低成本 171 元左右（这是丹东种猪场的数据）。新型秸秆生物发酵饲料养猪，可代替精饲料 50%，日增重 700 克左右，每头育肥猪可节粮 150kg，降低成本 400 元左右；利用稻谷粉 50%，不用玉米而添加豆饼、菜籽饼、鱼粉等，每头育肥猪可节粮 150kg，降低成本 400 元左右，并可提高瘦肉率 20%。同时种一亩玉米产 1000kg，加上其他精料，只能养 6 头猪，种一亩串叶松草、籽粒苋 每亩产草 1～1.5 万千克，加上配合精饲料，可养猪 20 头左右。

三、粗饲料养猪确实可行

世界养殖业发达国家种草养畜禽十分普遍，美国畜禽肉食动物饲料大约 70% 来自牧草，新西兰达到 100%，而我国利用牧草只有 8%。利用牧草很多的国家都取得了突出的经济效果，不仅节省粮食，而且畜禽产品成本低廉，因为牧草中含有畜禽所需的主要元素齐全，是谷物饲料中缺乏的。为什么世界养殖发达国家把牧草放在种粮的同等重要地位，而且这些国家牧草在农业经济中比重为 50%，美国农业生产中的四大作物是：玉米、小麦、黄豆、苜蓿，而且苜蓿草相当于小麦的产值。美国把种粮食当成人的口粮，种草当成畜禽的口粮。所以美国种苜蓿草一项产值 81 亿美元，加上其他牧草的产值 134 亿美元。而且这些牧草经过牛羊猪等过腹以后，换取了 1320 亿美元产值，那就是说用百分之一的牧草要换取近百分之十的效益。可见牧草在美国农业生产中所占地位相当重要。在我国猪肉价很高时，美国的猪肉大量涌入中国的原因主要是美国猪肉价格最低，国际市场无人可比。美国猪肉每千克成本为9.5元，欧洲每千克成本为11.5元，而我国每千克成本为17.00元，是美国的1.79倍，欧洲的1.48倍。所以一些养猪先进国家看好我国的商机。据商务部农副产品报告，2011年1~9月，我国进口猪肉及副产品达87万吨，同比增长44.6%，前三大进口国来源分别为美国、丹麦和加拿大。来自美国的猪肉进口数量和金额增加700%。

四、牧草喂猪要限定"饭量"

利用优质牧草养猪，可降低饲料成本，提高猪的瘦肉率。养猪的优质牧草主要有：籽粒苋、串叶松香草、俄罗斯饲料菜、苦荬菜、冬牧-70黑麦草、菊苣、苜蓿、白三叶等。

小猪（7~20kg）阶段饲料中蛋白质含量要达到18%以上，同时适当喂给少量牧草鲜嫩茎叶，日喂量以1~2kg为宜，最多不要超过3kg，一般在喂料前半小时喂鲜草。

中猪（20~60kg）阶段可少喂蛋白质含量高的精料，通过添加优质牧草来补充精料中蛋白质和钙含量的不足，补充维生素及矿物质，一般日喂4~6kg的鲜草或优质草粉，精料配制为：70%玉米、20%麸皮、10%浓缩饲料或豆饼，精料日喂量为1~1.25kg，一般在喂精料前半小时喂鲜草，每天喂两次。

大猪阶段精料配制为：玉米占80%，麸皮占20%，不必添加任何浓缩料，每天喂6~8kg的牧草或草粉，每天精料喂量为1.5~2kg，喂精料前半小时喂鲜草，日喂两次。在猪出栏前半个月，每天喂2~3kg鲜草。

母猪空怀阶段（母猪怀孕后80天），如果母猪过瘦，应补充较多的精料。一般情况下，母猪每天喂0.5~1kg精料，8~

10kg 鲜草。

母猪怀孕 80 天以后（产仔前）饲料中要适当增加蛋白质，要补充钙，每天加 20 克骨粉或 50 克鱼粉，同时精料由每天 0.5～1kg 提高到每天 1～1.5kg，优质牧草每天 5～6kg。

母猪哺乳阶段增加精料的饲喂量，并适当补钙，精料用量为每天 2.5～3kg，再喂 8～10kg 的鲜草。喂猪的牧草一般不必切碎或打浆，可直接投喂，但有的牧草适口性较差，如串叶松香草和草木樨等，可以切碎或打浆拌入精料中饲喂。

第二节　养猪王国丹麦的节粮经验

丹麦是世界养猪王国，他们国家盛产甜菜，丹麦人聪明精干，他们主要是利用本国资源优势，把制糖的废弃物—甜菜粕（渣）充分利用于养猪业。当今丹麦饲料市场上，一些新的繁殖母猪饲料利用甜菜粕 60%，母猪饲料的粗纤维高达 16%。一家丹麦饲料公司称，增加母猪的粗纤维是"母猪饲养的未来"，因为增加粗纤维使母猪免于饥饿感，使母猪保持安静，还会增加母猪产仔数量，而且疾病少，成活率高。丹麦人认为甜菜粕作为猪的食欲调节剂，优于玉米和青贮饲料。

饲料中添加粗纤维还能降低成本，因为粗纤维饲料相对价格低廉，将其添加到全价饲料中可省去单独供应粗纤维的烦琐，而且不再需要复杂的日粮配送系统。母猪妊娠期间可群饲于廉价猪舍里，任其随时自由采食，母猪采食量完全能够通过选择不同饲料组合来控制，从而保证饱食感。

我们看到的资料只介绍母猪饲料的应用，我深信在育肥猪中也应该大量应用。丹麦养猪肉料比 2.4∶1～2.8∶1，美国肉料比为 3.0∶1，而我国为 3.5∶1～4.0∶1。丹麦母猪年产仔率为 27.15 头，美国为 24.45 头，而我国只有 16～17 头。丹麦生猪出栏率为168%，美国为160%，而中国只有145%。仅这三项指标就充分的显示出丹麦养猪的高明之处。世界上只有丹麦人用最少的粮食换取更多的猪肉产量，是无人可比的。

我国的黑龙江、新疆、内蒙古等省盛产甜菜，制糖企业也有很多，每年都有大量甜菜粕出口日本。而我们总是保持几千年前的传统饲养方法，不但大量甜菜粕不加以利用，而且大量优质牧草也不充分利用。丹麦能利用甜菜粕养猪摆脱粮食短缺的困境，我们也应该做到。只要经过试验探索，取得经验，逐步全面推广是大有希望的，可以使我国养猪业的肉料比达到世界先进水平。

丹麦制糖剩余甜菜粕在养猪生产中应用量很大，我国甜菜粕的生产方法、工艺流程是否与丹麦的制取工艺一样？答案是肯定的。丹麦制糖企业生产甜菜粕与我国完全一样，甜菜粕的质量标准与国际标准相同。甜菜粕的营养物质含量统计见表6-1。

表6-1　甜菜粕营养物质含量统计

营养成分	干物质	粗蛋白质	粗脂肪	粗纤维	无氮浸出物	粗灰分	水分
含量（%）	88.0	7.5	1.1	16.5	58.4	4.5	12.0

由表6-1可以看出，甜菜粕的粗蛋白质含量与玉米相同，其他各项指标都符合世界养猪标准要求。我国甜菜制糖已经有百年之久，近30多年来制糖废弃物甜菜粕生产的国际标准的饲料都被日本买去用于养牛。丹麦用自产甜菜粕养猪已有10多年的历史，而我国没有应用。

我国制糖企业甜菜粕的榨取与丹麦甜菜粕的生产方式、工艺流程、质量标准均一致。黑龙江海伦糖厂引进丹麦制糖设备所产出的甜菜粕与我国制糖企业所产出的甜菜粕是完全一样的，这一点已经得到了验证。

20世纪90年代初期全国大约生产甜菜渣730万吨，每100吨湿甜菜渣可榨取甜菜粕60吨，每年大约有120万吨甜菜粕出口到日本。改革开放后，关停了部分企业，还有一部分企业转给集体之后进行了改造和扩建，现在我国预计每年大约出口甜菜粕 80 万吨左右，如果停止出口，每年养猪利用这部分甜菜粕即可解决粮食短缺问题，提高母猪产仔率又可降低养猪成本。

如果我国母猪饲料中每头能利用甜菜粕 60%，母猪从配种到产仔，大约需要饲料 400kg，按照利用 60% 甜菜粕需 240kg，价值 412.8 元，母猪全价饲料 400kg，价值 1280 元。这样养一头母猪，如果按节省 240kg 配合饲料价值 768 元，可降低养猪成本 356 元，如果每头母猪多产仔 1 ~ 2 头更有账可算，利用甜菜粕养猪可谓一举多得。

如果养一头育肥猪利用甜菜粕 50% 计算，需要全价饲料 300kg，现价 1020 元，如果利用甜菜粕 150kg，价值 258 元，每头猪节粮 150 斤，降低养猪成本 252 元，大大增加养殖者经济收入。

第三节　秸秆资源开发与利用潜力巨大

全国各地共有秸秆资源 9 亿吨，目前全国利用饲养牛羊比较广泛，其余部分被烧后返田，造成了空气污染，十分可惜。应用在养猪上始终没有完全普及和推广。从 20 世纪七八十年代到现在，全国各地很多专家、养猪户创造出很多秸秆养猪的新技术、新措施，而且节粮效果十分突出。只要将秸秆粉碎，经过发酵处理后，使其粗纤维得到了糖化、软化，饲料蛋白得到了提高，完全可以代替 50% 的精饲料，日增重在 700 ~ 800 克以上，高者达到 1.5 ~ 2.0kg，并符合猪肉卫生标准。

一、秸秆粉微贮饲料养猪技术

农作物秸秆粉碎后，经微生物活干菌发酵贮存的饲料，即为秸秆粉微贮饲料，利用这种饲料养猪不仅开发了秸秆资源，变废为宝，而且可节约粮食，降低成本。

（一）秸秆粉微贮饲料的优点

秸秆粉微贮饲料养猪技术，是河南安阳市卧龙区种委 1996 年的科技计划项目，由河南农大宁教授主持完成。经过对 120 头猪的饲喂实践表明：平均每头猪日增重 658 克，料生比 2：9：1，四个月出栏，降低饲料成本 150 元。

1. 原料来源广。凡是无毒、无霉变的农作物秸秆和杂草、树木及其他植物的根、茎、叶，经粉碎处理后均可使用，原料取之不尽。

2. 饲料成本低。

3. 营养价值高。据河南农大化验分析，秸秆粉微贮饲料含有丰富的蛋白质、维生素和矿物质，蛋白质含量达 15% 左右，具有浓郁的苹果香味，适口性强，消化吸收率高。

4. 生长速度快。用秸秆粉微贮饲料喂猪，爱吃喜睡，身体红润，毛发亮，抗病力强，比传统精料日多增重 200 克左右。

5. 适用范围广，秸秆微贮饲料可广泛用于猪、牛、羊、禽等畜禽动物。

6. 存放时间长，秸秆粉微贮饲料采用密封贮存，若密封贮存条件好，可保质贮存一年以上。

7. 饲喂方便，打开袋子直接喂养，不需加水，加料搅拌，省时省工。

（二）秸秆粉微贮饲料生产技术

1. 原料选择

主要原料：植物秸秆是生产微贮饲料的主要原料，可分三类：农作物秸秆类：如花生秸、红薯秆、稻草、麦草、玉米秆、豆秆等；杂草类：如沙草、稗草等无毒杂草；树叶类：如榆树、杨树、柳树、果树叶等。

辅助原料：生产秸秆粉微贮饲料的辅助原料，主要有玉米、麦麸、豆类等粮食，再加上棉饼、骨粉等。

2. 原料处理：利用植物秸秆作原料，生产微贮饲料，要进行粉碎处理。粉碎时要根据饲养的畜禽种类，灵活掌握。

3. 生产方法

1）产前准备：生产前要据所需用的原料、房屋、缸、塑料袋等准备齐全。

2）拌料方法：①先把秸秆粉 500kg 和辅料适量按要求称量，倒在水泥地面上；②将适量食盐倒入装有自来水的大缸中充分搅匀；③将适量白糖倒入装有自来水的小缸中充分搅匀，再将菌种倒入小缸糖水中溶解；④在常温下静置 1~2 小时菌种复活后把小缸的菌液倒入大缸的盐水中搅匀，配成菌种混合水；⑤将混合水倒入备好的原料中充分搅拌，使料、水、菌种混合一致，然后装入塑料袋进行培养。

3）培养方法：用塑料袋进行培养时，应选用内有塑料膜的纺编袋，边装边轻轻压实，使料上下松紧一致，装满后解开袋口，料有浓郁的苹果香味时，即可取料饲喂。每次取料后，再用绳子扎紧袋口。不喂的饲料应放置阴凉通风的地方，可保质贮存一年以上。

因秸秆粉微贮饲料中含有 50% 左右的水分，故饲喂时不需再加水搅拌，可打开袋口直接喂猪。饲喂时应注意如下几点：①由其他饲料改喂秸秆粉微贮饲料时，要逐步适应。一般做法是：第一天在原饲料中加 50% 秸秆粉微贮饲料进行饲喂，第二天加 70%，第三天加 90%，第四天即可用 100% 的秸秆粉微贮饲料喂猪。②要保持足够的净水供猪饮用。饲喂秸秆粉微贮饲料，猪的饮水量一般为饲料的 2~5 倍。③定时定质定量喂。

二、新型秸秆生物发酵饲料养猪

新型秸秆生物饲料采用微生物发酵法。它起源于现代仿生学即模仿牛瘤胃的消化机能，将秸秆粉置于人工造就的特定生态环境中，经微生物的繁殖和活动，合成游离氨基酸和菌体蛋白、脂肪、氨基酸的高效能秸秆生物饲料。

（一）发酵剂的选择

采用国家专利成果（专利号 95209413.5）而研制的新型秸秆生物饲料发酵剂，与同类发酵剂相比，具有成本低、保存时间长、操作简便的特点，效果更为显著。该发酵剂 0.5kg 袋装，可制作 50kg 干秸秆粉而成 175kg 发酵饲料。根据测试，发酵料比发酵前总营养成分上升 30% 以上，粗蛋白含量上升 5% ~ 15%。如育肥一头猪仅用该剂 2 袋，按平均替代精料量 40% 计算，每头育肥猪可节约精饲料 120kg，按照饲料现行价格计算节约成本 400 元，经济效益显著。

（二）发酵方法

1. 将稻草、玉米秆、山芋及花生秧等无毒植物的秸秆粉碎成细糠状。

2. 用一袋发酵剂（0.5kg）与 125kg 自然水（冬季用温水）充分搅拌，配成"发酵液"备用。

3. 将"发酵液"与 50kg 秸秆粉混合，边泼洒边搅拌，使其充分均匀和湿润。拌好后即可入池、缸或塑料袋内，边装边压紧，注意上层加塑料薄膜或扎紧袋口密封。

4. 密封好后夏季放置 7 天、冬季 15 天，即成为金黄色的软、熟、酸、香并略带水果味的秸秆生物饲料。

5. 如用发酵剂将菜、棉籽饼一起发酵，可在不增加成本的情况下使菜、棉籽饼脱毒，开辟了蛋白质饲料利用的新途径。

（三）饲喂方法

1. 经有关单位测定，几种常见秸秆经发酵前后的粗蛋白含量见表 6 - 2。用户饲养畜禽可参照此粗蛋白含量折算加入，替代部分精料。

表6－2　几种常见秸秆发酵前后的粗蛋白质含量

秸秆种类	稻草	玉米秆	山芋茎叶	花生秧	豆秆	麦秆
发酵前（%）	4.20	5.31	11.25	10.35	8.50	3.10
发酵后（%）	12.04	19.65	19.40	18.43	12.95	9.98

2. 养猪按下列推荐比例配合精料生喂：小猪（15kg）发酵料30%，配合料70%；中猪（30kg）发酵料40%，配合料60%；大猪（60kg）发酵料50%，配合料50%。因发酵料为湿态，添加时应按折合用量的3倍加入。如小猪每日喂1kg料，应用精料 $1 \times 70\% = 0.7kg$，发酵料 $1 \times 30\% \times 3 = 0.9kg$ 量饲喂才能达到预定的饲养效果。

3. 饲养其他畜禽可参照其日营养标准，酌情添加。

（四）注意事项

1. 配合料指符合国标要求的全价料。若用户自配精料，应按畜禽日营养标准配比制作，以保证饲养周期和质量。

2. 畜禽开始不爱吃属正常，应由少到多逐渐达到添加比例。

3. 每次取用后，仍需密封，可保存2~3个月不变质。

三、草粉节粮饲料的制作技术

草粉制饲料由来已久，糖化、青贮、氨化等方法虽然能改变粗饲料适口性，但消化利用率差，难以增加和提高营养成分，本技术弥补了这一缺憾，可以使草粉粗料富含菌体蛋白，节粮效果明显提高。制作方法如下：

1. 原料粉碎。选无腐烂、无污染的稻草、玉米叶、甘薯秧、油菜秆等植物秸叶，用粉碎机粉碎。一般粉碎的细度标准不超过1厘米，草粉越细纤维素分解菌渗透率越高，饲料质量越好。

2. 配制分解剂。将水320%，生石灰1.3%，小苏打0.3%，稻草灰0.3%，食盐1%，纤维素分解菌种1克，混合溶解备用。

3. 接种，将粉碎的草粉与配好的分解剂充分拌和均匀。

4. 密封发酵，发酵设备根据规模而定，无论缸、池、塑料袋，只要绝对不浸水，不漏气即可，一般在室内修地下池为最好，将接种拌匀的粗料在池内装实压紧，面用沙土将双层不漏气薄膜封严，粗料入池发酵分解，环境温度 15℃ 以上 27 天成熟，20℃ 以上 15 天成熟。

5. 育肥猪可利用 30% ~ 50%，母猪 70%。成熟的饲料质地柔软、疏松，具有较浓的苹果酒香味，氨基酸高达 18 种，总量 5.27%，粗蛋白 11.03%，粗脂肪 7.96%。按照不同的畜禽品种，合理搭配鲜喂效果最好。成熟鲜料只要取用后及时封严不漏气，可保存一年左右不腐烂，也可晒干、烘干或制成颗粒料作为商品饲料销售。

四、盐水发酵秸秆饲料制作方法

用盐水制作发酵饲料，不仅解决了冬春季猪饲料的来源问题，且每头猪可节省 70% 的精料。这种饲料制作方法简单，原料来源广泛，贮存时间长达半年，且有酸甜的酒香味，猪爱吃，上膘快。

1. 曲种制作　将干草粉（青草或农作物秸秆晒干粉碎而成）、米糠（或麸皮）、开水和食盐分别按 25%、67%、7% 和 1% 的重量比称好，先把食盐用水化开，待冷却到 40℃ 左右时再混合其他原料，湿度以手捏成团但不滴水为宜，然后堆放在室内墙角处。堆料时，先在地面铺 10 厘米的干草防潮保温。每层堆料 35 厘米，踩实，用麻袋片严密盖实。这样，一般在 2 天后堆温可升到 40℃，3 天左右有喷鼻的酒香味出现，说明曲种已制成。制好的曲种，保存期不宜超过 1 周。制曲种时如精料充足，也可不加干草粉。

2. 长效发酵　在制作曲种的同时，要做好长效发酵原料的准备工作。将水浮莲（或水葫芦、水花生）、干草粉、米糠和曲种分别按 75% 、14% 、5% 和 6% 的比例称好，先把曲种和干草粉、米糠拌匀，然后再混入水浮莲（水浮莲要铡碎并晒至叶片卷起为宜），堆入于室内。堆料前，也要铺上 10 厘米的干草垫底。堆料时要一层一层踩实加高，每层厚 50 ~ 60 厘米（湿度标准同曲种制作）。整个堆高不宜超过 1.7 米，宽度不限，平顶。温度一般在 3 天左右就可升到 50℃，再经 3 ~ 4 天，堆上就可起一层盐霜似的白毛，这时即可用塑料薄膜封盖（封盖时可在顺手的地方留个小洞便于观察），经 15 天左右，待出现酸甜和酒香味时即成。

如用红薯秧或萝卜缨等青粗饲料制作，要铡得越碎越好。在堆料后的头几天如底部出水，说明水分过多，需及时翻开，加拌干草粉，重新堆贮。

发酵饲料使用注意要点：①可从原来留作观察的洞口处开封取料，不要随意开口，以免混入其他细菌，引起饲料变质。②随取随喂，取料后立即封盖好，饲料最好用涮锅、剩饭汤或少量精饲料搅拌，不需煮熟。③料堆外围约 10 厘米厚的饲料，因封盖前暴露时间较长，发酵不够充分，可能色香味较差，但仍可喂猪。④经发酵处理的饲料含细菌极少，母猪、仔猪都能按正常食量饲喂，如发现混有蝇蛆也无妨。

五、盐化干薯秧喂猪长得快

据施明报道，从 2000 年 12 月 1 日起，对家里饲养的 6 头仔猪做了如下试验：先把它们分成两组，每组 3 头。第一组仔猪的体重分别为 28kg、28.4kg 和 28.8kg，用盐化干薯秧饲喂；第二组仔猪的体重分别为 29.3kg、29.5kg 和 30kg，用煮熟的干薯藤饲喂。两组猪同时同量饲喂。1 日 3 餐，时间分别在早上 8 点、下午 2 点和晚上 8 点。到 2001 年 2 月 9 日出栏，第一组猪的体重分别是 112kg、113.1kg 和 114.9kg，日平均增重分别是 1.2kg、1.21kg 和 1.23kg；第二组猪的体重分别是 93kg、93.9kg 和 96.5kg，日平均增重分别是 0.91kg、0.92kg 和 0.95kg。由此可见，用盐化干薯秧喂的猪比用煮熟干薯秧喂的猪长得快。

盐化干薯秧的制作方法如下：将干薯秧粉碎后，按每 50kg 干薯粉加盐 0.75kg 的比例，将干薯秧粉与盐充分拌匀，然后装入干净的大缸内，装满后压实，并注入 35℃ 左右的温水，直至饱和为止。最后用木棒在秧粉上戳几个直径为 10 厘米左右的洞，让其发酵。经过 5～7 天即完成发酵。

发酵后，干薯秧内难以利用的粗纤维转化为丰富的营养物质，而且有香甜味，猪很爱吃，在盐化干薯藤粉中掺入少量黄豆粉、玉米粉或木薯粉，即可用于喂猪。

六、秸秆生化蛋白全价饲料配制技术

转化剂配方（重量比%）：氧化钙 44、氯化钠 38、碳酸氢纳 9、尿素 5、白糖 3.5，微量元素 0.5。

转化剂的制作：将上述物料混合，拌匀，呈现白色粉状即成。

（一）高效秸秆蛋白饲料的制作方法

1. 选择稻草、玉米秸秆、花生秧、红薯秧、豆秸、无毒野草、树味等，用粉碎机粉碎成小于 1.5 毫米的粉末，备用。

2. 取 1kg 转化剂溶于 250kg 水中，拌匀，然后加入 100kg 秸秆粉中拌匀。

3. 将混合料装入塑料袋（桶）、水泥池等容器中，密封不漏气，在常温下静置，厌氧发酵 7～15 天即成。最好将本品晒干后加工成颗粒饲料。

（二）储存与饲喂方法

1. 储存　取用后，可重新密闭，长期储存。若连续取喂，也不必天天密闭，但应一层一层地取用。勿将整体翻动出现空隙，引起霉变。

2. 饲喂方法　此饲料配中有甜，香味独特，畜禽爱吃。饲喂量由少到多，逐步增加。不同生长阶段应用不同比例饲喂，育肥猪 30% ~50%，母猪 70% （生仔猪时多喂精料）。

3. 质量鉴别及补救办法　秸秆粉与转化剂混合 15 天后基本完成转化过程，时间越长越好。优质饲料软、熟、酸、香、略带牛粪味；次优质饲料软、熟、酸、香、但略带酒精味；劣质饲料硬、生、臭、带有霉气。原因是密闭不严，补救办法为，检查出漏气处并补好，再过 15 天即成优质饲料。

（三）注意事项

1. 转化剂的 pH 达到 12.5 ~13，拌入秸秆后应为 9~9.5。

2. 转化及储存过程，要求绝对密封。

3. 切勿随意加减微量元素的用量。

4. 转化液的用量一定要按标准，不得随意加减。转化液与秸秆粉要拌匀、湿润。搅拌后即进入厌氧转化，非密闭放置不能超过 8 小时。

5. 转化、储存、取用过程中如出现发热现象，应查明透气孔隙并加以弥合，隔绝空气进入，发热现象就会终止。

七、利用秸秆配制节粮型饲料

目前饲料添加剂应用日益广泛，但市售的常规品种往往对基础饲料要求较高，特别是粗纤维，含量不得超过 15% ~30%，否则不利于生猪消化吸收。四川广安县新农村科技信息服务站张学禄，最近研制成功一种新型饲料添加剂，其特点一是可以充分满足生猪对微量元素的需要，二是有助于软化粗纤维，分解木质素，提高粗纤维消化吸收率，改善适口性。采用这种添加剂，可以使基础饲粮的粗纤维高达 60%，且不影响生猪正常增重，从而大大降低饲养成本。

这种添加剂的配方是：硫酸亚铁、硫酸锌各 10 克，硫酸铜 12 克、硫酸锰 2 克、硫酸镁 1 克、碘化钾、氯化钴各 10 毫克，亚硒酸钠 5 毫克。先将碘化钾、氯化钴、亚硒酸钠充分溶于 10 克水中。然后加入 54 克麦麸（载体）搅拌均匀，最后与其化学制剂混合，拌匀，即为该添加剂。

构成基础日粮主要成分均为农业废弃物，为了提高其消化吸收率，改善适口性，这些粗饲料应经过必要的加工处理。

玉米秆：最好在呈青绿色时采收，然后摊开，翻晒 2~3 天，待水分基本散失后，用粉碎机打成粉状。

花生藤：也在呈青绿色时采收，晒干，用粉碎机打成粉状。

鸡粪：加入少量米糠或麦麸，每 1~2 天（冬春季 3~5 天）收集一次，打碎后，加水调拌，以手捏成团，松手即散为宜。然后装入容器内堆沤（勿压紧）自然发酵。经 1~2 天嗅到酒香味即可取出饲喂。发酵温度 35~45℃。鸡粪在基础饲料中占的比例为 10%~40%。

牛粪：即可先喂也可晒干后饲喂，在基础饲粮中占的比例为 10%（鲜品 20%）。

用于肥育猪的基础日粮配方为：玉米秆、花生秧、玉米各 20%，牛粪或鸡粪 10%，花生麸或豆饼 8%，蚕粪 12%，煤灰 10%。饲喂时，每百千克基础日粮，加入上述添加剂 200 克，快育灵 20 克，人发水溶液 6kg（人头发水煮后），糖精 5 克，食盐 1kg，碱粉 800 克，一并搅拌均匀加入，加入清水 70kg 调匀后，装缸，密封厌氧发酵。当有酒香味逸出时，便可取出喂猪。肥育猪须事先经过驱虫、健胃，方能达到预期效果。

八、怎样制作双仿秸秆饲料

四川省浦江县刘蒂信研制成功一种节粮型双仿秸秆饲料，可广泛利用于生猪育肥。这种饲料制作容易，农户都可制作。把作物秸秆粉碎，每百千克秸秆粉加入石灰 0.8kg，小苏打 0.2kg，碘盐 0.7kg，紫箕 0.1kg 拌成混合物，在水泥池中加入 3 倍清水，搅拌均匀后，密封发酵，在自然条件下 3 ~ 44℃发酵 20 天即成。可长年贮存 2 年不变质。开始用 70% ~ 80% 精饲料饲喂，最后达到占本品 80% ~ 90% 总量。按 50% 代替精饲料，每头育肥猪节粮 150kg，按现价降低成本 400 元左右。

　　按照以上方法和技术将秸秆发酵之后，制成颗粒饲料，全国如达到 3% 的利用率，可节省粮食 27000 吨，国家根本不用饲粮进口，并且治理了环境、废物利用，一举三得，我国将恢复自给自足局面。

　　这项技术关键在于发酵，北方热源较为困难，室内如能取暖最好，没有暖气可在室内做个发酵池，底下电热取暖，而且温度可调，要多少温度任意调节。

九、秸秆养猪实例

　　据有关报道：王大辉是一个很知名的养猪大户，在黑龙江省庆安县一提起他的名字，就知道坐落于新胜乡新泉村范家围子那个万头养猪场。这么大一个养猪场，又在屯子边上，那还不是臭味熏天，错了！王大辉的规模养猪场，人们走到这里，却闻不到一点臭味儿。

　　今年 33 岁的王大辉，从 19 岁开始养猪，逐步成为全县的养猪大户。到 2010 年他存栏的繁育母猪已达 550 头，王大辉被评为全省的"科技致富能手"。

　　名气大了，问题也随之而来，当地农民告他污染环境，有上百名农民堵在门口，让他搬迁养猪场，甚至把猪场排污道堵上，不让一滴水流出来。

　　在压力之下，王大辉雇了 20 多名农民工，没白天没黑夜地清扫猪圈，还购置了两台清粪车，把猪粪拉到 10 公里外的卸污场。仅此一项一天多就付出近万元。

但农民仍是说臭味太大。王大辉没办法，只好在猪场四周挖沟设网，撒上石灰，一天无遍数地喷洒消毒水，以此减弱那些臭味儿。这一切无济于事，臭味还是在空气中弥漫扩散，村民每走到养猪场要掩鼻而过。

养猪场能否实现没有臭味儿，这是王大辉的愿望，也是他的追求。关里关外王大辉一连跑了十几个大型养猪场。他在山东一家养猪场，看到人家的猪舍很干净，猪脚下踩的不是粪水，而是木屑之类的东西。猪场的技术人员告诉他，这是采用发酵床新技术养殖的生态猪。

王大辉像找到灵丹妙药一样欢喜，他在这里详细考察了发酵床的操作工艺和流程，学到了饲养生态猪的"真经"。回来后，他先后投资 30 万元，对圈舍、猪床进行了全新改造，建起发酵床、隔栏圈、地热炕、保温箱等高科技含量的基础设施。

每个发酵床面积 20 平方米，可饲养 15 头育肥猪。发酵床的垫料由木屑、稻壳、秸秆等组成，再拌洒土著菌，床厚达 60 厘米。拌和物发酵时，下面温度可达到 60 多摄氏度，迫使猪在上面不停走动，这样饲养猪，肌肉紧实，口感也好。发酵产生的热能，还提高了冬季猪舍的温度，十分适合极寒地区养殖。

发酵床也不用经常维护和更新，一般都能使用 3 年以上，平时每茬生猪出栏以后，把垫料全部清理出来，再进行消毒加菌，然后再回填垫料，操作起来十分简便。

有了发酵床，再也用不着雇人冲洗粪尿。养上万头猪，只雇用两三个人就足够了。每个猪圈都安装有触碰水龙头，供猪喝水用。喂饲的也是干料。由于严格控水，猪圈显得很干爽，再看不到其他水迹。相比传统养猪，可以节约用水 80%。

猪场没有了污染，猪也不易发生传染病。近 3 年王大辉的猪场没有发生一次疫情，猪的死亡率始终控制在 1% 以内，养猪效益增加也就成为理所当然的事情。

过去，王大辉饲喂的猪饲料主要是玉米、麦麸、米糠、豆饼，近几年这些饲料价格上扬，而且生态猪饲喂量也比普通猪高。为降低生产成本，王大辉在全省著名养猪专家李玉田的指导下，开始研究利用秸秆饲料和青绿饲料制作发酵饲料，目前发酵饲料比例已占到全部饲料的 30% 。这样减少粮食饲料，提高了秸秆利用率，取得了一举多得的效益。

他这种发酵过的垫料，抓起一把放到鼻子上嗅，不仅闻不到臭味儿，还有一丝淡淡的香草味，可作花圃用，或是大棚蔬菜的有机肥，都是上等的好肥料。如今，附近的农民再也不嫌弃王大辉的养猪场，还时常到他这里要点垫料养花种菜。

王大辉的生态猪由于没有疫情，肉质又鲜美，每公斤价格始终比市场价高出六七角钱。到 9 月底，他的猪场今年已出售生猪 8600 多头。

编者按：

1. 王大辉秸秆养猪经验十分宝贵，但是他只利用了发酵秸秆 30% ，如能利用达到 50% 经济效益更加可观。

2. 他的发酵养猪新技术，为小养猪场治理环境污染提供了宝贵的经验，值得个体小养猪场引以借鉴。

3. 他的万头猪坊存栏可繁殖母猪 550 头，平均母猪年产仔 18 头多，如果运用书中方法，母猪产仔后把猪胎衣煮熟喂给，这样母猪产仔可达到 26 头以上。只养 400 以上头母猪就可达到年出栏万头育肥猪的目标，每头母猪年消耗饲料 1 吨，价值 3200 元，每年少养 120 ~ 150 头母猪，可节约饲料费用 30 ~ 40 万元。而且吃胎衣的母猪发情快，产仔壮，疾病少，成活率高，特别是母猪产后不用再加餐复壮。

第四节　农副产品的废弃物是养猪好饲料

一、荷叶

近年来各地利用沟、河、塘及低洼地、稻田沟等大面积推广种藕养鱼等获得了成功，同时也增加了大量的副产品荷叶。以往荷叶均被当作废物而浪费掉，如今人们用其喂猪收到了节粮增收的效果。

据测定，荷叶含粗蛋白 6.9%，粗纤维 34.2%，粗脂肪 18%，钙 1.24% 以及其他多种微量元素。其中每千克荷叶中含铁 290.5 毫克，铜 2.56 毫克，锰 1196.43 毫克，锌 15 毫克，并含有猪生长所必需的 13 种氨基酸。据实验，用鲜荷叶作饲料喂猪，不但猪爱吃，而且不拉稀、发病少。具体方法是：把新鲜荷叶采下来之后，用刀切短或铡碎（有条件的可打浆），倒在缸内或水泥池子里，用水浸泡发酵，也可不用发酵直接用来喂猪。一般 30kg 以上的架子猪每天用 1kg 米糠、3kg 荷叶、200 克米泡的浆，加食盐 20 克混合后，分早、中、晚三次定时喂养。另外，还可将荷叶晒干、碾碎，按猪日粮的 5% 的比例加到饲料中饲喂。这样，可变废为宝，节约饲料，提高养猪效益。

二、豆叶

豆叶是猪的一种廉价的优质饲料，营养丰富。豆叶含粗蛋白 14.48%，粗脂肪 4.46%，粗纤维 17.45%。采集黄豆叶，一般宜在黄豆进入蜡熟期采集较为合适，此时叶中仍保持着较高的营养成分。

黄豆叶的加工和饲喂方法：一是将采集回来的绿色豆叶，切碎生喂、熟喂均可，也可切碎装缸发酵喂猪；二是边收割大豆，边搂豆叶，把搂回的豆叶除去杂质异物，将其置于干燥通风处，阴干至含水分为 30% 左右时（避免阳光暴晒），迅速晒干或烘烤到含水分为 10% 以下，用机械打碎或粉碎，即可贮藏备作为冬春的猪饲料。豆叶粉的喂量，在猪的日粮中可占 20% ~40%。

其次，豆叶粉可用无曲盐水发酵法进行发酵，即 100kg 干豆叶粉，用 100kg 清水，加 1 ~1.5kg 食盐，拌匀后装缸或装水泥池、塑料袋内进行发酵，夏季 1 ~2 天，冬季 3 ~5 天即可，喂食可将发酵好的豆叶粉搭配 60% ~80% 的混合料，干湿喂均可。

另外，因豆叶中含糖量较低，含蛋白质丰富，也适宜作青贮饲料。将豆叶风干至含水分 50% 左右，用铡草机切碎（不宜过细），装入青贮窖、缸或塑料青贮袋中，压实封严，进行青贮。经 45 ~60 天后就可取出喂猪。这种方法喂猪可节粮 50kg 左右，节约成本 170 元左右。

三、苎麻叶

湖南省益阳地区畜牧兽医服务中心高金阁报道，用苎麻叶喂猪效果好。苎麻叶无特殊气味，适口性好，猪很爱吃。根据试验，在日粮中加入 15% ~20% 的苎麻叶干粉，可代替 5% ~8% 的菜籽饼和 10% ~20% 稻谷养猪，从 15kg 小猪饲养到 100kg 肥猪出栏，可节省稻谷 35kg，菜籽饼 20kg 左右。其增重效果与粮食相等，而且瘦肉率明显提高，还可预防猪多种疾病和维生素缺乏症。

湖南省沅江市畜牧技术服务中心钟赛华、邓春林报道，该市新安乡李晓松，自 1979 年以来一直坚持利用苎麻叶喂猪，她利用苎麻叶喂猪的方法是：在打麻前 1 周左右，将没有完全老黄的麻叶摘下来，洗净切碎后，放在热水或米汤中烫软，按 30% 麻叶，70% 其他饲料混合饲喂；或在旺季把麻叶晒干打粉备用，在淡季掺入饲料中喂给；也可将麻叶晒 4 ~6 小时，切碎放在贮池内，按每50kg加食盐300克，密封青贮后，再按20%拌料喂饲。每头育肥猪可节粮60kg。按现价计算，降低成本102元。

国外早在20世纪40年代已开始利用苎麻叶作饲料，如拉丁美洲、东南亚等地，不仅已商品化生产苎麻叶饲料，并且将一贯当作纤维作物种植的苎麻，改为高产优质饲料作物，为畜牧业发展开辟了较好的饲料来源。此外，巴西、菲律宾两国也将苎麻叶作为主产品，纤维作为副产品，提高了该作物的经济价值。使两国的苎麻在国际市场一直保持着优势，很值得我国学习借鉴。"苎麻当作饲料作物，每长到40~60厘米即可收获一次，留在地里的麻茬会继续长成新植株，又可再次收获。俗语说"采不完的茶，收不完的麻。"这样反复收割，每年可收割14次，亩产鲜饲料20吨（这是任何饲料作物无法比拟的高产量），折合干饲料3.6吨。其中仅蛋白质一项，每亩就有720kg（这是任何粮食作物无法达到的指标），比同等条件下的紫苜蓿高出2倍。

在我国民间早有把苎麻叶捣烂淋清掺麦粉做饼吃的习惯，但却很少用其叶来当饲料养畜禽，一般都在收割苎麻前把叶打落当肥料，这是非常可惜的，如果能够先用来当饲料，再用来当肥料不是更好吗？我国苎麻产量1987年达40多万吨，鲜苎麻产量1143万吨（鲜株出麻率为3.5%），如果茎叶6：4比例计算，仅鲜麻叶可达457万吨，折合干麻叶162多万吨，可抵162多万吨精饲料，这是一笔非常可观的数字，应大力推广试用。

四、葵花盘

葵花盘，即脱去葵花子的向日葵盘。过去，人们在收割向日葵时，往往在脱粒完葵花子后，就将葵花盘作为废弃物当燃料烧掉。其实，这是很可惜的，因为葵花盘经加工后可喂猪。

据测定，在葵花盘中，含有粗蛋白7%~9%，粗脂肪6.5%~10.5%，粗纤维17.7%，无氮浸出物43.9%，果胶

2.4% ~3%，灰分 10.1%，其中粗蛋白和无氮浸出物的含量，可以与粮食媲美。葵花盘中所含的芳香果糖，能使猪增加食欲。

将葵花盘在太阳下晒干后，用手撕成小块，再放入粉碎机粉碎，即可制成葵花盘粉。用这种葵花盘粉喂猪，每百千克的营养价值，可相当于 60~66kg 玉米或 70~80kg 大麦等精饲料。

由于葵花盘中含有大量的钙质和较多的果糖，因此，很适合用来饲喂仔猪和母猪，喂肉猪，能够促进生长。所以，农民在收获向日葵时，一定要把葵花盘留下来作猪饲料，不可浪费掉。

具体饲喂方法：将粉碎的葵花盘粉装入缸内，用开水浸泡，湿度以手握成团指缝间不滴出水为宜，然后用塑料封严缸口。发酵时间：夏秋季外界温度在20℃以上，一般 2~3 天，冬季室温保持在10℃以上发酵 1 周，发酵后的葵花盘粉具有酒香味，颜色呈棕色为正常。饲喂时与全价饲料混合直接喂猪，可代替饲料的 20%~30%；怀孕母猪可代替 40%~50%。

利用葵花盘喂猪，养猪成本明显降低。育肥一头猪，可节省粮食 80~90kg，日平均增重 600 克，按现行饲料价格计算每头猪可降低成本 270 元左右。

五、稻谷

每百千克饲用价值相当于玉米 85%~90%，因其干品含粗蛋白质 8%，无氮浸出物 63%，但粗纤维较多，有坚硬外壳，喂用时必须粉碎，可以代替玉米 50%。全国南北方多数地区都有稻田产区，这部分资源利用起来潜力巨大。打米之后还有谷糠、碎米子都是猪的好饲料。

六、红薯秧

在红薯收获季节，会产生大量的红薯秧。如果将这些红薯秧晒干，用粉碎机碎成粉末，再经糖化后喂猪，便成为猪的好饲料。

红薯秧粉含淀粉较多，还含有粗蛋白、粗纤维、矿物质和维生素等，是优质的粗饲料。目前，不少养猪户将其直接拌入精饲料中喂猪，虽能节约精饲料，降低养猪成本，但利用率低，适口性差。

如果将红薯秧制成进行糖化处理，使淀粉转化成麦芽糖后，再用来喂猪，便可提高利用率，改善适口性。

对红薯秧粉进行糖化的方法是：将经粉碎的红薯秧粉放入清洁的木桶或缸中，倒入 2～2.5 倍 80～90℃ 的热水，并搅拌成稠糊状；然后，盖上木盖，不让桶内或缸内温度迅速下降，以保持在 55～60℃；约过 4 小时，红薯秧粉就被糖化。这时，红薯秧粉呈黄色，有甜味，便能用来喂猪。

为了加快红薯秧粉的糖化过程，可在红薯秧粉加热水搅拌时，添加相当于红薯秧粉重量 2% 的麦芽。糖化的温度不宜过低，否则，红薯秧粉糖化不透，会变酸。要掌握糖化一结束就喂猪，夏天可早晨糖化，中午投喂，中午糖化，傍晚投喂；即使在冬天，糖化后的红薯秧粉，储存的时间也不宜超过 10 小时。

七、养蚕剩桑

随着农村养蚕业的迅速发展，蚕吃剩下的剩桑越来越多。这些剩桑目前利用率不高，大多被作为肥料。其实，它是很好的猪饲料，可用来配合其他饲料喂猪。

养蚕剩桑有很好的营养价值，含粗蛋白 17%，粗脂肪 4%，粗纤维 22.9%，可溶无氮物 50%。将这些剩余桑叶与其他饲料配合喂猪，猪每增重 100kg，可减少消耗粮食 17.5～20kg。

利用养蚕剩桑喂猪，首先要搞好剩桑的收集，放在远离桑园和蚕室的地方摊开晒干或风干，如果其中混有石灰，还需用细筛将石灰粉筛去；然后，用刀切碎，风干，用塑料袋包装好，放于干燥处待用。

用养蚕剩桑喂猪时，需根据猪的重量进行适当配比。通常是：20～30kg 重的猪，用玉米 15%、麦麸 11.5%、米糠 14%、蚕沙 10%、剩桑 7.5%、红薯干 8%、秸秆粉或红薯秧粉 14%、菜籽饼 10%、豌豆 4.5%、血粉 2%、鱼粉 2%、骨粉 1.2%、食盐 0.3%。40～90kg 的猪，剩桑可适当增加，可用剩桑 10%、蚕沙 15%、玉米 17%、麦麸 13%、碎米 5%、秸秆粉或红薯粉 21%、菜籽饼 10%、米糠 5%、血粉 1.5%、鱼粉 1%、磷酸氢钙 1%、食盐 0.5%。此外，按每百千克饲料另加多维素 10 克、硫酸亚铁 27.36 克、硫酸铜 15 克。

八、花生秧

"花生秧是一种优质的饲料，含粗蛋白质 12.9%，无氮浸出物 45%～50%，消化能 8380 千焦耳/kg，钙 0.89%，磷 0.13%，还含有铁、铜、锰等微量元素，更含有丰富的维生素等。花生荚壳含蛋白质 4%～5%，脂肪 1.5%～3%，碳水化合物 11.5%～20%。利用花生荚壳可作畜禽饲料，具有很好饲料效果。花生叶含粗蛋白质 20%，秧含蛋白质相当于豌豆秸的 1.6 倍，相当于稻草和麦秸的 6 倍，畜禽采食 1kg 花生秧所产的能量相当于0.6kg 大麦的能量，一亩地产 300kg 花生可得 300kg 花生秧，可与 180kg 大麦所产的能量相等，花生秧畜禽均可食用。花生秧是饲喂畜禽广阔的饲料来源，发展节粮饲料重要途径。

1. 花生秧是养猪的好饲料。广州军区后勤部蒋永彰报道，花生秧的收集方法是，适时在晴天收割，将花生秧晒干或晾干。捆成 5kg 左右 1 把，堆放在通风干燥处以防发霉变质，待用时粉碎。花生秧粉碎后，用塑料袋装好。喂时在饲料中配以 10%～15% 的花生秧粉，结合使用饲料添加剂，大猪日增重可达 1kg 左右，经许多农民试验，也取得同样的好效果。

2. 利用花生秧粉喂猪长膘快。山西省齐玉平介绍：将花生秧粉同其他饲料充分搅匀浸泡，加适量酒曲、酵母粉制成发酵糖化饲料，可提高饲料转化率。每头 10 ~ 15kg 重的猪可掺喂15%，20 ~ 50kg 重的猪可掺喂 20%，50kg 以上的猪可掺喂 25%为宜。根据试验每用 100kg 花生秧粉，可增加肉重 15kg；每用200kg 花生秧粉喂完即可出栏，对生长期的架子猪效果更好。如按 20% 代替精饲料，每育肥一头猪到出栏，可节省精饲料 60kg，按现价为 204 元。

九、菌糠

所谓菌糠，是指农作物的秸、秆、秕、壳等，按一定配方做成培养料，栽培平菇、柳菌、凤尾菇等食用菌后剩余的下脚料。过去大都作为肥料，甚至废弃。其实，秸、秆、棉籽皮之类培养料的营养价值，在栽培食用菌后不是降低了，而是大大提高了，完全可以作为日粮的重要组成部分用于育肥猪。

据华中师范大学生物系测定，用棉籽皮栽培凤尾菇后，培养料中营养物质含量的变化是：粗蛋白质由种菇前的 5.6% 增至7.9%，粗纤维则由 51.4% 下降至 9.3%，粗脂肪略有增加，还原糖由 2.1% 增至 3.9%，总糖由 19.7% 增至 25.1%；无氮浸出物和钙、钠、铜、镁、钛、钴、锰、锌、钾等元素均有所增加，且不含黄曲霉毒素。而且，菌糠的角质层及纤维素整体结构的致密性也大有改善，气味芬芳，适口性好。这是因为，凤尾菇滋生出大量菌丝体（菌体蛋白），含有丰富的蛋白质、氨基酸、碳水化合物、多种维生素及微量元素。这些菌丝体有一部分存留于菇床即菌糠中。另外，食用菌具有很强的分解有机质的功能，菌丝体在生长繁殖过程中，会分泌出一系列的酶，把大部分的蛋白质分解为氨基酸，把纤维素、半纤维素、木质素等分解成葡萄糖、半乳糖和果糖等，从而棉籽皮之类的营养价值大为提高，成为猪爱吃且容易消化吸收的好饲料。一般来说，经过栽培食用菌后，同秸秆、棉籽皮等原料相比，菌糠中的粗蛋白质可由 4% ~5% 提高到 7% ~8%，粗脂肪约增加 1 倍，糖分含量上升，而粗纤维却由 30% ~60% 降至 15% ~25%，木质素被分解 30% 左右，每千克干菌糠含钙 5 克、磷 6 克；消化能达 10.46 ~11.71 兆焦/千克。每百千克培养料，除可获得食用菌产值 100 多元外，还能得到 60 多斤菌糠。

采用菌糠饲料喂猪，究竟育肥效果如何？浙江省庆元县农牧特产局和县食用菌厂等单位作了令人信服的试验。6 头平均体重 43kg 的中猪的配合饲料配方为：砻糠粉香菇菌糠 20%，玉米 20%，米糠 35%，麦麸 17%，豆饼 5%，鱼粉 3%；对照组的饲料配方则将"砻糠粉香菇菌糠 20%"改为砻糠粉 20%，其余饲料种类及配方均不变。喂饲方法均为每日 3 餐，配合饲料加水调至半干湿状态并加入青饲料，自由采食，供给饮水。饲养至第 60 天称量猪重，试验组平均体重达 107kg，平均日增重 593 克，比对照组提高 58%；每增重 1kg，节约精饲料 0.64kg；饲养至第 122 天出栏，经济效益比对照组提高 30%。

菌糠的加工和饲喂方法比较简单。收获最后一茬菇后 3 天，向菇床喷洒 1 次浓度为 0.1% 的尿素溶液或 1% 淘米水，然后将菇床用塑料薄膜覆盖 7 天。在子实体分化之前将菌糠收集起来。色白、松软、浓香、未发黑、无霉变且未受污染的菌糠，即为合格品，可以直接鲜用。具体做法是：将潮湿的菌糠投入青料打浆机中打浆，然后掺其他精粗饲料喂猪。如打算贮存、运输或生产菌糠配合饲料，则需加以干燥处理：将潮湿菌块置于 70℃ 条件下烘干，然后粉碎成糠状即为成品。如无烘干设施，可置于阴凉通风处自然晾干。在干燥过程中最好勿弄破料块，以免损失营养。粉碎时宜应在密闭室内进行，粉碎完毕，须将粘附于室内墙壁上的粉尘收集起来。成品装袋后置于干燥处贮存。

使用菌糠饲料喂饲肥育猪，用量一般占日粮的 20%～35%，按猪体重而递增：25kg 以下的仔猪，占日粮的 10%～20%、25～45kg 的中猪，占日粮的 25%～30%；45kg 以上的猪，占日粮的 30%～35%；喂成年母猪，可占日粮的 40%。

十、玉米芯

玉米芯含粗蛋白质 2.6%，粗脂肪 0.5%，可溶性无氮浸出物 52.3%，粗纤维 33.1%，是很好的猪饲料，只要稍加处理即可用来喂猪。

方法是：将玉米芯晒干粉碎成细糠，按玉米芯粉 50kg、食盐 750 克、水 5kg 的比例，先将食盐溶解于水中，然后将食盐水与玉米芯粉拌和均匀，湿度以手捏成团，指缝中出现水珠而不滴下为宜。最后把湿料放入木桶或大缸，用塑料膜盖严，待玉米芯粉有酸甜香味并略有酒味时，便取出喂猪，喂量可占日粮的 40%。

为了加快玉米芯盐化处理的速度，在配制盐水时，夏季用冷水，春、秋用温水，冬天用热水。

十一、花生壳

据测定，花生壳含粗蛋白质 4.8%～7.3%，粗脂肪 1.5%～3%，纤维素 66%～79%，碳水化合物 11%～21%。除此之外，还含有淀粉、糖类、矿物质及维生素等各种营养物质。发酵后的花生壳、米糠混合料呈现微黄色，具有酵母的特有气味，适口性好，其营养成分为：粗蛋白质为 13.2%，消化能 10.50 兆焦/千克，粗脂肪为 5.7%，粗纤维含量比发酵前降低 40%，其营养水平接近玉米或麦麸。

发酵方法：取花生壳粉 60%与 40%米糠混合均匀，然后加入 0.5%～0.20%溶解好的酵母菌，混合后按含水量 50%～70%

的比例加水（以手握指缝有水，但不滴下为宜），发酵时用塑膜封严，气温在 25℃ 以上时 2～3 天即可成功。

据试验，用花生壳和米糠发酵混合料加 40% 的玉米喂猪，肉料比为 1：3.2。屠宰后肉质经化验，饲喂此料的猪肉红色均匀，有光泽，脂肪洁白，具有新鲜芳香气味，符合食品卫生要求。这种饲料每斤成本不足 0.30 元，以玉米 0.50 元计算，每斤饲料节省 0.20 元，每头猪出栏按 600 斤计算，可降低养猪成本100 多元。

十二、芝麻叶

该叶内含有蛋白质 20.5%，消化能 2520 千卡，在日粮饲料中加入 5%～10% 的芝麻叶喂猪，日增重可以提高约 20%，节省饲料约 7%。

十三、甜菜叶

新鲜甜菜叶约含水分 90%、粗蛋白质 2.2%、粗纤维1.5%、钙 0.12%、磷 0.09%。按干物质计算，每千克约含总能量 15.9 兆焦，或消化能 10.04 兆焦，可消化粗蛋白质 105 克。新鲜甜菜叶适口性强，家畜很爱吃，是甜菜产区喂猪的好饲料。但由于含有大量的草酸，不利于饲料中钙的消化吸收，故喂量不宜过多。饲喂时，最好能与其他饲草饲料混喂，以防因喂量过多会饲料单一而发生膨胀、腹泻。另外，为了中和甜菜叶的草酸，每 100kg 鲜叶可用 125 克碳酸钙加以中和，以免危害家畜健康。

十四、胡萝卜缨

其含水分比甜菜叶少，为 80%～85%、粗蛋白质 3.5%、粗纤维 2.5%、钙 0.60%、磷 0.09%。每千克干物质含总能量16.74 兆焦，或消化能 9.21 兆焦，可消化粗蛋白质 115 克左右。

因此，胡萝卜缨的营养价值比甜菜叶稍高，且无不良影响，可以多喂。

十五、牛皮菜

牛皮菜为藜科隔年生或多年生植物，其叶与甜菜叶很相似，故又名叶用甜菜。牛皮菜中含有 93% 的水分、1.4% 粗蛋白质、0.9% 的粗纤维、0.37% 的钙和 0.11% 的磷，而且含有丰富的胡萝卜素和其他维生素。按干物质计算，每千克含有总能量 14.23 兆焦或消化能 9.63 兆焦，可消化粗蛋白质 120 克。牛皮菜质地柔软，适口性好，生喂、熟喂猪都喜欢吃。但熟喂时要注意防止亚硝酸盐中毒。由于牛皮菜中含有较多的草酸，有轻泄性，故喂妊娠母猪和仔猪，喂量不宜过多，以免妨碍钙的吸收和利用，影响仔猪的正常发育和生长。

十六、甘蓝叶

甘蓝叶是蔬菜脚叶中产量最多、营养价值较高的青饲料，各种畜禽都喜欢采食。特别是冬季甘蓝收货时期，正是其他饲料生产淡季，更是猪的好饲料。据分析，甘蓝叶含水分 90%、粗蛋白质 1.6%、无氮浸出物 5.1%、粗纤维 1.5%、粗灰分 1.4%。其营养价值比牛皮菜高，蛋白质和钙的含量也较多，但适口性比牛皮菜差。

十七、水培法生产优质廉价饲料

实践证明，在营养丰富的水溶液中科学种植饲料的方法，比传统的土壤种植可以带来更可观的经济效益和生态效益，除了必要的装备外，不需要特殊的知识，一个有经验的养牛人就有能力操作水培设备。

水培法已有很长时间的应用，以前主要用于工厂化种植蔬菜，水培用于饲料的生产试验则很少。通过水培法，可以在特殊的生产设施中，用工业化的生产方法稳定生产高质量的饲料。在8天一个周期内，类似燕麦、大麦、黑麦和小麦的种子就可完成发芽、抽条、变宽、生蘖及根系的快速变厚。这种高效生产出的饲料产品营养非常丰富，尤其是含有丰富的维生素和各种酶。

水生青饲料是指利用水面养殖的绿青饲料，主要包括"三水一绿"，即水葫芦、水浮莲、水花生和绿萍。前些年为了大力发展养猪事业，曾在全国各地积极推广养殖水生饲料，解决青饲料的供应问题，取得了一定的成绩。这一类饲料的共同特点就是生长快、产量高、不占有用耕地。水生青饲料含水分很多，一般在90%以上，若以干物质计算，蛋白质和矿物质的含量也很高，而粗纤维含量低，因而水生青饲料容易消化，是一种很有价值的饲料。但由于这类饲料的水分含量特别高，因而其干物质少，能量低，一般每千克所含的消化对猪仅0.38～0.63兆焦，其营养价值比一般青饲料都低，而且鲜喂时容易带来寄生虫病，因此对这一类饲料应注意水域的消毒或制成青贮饲料后再饲喂。

1. 水葫芦　又名凤眼莲、水荷花、水绣花等。水葫芦原产热带，南方各省大量放养，产量很高，是猪和鸡的良好青饲料。这些年来，山东省已试养成功，并在许多地区推广养殖，收到了很好的效果。

水葫芦的营养价值很好，风干之后约含粗蛋白质22.7%、无氮浸出物25.3%和粗纤维12.3%，因此用来喂猪和鸡，其消化率很高。另外，水葫芦还含有丰富的维生素和矿物质，是一种很有推广价值的水生青饲料。

2. 水浮莲　又名大浮萍，是天南星科的水生植物。它原产广东，喜高温，一般以15～30℃生长良好，但以气温25～35℃时生长最旺盛。水浮莲在江南各省已大面积推广，而在黄河以南地区试种的效果也很好。

据分析，新鲜的水浮莲含水分约94%、粗蛋白质0.7%、粗脂肪0.2%、粗纤维1.2%、无氮浸出物2.0%、灰分1.9%。它脆弱多汁，产量高，粗纤维少，适口性好，是养猪的良好饲料。但因水分和矿物质较多，应与其他饲料混合饲喂。

3.绿萍 又名红萍或满江红，是一种优质的高产水生饲料和绿肥作物。近几年来，我国从南到北都在迅速推广种植绿萍。绿萍的主要优点是生长迅速、繁殖快、产量高，是喂猪和鸡很有前途的青绿饲料。绿萍含粗蛋白质1.5%、粗脂肪0.5%、粗纤维0.7%、无氮浸出物1.5%、粗灰分1.3%，其营养价值比水葫芦或水浮莲都高。另外，绿萍还具有适应性强、放养方便和保种容易的特点，凡有稻田的地区都可放养。绿萍的抗寒性比水葫芦和水浮莲强，它在气温3°C时可以保活，利用缸盆也能安全保种越冬。

水培法的饲料可以达到95%~98%的消化率，而传统的谷物饲料仅有30%的消化率。在一个生长周期里，饲料的数量是种子的5倍。水培法生产的饲料成本仅为传统饲料成本的一半，因此饲料的成本大大减少。另一方面，动物各种疾病60%~75%是由饲料引起的，而水培法的饲料由于干净卫生，不易使家畜生病，从而可减少治疗疾病的开销。这种饲料适于全部种类的家畜、禽类。

水培法饲料的使用能够减少生产干草土地的数量，尤其是在农业落后地区和人口稠密地区，这种方法可以减少对气候的依赖。水培法已经在自然环境受到严重灾害的地区得到了大力推广使用，如切尔诺贝利、塞米巴拉金斯克等。

水培法往往不使用普通的水源，因为为了使饲料以最大速度生长，必须使用特殊的溶液，该技术在欧洲大范围地被使用。不过，在他们的经验中，使用清洁的饮用水也可以得到同样的结果。

十八、豆腐渣

吉林省九台县九郊乡莲花村张风启，用农业下脚料喂猪，年收入 2 万元，其经验是：

1. 开办米面厂和豆腐坊，用加工剩余物作猪饲料。

2. 低价收购当地群众弃之不用的稻壳，粉碎后作为猪的粗饲料。

3. 到县酒厂或当地酒坊拉酒糟，晒干粉碎后作为猪饲料。他采用的饲料配方是：酒糟 20%、稻糠 40%、豆腐渣 25%、玉米粉 10%、酱渣子 5%。另加适量的微量元素添加剂。把配好的饲料拌匀，加水，放在室内大缸里发酵，然后用来喂猪。

十九、利用烟草废弃物配制猪饲料

利用废弃的烟秆、烟渣，"烟骨头"等做原料，经加工、去毒处理后，可制成节粮型的饲料。据分析，田间生产和烟厂加工过程中废弃的烟秆，烟渣之类，粗蛋白质含量高达 15%，还含有 3%～6% 的氨基酸、20% 的糖以及碳水化合物、有机酸，以及钙、磷、钾、镁、铁、猛、钼等营养成分。烟草废弃物是一种值得开发利用的新型高效饲料。

烟草饲料的制作方法如下：①筛选：剔除废弃烟草中的泥土、杂质。②回潮：对烟秆喷水，使其含水量达 15%～20%。③粗切：将烟秆、渣切成 1～2.5 厘米的小段。④一次浸渍：将烟秆、渣浸入水池，在室温下浸泡 5～6 小时。⑤一次压榨：将浸渍料捞起，榨至含水量为 15%～20%，从而分离、除去烟草中的焦油、尼古丁等有害成分。⑥二次浸渍：历时 4 小时。⑦二次压榨：榨至含水量为 15%～20%，再次分离、除去有毒成分。⑧发酵：按榨后湿料总重，加入尿素或鸡粪 0.5%、酒曲 0.5%、红糖 0.1%、艾叶 6%～8%、苍术 3%～5%、木姜子 3%～5%、甘草 1%、搅拌，堆发酵 24 小时（冬季 48 小时）。待料温达 40～60℃即取出摊晒。⑨干燥：至含水量 12% 以下，即为成品。

本品含粗蛋白质 12%～15%，远高于玉米、稻谷，与米糠、麦麸含量相近，含氨基酸 3%～6%；有毒物尼古丁含量低于 0.02%、焦油少于 0.05%。因而营养水平高，饲用安全，经检测喂猪肉符合食用卫生标准。

据测验，在肥育猪饲料中添加 5%～20% 本品，可取代部分谷物类精饲料。如在配合饲粮中添加 15% 本品，成本每千克 0.6 元，比一般配合饲料减少 30%～40%。每头猪日增重可达 581～631 克。按现行价格计算育肥一头猪可节粮 45kg，价格 153 元。每千克增重耗料 3.5～3.8kg。本品发明人是云南昆明市大石坝 09 仓库欧阳华和孙克忠，已申请国家发明专利。

世界各国关于利用烟草废弃物研究的动态如下：

美国专家研究证明：烟草可作为牛的饲料。因为它含有纤维素的茎叶中，可提取出蛋白质，有的部分蛋白质含量达 20%。这种蛋白质中约有 70% 可以溶解，溶解后可分两个部分，一部分完全可以作为牲畜的饲料。烟秆中的蛋白质从营养成分的营养价值来看几乎和大豆、苜蓿一样。

原苏联专家研究报道：他们已在烟草中下脚料提取饲料蛋白和生物活性物质成功，从而已在烟草下脚料中获取优质饲料。根据统计表明：从每公顷中获取的饲料要比大豆多 4 倍，比小麦、大麦、燕麦多 14 倍。法国科学家研究报道，利用烟秆制作牲畜精饲料获得成功，经过饲喂试验表明：绵羊和奶牛最喜欢吃。可使这些家畜上膘快，体重和产奶量都有明显增加。从而可以节省大量粮食，降低奶、肉的生产成本。保加利亚科学家研究证明，将烟草的烟秆晒干粉碎成粉，掺到其他饲料中喂畜禽，畜禽特别爱吃，不但生长快，而且还可防病，可作为畜禽优质饲料。

美国加州大学生物学教授威尔德曼成功地从未成熟的鲜嫩烟

草中提取出了像味精晶体似的烟草蛋白质，这种蛋白质的纯度为99.7%，远高于大豆、牛奶、鸡蛋中的蛋白质含量。

有关专家计算结果表明，1公顷烟叶中提取的蛋白质比1公顷大豆中所含的蛋白质高出好几倍，而且烟草蛋白质既可成蛋清，又可加工成各类美味糕点、豆腐、人造奶油和牛奶代用品等。

另外，英国肯塔基大学教授舒希思近年来也制成了烟草蛋白质，其成果公布后，英、法等国亦对烟草蛋白质的研制和开发加大了投入，并取得了可喜的成就。有关专家预计，到21世纪，烟草很可能会成为一种新的粮食作物。

二十、利用玉米胚芽饼饲喂肥育猪

玉米胚芽饼，是玉米胚芽榨油后剩余的下脚料，来源广泛，价格便宜，特别是随着高油玉米的推广种植和玉米榨油业的迅速发展，玉米胚芽饼排放量更大，利用前景更为广阔。湖北省江汉油田实验猪场的多次试验、示范结果表明，玉米胚芽饼是一种营养价值很高的能量饲料，用于育肥猪，可以获得提高增重、减少精饲料、改善经济效益的良好效果。

据测定，玉米胚芽饼含粗蛋白质16.8%，高于大麦麸、小麦麸；含消化能13.47兆焦/kg，高于稻谷、大麦，与玉米，小米相近。湖北省江汉油田实验猪场对体重约60kg的瘦肉猪30头，随机分为两组，试验组15头，饲料配方为：玉米胚芽饼40%，麦麸30%，大麦28%，食盐、矿物质饲料及添加剂共占2%，对照组的饲料配方为：玉米30%，大麦20%，稻谷33%，豆饼15%，食盐。矿物质饲料及添加剂（与实验组相同）共占2%，试验组60天。两组均喂湿拌料，日喂3次，以吃饱为准。结果，试验组平均每头日增重520克，比对照组提高3%，每千克增重消耗饲料3.94kg，比对照组（4.09kg）减少3.6%；每千克增重消耗饲料成本费为 2.36 元，比对照组 3.11 元下降 24%，经济效益十分明显。如果将玉米胚芽饼与豆饼、蚕蛹、羽毛粉等多种蛋白质饲料合理搭配使用，则无论日增重、饲料报酬和经济效益，将比上述试验结果更为优越。

二十一、蚕沙

据测定，蚕沙含粗蛋白质 14%，消化能 11.42 兆焦/kg，还含有维生素 A、维生素 E 等营养物质。桑叶茎含粗蛋白质 17%，消化能 12.09 兆焦/kg。蚕沙和桑叶茎的粗蛋白质含量均高于麦麸和米糠，消化能也接近麦麸和米糠。据江苏省海安县饲料公司等试验，在基础日粮中加入 5% 的蚕沙和 5% 桑叶茎，其育肥效果不亚于添加 10% 麦麸的基础饲料。另据有资料报道，利用蚕沙喂猪要比采用单一饲料喂猪多增重 13.3%，成本降低 19%。蚕粪需先晒干、粉碎后，置于清水中浸泡 2~3 小时，待软化后即可添加饲粮喂猪。它占不同阶段日粮的比重为：小猪 10%，中猪 15%，大猪 20%，桑叶茎的添加喂量亦大致相同。

二十二、甘蔗汁

据巴西试验，用榨出甘蔗汁代替日粮中 50% 玉米，不会降低猪的生长速度。喂玉米、大豆粉加甘蔗汁的猪，每天消耗 8 升甘蔗汁，用 6 升甘蔗汁可替换 1kg 玉米。

二十三、发芽饲料喂猪增膘快

无论什么畜禽在饲养管理中，应该是四季不断青，特别冬春季长时间舍饲，青饲料短缺光照不足，会造成猪体内缺乏维生素，进而诱发猪代谢机能紊乱，生长发育停滞，抗病能力减退，甚至诱发疾病死亡。因此，在冬春季节应给猪补充维生素。为防止猪冬春季节引起猪维生素缺乏疾症发生，除了平时在其日粮中配入标定的复合维生素之外，现介绍一种农户可自制的维生素补品——发芽饲料。

1. 发芽饲料的制作技术

一般禾谷作物的籽实，如大麦、燕麦、小麦、玉米、谷物等均可用作原料，其中以大麦最为常用。其操作方法与生豆芽相似，即将原料籽实筛选去杂，放入温水中淘洗，除去泥沙及虫蛀粒，晾干备用。制作时先将干净的原料放入 25～35℃温水中浸泡一昼夜，待籽粒膨胀后，平摊在大小适中的浅水盘或塑料滤水容器中，厚度以 3～4 厘米为宜，上盖纱布或麻袋片，保持必要温度和湿度；然后将容器放入光线充足和温暖的室内发芽，室温以 20～25℃为宜，每昼夜喷洒 30℃左右温水 4～6 次，同时略加翻动，2～3 天后生出毛根和胚芽，此时可去掉纱布、麻袋片。每天早、晚各淋以清洁温水，一般 2～5 日，嫩芽长出、透绿，即可根据需要取出饲喂。

2. 发芽饲料营养价值

谷物经发芽后，可将淀粉转化成麦芽糖，蛋白质分解成为易消化可溶性含氮化合物，并在发芽中相对提高胡萝卜素、维生素 B_1、维生素 E 和核黄素的营养含量。据测定，在 1kg 大麦发芽饲料中，含胡萝卜素 28 毫克，尼克酸 17 毫克，维生素 B 族 250 毫克。因此，谷物经发芽后再喂猪，可提高饲料的营养价值，促进胃肠蠕动，增强适口性和消化率，解决青饲料短缺的矛盾。

3. 发芽饲料使用的时机和方法

在一般情况下，如果以补充维生素 B 族和改善适口性为主要目的时，芽长 2～3 厘米即可取出饲喂；如以补充胡萝卜素为主要目的时，则应长到 8～10 厘米时取出饲喂；实践证明：用发芽饲料喂母猪，每头每天补给 150～300 克，即可促进其正常发情，受孕和增加泌乳量；用发芽饲料喂种公猪，每头每天补给

100～200 克，可增强情欲，改善精液品质，提高配种准胎率；用发芽饲料喂幼猪，每头每天 30～40 克；仔猪每头每天 10～20 克，育肥猪每头每天喂 250～500 克，均可促进其生长发育，提高其抗病能力及成活率，用于补喂病猪，也可成为理想的调养滋补料。喂时可按需要，将发芽饲料切成小块或剁碎拌入日粮中。

据山东茌平县绿风高新推广站试验证明，猪喂发芽饲料，连续 15～20 天，小猪和育肥猪皮毛光亮，抗病能力增强，增膘明显，哺乳猪的泌乳量增加 20%～30%。

总之，冬春季节农户自制发芽饲料工艺简单，谁都会制作，又能增强猪体质，促进发情，又能增加经济效益，适合我国农村饲养业中推广应用，不妨一试。

二十四、沼气渣、沼液喂育肥猪效果好

沼气渣含有相当多的粗蛋白质、粗脂肪、无氮浸出物和矿物质，营养价值大大超过优质牧草黑麦草，是一种大可利用的再生饲料。四川省畜牧兽医研究所化验分析沼气渣与意大利黑麦草的营养成分，其结果详见表 6-3。

表 6-3　黑麦草与沼渣成分比较

分析项目	样　品		沼渣比黑麦草
	黑麦草（%）	沼渣（%）	增加（%）
粗蛋白质	4.49	12.88	8.39
粗纤维	2.16	12.65	10.49
粗脂肪	0.78	2.85	2.07
粗灰分	1.71	14.15	12.48
无氮浸出物	3.5	17.69	14.19
水分	87.36	39.74	-47.62

　　四川省安县秀水镇六一村养猪专业户刘定国，建造了 3 口沼气池，总容积 42 立方米，以猪粪为原料。他定期捞取沼渣，掺和自己配制的配合饲料，喂饲肉猪 76 头，与未掺喂沼渣但日粮相同的 28 头肉猪对比，结果如下：

　　1. 增重快，瘦肉率高。掺喂沼渣的猪，平均日增重 0.5kg 以上，瘦肉率比对照组提高 3 个百分点，比本村其他农户的猪提高 14 个百分点。

　　2. 出栏周期缩短。掺用沼渣喂的猪，5～6 个月便达到出栏标准，比对照组提前 1 个月，比其他农户提前 4 个月。

　　3. 可节约麦麸或米糠 20%，因而使饲料成本显著降低。

　　沼气液也是一种营养丰富的再生物质，过去一直用作肥料，甚至白白废弃。据测试，沼液中至少含有赖氨酸、蛋氨酸、苏氨酸、烟酸、核黄素、色氨酸和多种微量元素。沼渣的营养成分，大都溶解于沼液中。迄今尚未发现沼液中有寄生虫卵和其他有害物质。安徽省阜南县 1987 年组织了沼液喂猪的多点对比试验，结果表明：在架子猪阶段，添喂沼液的试验组，平均日增重为 0.35kg，比不添喂沼液的对照组提高 0.75～1.3 倍；在肥猪阶段，平均日增重达 0.6～0.7kg，比对照组提高 0.5～0.55 倍，全期料肉比为 3.5∶1，对照组为 4.5∶1，从仔猪断乳养到出栏，试验组为 6 个月，对照组为 8 个月；试验组比对照组平均每头节约饲料 135kg，降低成本 50～60 元。阜南县苗集乡民办教师沈朝军，1987 年 3 月 12 日起对 2 头同窝的长白杂交猪作了添喂沼液的对比试验，7 个月后，添喂沼液的猪体重达 123kg，平均日增重 0.53kg；而不添喂沼液的猪，在同样饲养管理条件下，末重只有 82kg，平均日增重 0.34kg，比试验猪低 55%。安徽省政府已召开现场会，要求全省农村推广添加沼液喂猪的先进经验。

　　利用沼渣、沼液作饲料的方法很简单：从沼气池底部捞出沼渣，堆放于庭院晒场上沥水 2 天。待沼渣稍干后，均匀摊铺开来，厚度 5～10 厘米，暴晒至干燥，然后经饲料粉碎机打成细末，即为沼渣饲料。在猪的日粮中，沼渣饲料的掺入量为 20%，至于沼液，可取代清水将粉状配合饲料拌和成干湿料，或用于掺拌粗饲料。

二十五、用酒糟产生高蛋白饲料技术

近些年来全国白酒生产发展速度很快，特别是知名品牌的白酒如茅台、五粮液、沪州老窖、汾酒、水井坊等不断扩大生产规模。地方中小型酒厂也是如此，如山东景艺酒厂之类企业也在不断扩大生产规模。20 世纪 90 年代，全国白酒生产量在 500 万吨，近 20 多年来白酒产量可能翻了一番，大约在 1000 万吨左右。生产 10 吨白酒可产出湿酒糟 3～4 吨，这些酒糟 90% 以上为纯粮酿造，大约每年有湿酒糟 3500～3800 万吨左右。如果按山东台儿庄酒厂的经验，100 吨湿酒糟可产干酒糟 39 吨计算，每年可产高蛋白干酒糟养猪饲料近 1365 万吨，按 50% 干酒糟代替精饲料，每年全国全面应用起来，可减少玉米进口 500～600 万吨，把这笔资源全部利用好，是解决养猪粮食短缺的重要途径之一。

那么白酒糟经过加工代替 50% 养猪精饲料是否可行？可以肯定地回答，不但可行，而且饲养效果显著，20 世纪 90 年代山东省台儿庄白酒厂与当地师范专科学校共同合作，利用湿酒糟成功研制新型干酒糟高蛋白饲料，解决了薯干酒糟不易保存，应用效率低等弊病，他们引入专用设备，形成了生产线，生产出高蛋白干酒糟养猪饲料。台儿庄酒厂生产干酒糟技术设备，制作工艺并不复杂，他们将酒厂剩余的湿酒糟输入卧式沉降离心机进行甩干，使固体与液体分离，得到含量 75% 的鲜酒糟，把 100kg 湿酒糟加入饲料酵母液 5kg 搅拌均匀后，静置发酵 24 小时，然后加入稻谷壳 30% 作为载体，倒入混合机内拌匀，再进入振动流化床干燥机，以 120～130℃ 的热风机内进行烘干，直到使酒糟、稻谷壳混合物含水量达到 10%～14%，取得干酒糟 39 吨，按照配合饲料标准精度加以粉碎，即为成品。

据有关养猪企业试验，体重 20～60kg 肥育猪，干酒糟 50%、玉米粉 28.5%、红薯或木薯粉 10%、麦麸 3%、豆饼 7%、鱼粉 1%、贝壳粉及微量元素添加剂为 0.5%。

体重 60～90kg 的肥育猪，干酒糟 50%、玉米粉 26.5%、薯干粉 12%、麦麸 4%、贝壳粉、食盐、微量元素添加剂 0.5%。

试验结果，肥育猪体重 68～70kg，试验组喂酒糟配合饲料（含消化能 14.07 兆焦/kg，粗蛋白质 13.5%），对照级喂给普通配合饲料（含消化能 14.17 兆焦/kg，粗蛋白质 15.4%）。养到体重 95～96kg 出栏时，试验组平均每头日增重 740 克，对照组为 640 克，前者比后者多增重 15.6%，每千克增重耗料试验组为 4.05kg，对照组为 4.89kg，比对照组减少 17%。按照现行育肥猪饲料价格每市斤 1.70 元，每头育肥猪需用饲料 600 斤，饲料费用 1020 元，每斤干酒糟按 1.00 元左右计算，不但节省 300 斤饲料，还降低养猪成本 200 多元左右，可是高蛋白干酒糟饲料，不但不减少养猪日增重，而且价格便宜，酒厂与养猪户均有利可图。

据有关报道，最近山东省景艺酒厂还在扩建，年产白酒达到 5 万吨，每年可产出湿酒糟 175 万吨，在扩建前与国家环保科学院合作开发出干酒糟生产技术，并取得了成功，并成立了中环饲料有限公司，专门生产"阳春牌"酒糟蛋白饲料，供应养猪企业和养猪户。按照台儿庄酒厂干酒糟提取率，扩建后，每年可生产干酒糟高蛋白饲料约 45 万吨左右，现在扩建前的干酒糟高蛋白饲料供应周边养猪企业和养猪户，由于价格适中，并远销到上海等地，因为取得了很好经济效益和社会效益，获得了 2009 年山东省首批环境经济示范单位。所以，他们酒厂扩建与干酒糟生产线同步进行，扩大干酒糟高蛋白饲料的生产规模。

二十六、啤酒糟喂猪

我国的啤酒生产发展迅猛，酿造啤酒原料主要是大麦为主，另有玉米、稻谷、玉米淀粉辅料，其副产口啤酒糟数量巨大，它含粗蛋白质较高，并含有多种维生素、矿物质、纤维素和未知生长因子，完全可以用作畜禽饲料。但鲜酒糟含水量80%以上，很易发酶变质，只能靠近啤酒厂的养殖企业和养殖户现买现喂，湿酒糟质量差，用量少，效率低。最好的办法是像白酒糟一样引入专业生产设备，在啤酒厂内设专业生产蛋白饲料公司，生产干啤酒糟供应全国各地。美国每年大约300万吨啤酒糟，40%加工成干酒糟后当作饲料出售。

经过加工后的干酒糟粗蛋白质高达22%～27%，粗脂肪6%～8%，亚油酸3.4%，无氮浸出物39%～48%（主要是戊糖），钙多磷少，缺陷是粗纤维含量较高。所以单胃动物用量较低，育肥猪只能利用15%，母猪可利用30%～40%，据有关报道，用于养奶牛用量在50%以上，并且不用豆饼，这样每天比喂其他饲料，多产奶1.24kg，经过加工后的干啤酒糟重点供应反刍动物。全国的啤酒的生产量大大超过白酒，每年的啤酒糟产量数额很大，如果把其加工成干啤酒糟大约有1500～2000万吨，全部利用起来养奶牛，根本不用豆饼，这样每年减少黄豆进口的负担。

综上所述，利用酒糟生产高蛋白饲料，资源丰富，潜力巨大，应用在养猪上效果突出，是节粮降低成本的最佳选择。

二十七、用红薯代替精饲料养猪技术

红薯，在植物分类学上叫甘薯，又名红苕、番薯、地瓜等，即是一种高产的粮食作物，一亩产在1.5～2吨，又是优质多汁

的高能量饲料。据测试，红薯含有 20% ~27% 的淀粉，黄色品种每千克含 1000 个胡萝卜素单位，还有其他维生素和矿物质，每千克干品消化能含量高达 13.83 兆焦，几乎与玉米相等。红薯味甜多汁，粗纤维少，猪喜爱吃，是我国农村传统的喂猪饲料。但是，红薯含蛋白质和矿物质较少，干品含粗蛋白质仅 2.6%，如喂饲用量和方法不当，往往在育肥中、后期猪出现减食、拒食、生长缓慢甚至死亡现象。农村传统的喂饲方式是以红薯为主，长期大量供给，而忽视了搭配蛋白饲料和其他饲料，以致事与愿违。

　　解决上述弊端的根本办法是，科学搭配日粮，喂红薯时添加适量配合饲料，充分满足猪的营养需要。这样，尽管红薯用量在日粮中所占比重较大（75% ~80%），仍然可以达到生猪快速育肥目的。四川省犍为县畜牧局以体重 50kg 以上的地方品种铁山猪为试验对象，按照四川猪育肥后期的饲养标准提供日粮，8 头供试猪，平均每头始重 56kg，30 天后末重 83kg，平均日增重 908 克，每增重 1kg 耗料 4.57kg（鲜红薯 5kg 折粮 1kg 计）；添加松针粉的另 8 头猪，平均日增重达 1028 克，比上述提高 13%，节约饲料 37%，平均每头日耗鲜薯 7.29kg，占日粮的 80.9%（配合饲料仅占 19.1%）。即使按农村常规饲养方法，8 头供试猪，在添加松针粉的情况下，平均每头猪日供鲜红薯 3.98kg，占日粮的 74%；则 44 天可由始重 58kg 增至 92kg 而出栏，平均日增重仍达 782 克，效果令人满意；犍为县畜牧局还对 80 头育肥猪用红薯育肥作了统计：平均始重 62.2kg，在添喂松针粉的情况下，饲养 38 天后，平均末重达 88.8kg，平均日增重 700 克，每头平均日耗鲜薯 5.47kg，占日粮的 75.6%；日耗精、粗料 1.77kg，占日粮的 24.4%。

　　由上述可见，以红薯为主，合理搭喂配合饲料，只要日粮营养水平达到既定的饲养标准，讲究饲喂方法，同样可以实现生猪快速育肥。红薯在日粮中所占比重可达 75% ~80% 。如添喂松针粉，育肥速度和经济效益更为显著。

根据四川省威远县畜牧局的试验和生产实践，采用红薯加配合饲料喂育肥猪，均未发现减食、拒食或患病现象，平均日增重为 0.5~0.75kg。其技术要点是：

1. 调制配合饲料。其营养水平应符合育肥猪的饲养标准，根据当地饲料来源合理搭配。现举一例，配方为：玉米 25%，豌豆或蚕豆粉 15%，麦麸 17.5%，米糠 15%，菜籽饼或花生麸 18%，鱼粉 4%，蚕蛹粉 2%，骨粉 1%，畜用生长素 1%，土霉素肥畜粉 1%，食盐 0.5%。如鱼粉、蚕蛹粉缺乏，可用血粉代替；菜籽饼、花生麸可用去毒棉籽饼代替。

2. 合理确定喂量。分 3 个阶段划分供料标准：体重 35kg 以下的，每头每天喂红薯（鲜品，下同）和青饲料各 1.5~2.5kg，配合饲料 0.8kg；35~60kg 的，每头每日喂红薯和青饲料各 3.5~4.5kg，配合饲料 1.9~1kg；60kg 以上的，每头每天喂红薯和青饲料各 5~7.5kg，配合饲料 1~1.25kg。也可以按每 5kg 猪重日喂配合饲料 0.1kg，红薯和青饲料各 0.35~0.4kg 计算。

3. 讲究饲喂方法。一是先将青饲料与配合饲料混合、拌匀，生喂，然后喂煮熟的红薯；二是先将青饲料给猪自由采食，吃净后，才将煮熟的红薯与配合饲料混拌调匀喂猪。要求喂足量，然后供给饮水。

采用红薯育肥须注意：勿用生红薯喂猪，否则容易引起腹胀、消化不良、食欲减退。如将红薯 2 份、白萝卜 1 份切碎，充分煮熟，待降温至不烫手时，用 8~10 片干酵母粉碎，均匀拌入饲料中一并饲喂，则可避免肠胃不适，有利于消化和提高适口性。不用"樟木红薯"（指沾染了黑斑病、炭疽病或软腐病等病菌的红薯）喂猪，以免引起中毒甚至死亡。仔猪、母猪和公猪宜少喂红薯。如长期大量以红薯为主食，忽视搭配蛋白饲料和青饲料，则容易导致仔猪浮肿或消瘦，母猪缺乳，公猪性欲减退等。

二十八、木薯养猪代替玉米的处理措施

木薯是广东、广西、云南、福建等省区盛产的一种高能量饲料。据广东省郁南、电白、湛江、信宜等 7 县市的种猪场、农科所的试验结果表明，在同样饲养条件下，培育三元杂交瘦肉型猪，用木薯、花生麸等调制的配合饲料。小猪养至 90kg 体重出栏，只需 104 ～ 115 天。其日增重、饲料报酬、瘦肉率等指标，均与玉米加鱼粉饲养的肉猪基本相同，且每增重 1kg 体重，可减少饲料开支 0.12 元，即养 1 头猪至出栏，可降低饲料成本 9 ～ 10 元。可见木薯喂猪，好处甚多，具有广泛的发展前途。

据分析，每千克木薯干品含消化能 3.18 兆卡，但粗蛋白质含量仅 3.7%，且纤维、矿物质等含量也较低。在用木薯配制配合饲料养猪时，要坚持做到"三添一去毒"，其主要内容是：

1. 添加蛋白质饲料

适当增加花生麸、豆粕、豆饼、鱼粉等高蛋白质饲料。在配方中，一般鱼粉应占 3% ～4%，豆饼或花生麸应占 12% ～18%。小猪多添些，大猪应少添些。

2. 添加矿物质饲料

为保持饲料矿物质的平衡，应适当添加矿物质饲料，如骨粉、矿物质添加剂等。

3. 添加粗纤维饲料

一般加入 6% ～10% 干草粉、花生秧粉、木薯叶粉、秸秆、秕谷等，也可用谷壳粉代替。在配合饲料中木薯叶粉可占 15% ～20%，可代替部分玉米。

4. 去毒

因木薯品种不同，氢氰酸的含量也有很大差异，有的品种含

氢氰酸量多，人畜吃后会中毒甚至死亡。氢氰酸主要存在于木薯的红色内皮（即第二层皮）内，氢氰酸具有易溶于水、易挥发特性。去毒方法：一是刮掉木薯的红色内皮、刨丝或切片晒干、粉碎；二是把木薯置于流动的水域中浸泡 1～2 天，使毒素随水溶解消失。

饲料厂生产的木薯粉，在加工过程中已经除去了毒素，可直接用于喂猪。但怀孕母猪的日粮中，木薯添加量不宜超过 10%。

普通家庭中的鲜木薯，最好煮熟后喂猪。但鲜木薯不能久存，容易腐烂变质，最好加工成木薯粉，在干燥条件贮存，然后配制成配合饲料喂猪。

5. 用木薯配制配合饲料的典型配方：

（1）体重 20～35kg 的小猪配方：木薯 35%、花生麸 20%、稻谷粉 20%、麦麸 15%、木薯叶粉 5%、鱼粉 3%、畜用生长素 1%、食盐和土霉素渣各 0.5%。每 50kg 配合饲料添加多种维生素 5 克、赖氨酸 25 克、蛋氨酸 75 克。

体重 35～60kg 的中猪配方：木薯 40%、花生麸 15%、稻谷粉 20%、麦麸 15%、木薯叶粉 5%、鱼粉 3%、畜用生长素 1%、食盐和土霉素渣各 0.5%。每 50kg 配合饲料添加多种维生素 5 克、赖氨酸 20 克、蛋氨酸 65 克。

体重 60～90kg 的大猪配方：木薯 45%、花生麸 13%、稻谷粉 17%、麦麸 15%、木薯叶粉 5%、鱼粉 3%、畜用生长素 1%、食盐和土霉素渣各 0.5%。每 50kg 配合饲料添加多种维生素 5 克、蛋氨酸 65 克。

（2）体重 20～35kg 的小猪配方：木薯 40%、花生麸 18%、米糠 4%、稻谷粉 8%、麦麸 17%、稻谷壳粉 8%、鱼粉 3%、畜用生长素 1%、食盐和土霉素渣各 0.5%。每 50kg 配合饲料添加多种维生素 5 克、赖氨酸 25 克、蛋氨酸 70 克。

体重 35～60kg 的中猪配方：木薯 40%、花生麸 16%、米糠

6%、稻谷粉 8%、麦麸 17%、稻谷壳粉 8%、鱼粉 3%、畜用生长素 1%、食盐和土霉素渣各 0.5%。每 50kg 配合饲料添加多种维生素 5 克、赖氨酸 20 克、蛋氨酸 65 克。

体重 60 ~ 90kg 的大猪配方：木薯 40%、花生麸 11%、米糠 10%、稻谷粉 10%、麦麸 17%、稻谷壳粉 7%、鱼粉 3%、畜用生长素 1%、食盐和土霉素渣各 0.5%。每 50kg 配合饲料添加多种维生素 5 克、赖氨酸 5 克、蛋氨酸 5 克。

（3）体重 20 ~ 35kg 的小猪配方：木薯 40%、花生麸 13%、稻谷粉 5%、麦麸 22%、小麦 8%、稻谷壳粉 6.7%、鱼粉 4%、畜用生长素 1%、食盐 0.3%。每 50kg 配合饲料添加多种维生素 5 克、赖氨酸 15 克、蛋氨酸 15 克。

体重 35 ~ 60kg 的中猪配方：木薯 40%、花生麸 12%、稻谷粉 6%、麦麸 21%、小麦 10%、稻谷壳粉 6.7%、鱼粉 3%、畜用生长素 1%、食盐 0.3%。每 50kg 配合饲料添加多种维生素 5 克、赖氨酸 10 克、蛋氨酸 10 克。

体重 60 ~ 90kg 的大猪配方：木薯 40%、花生麸 9%、米糠 4%、稻谷粉 5%、麦麸 17%、小麦 13%、稻谷壳粉 7.7%、鱼粉 3%、畜用生长素 1%、食盐 0.3%。每 50kg 配合饲料添加多种维生素 5 克、赖氨酸 5 克。

第五节　林业资源的开发与利用潜力无限

我国共有林业资源面积 1.3 亿公顷，与全国耕地面积相当，森林覆盖率为 13.9%，每年产各种树叶 5 亿吨（其中松针叶 2.1 亿 ~ 3 亿吨，其利用价值完全可以代替玉米），树籽 100 亿 ~ 150 亿吨，还有嫩枝、籽实、木屑、刨花等均可饲用，全国每年大约可利用林业资源 200 亿吨。这些废弃物都是畜牧业的好饲料，可称为"空中牧场"，如果我们能广泛开发与利用 1%，每年可节省精饲料 2 亿吨。

许多国家（苏联、美国、加拿大、澳大利亚、菲律宾等）对木本饲料的加工利用进行了研究和推广应用。苏联于 1955 年建立第一个年产 450 吨松针叶加工厂，现在年产超过 20 万吨；菲律宾和马拉维生产的银合欢干粉，在国际市场上引起了人们的极大兴趣；墨西哥和澳大利亚已大量种植加工银合欢，被誉为"奇迹树""饲料之王"；日本将树叶和木屑加工后，其能量价值与苜蓿相当，国外将木材加工下脚料经过酸处理，再经过发酵提取了酒精和饲料酵母，含蛋白质 40% ~50%；苏联建成木材水解厂 40 多个，年产饲料酵母 50 万吨以上，对节约粮食、增加蛋白质来源和发展畜牧业生产起到积极作用，新兴林业饲料主要有青贮、发酵、叶粉、糖化、膨化和水解酵母等，潜力很大。

一、利用橡子取代玉米作育肥饲料

橡子，即山毛榉科植物（如青杠树）所结的果实，资源丰富，产量甚高，含有多种营养成分，特别是消化能含量之高，可与玉米媲美。据测试，从营养角度来看，5kg 橡子可代替 4.1kg 玉米。但橡子含有大量单宁，味涩，适口性差，因而过去未能广泛利用作猪饲料。四川江北县农牧渔业局李世伟等人研究成功一种新方法，可以使橡子中的单宁含量降低 81%，从面显著改善了适口性。他们利用脱单宁橡子代替玉米作生猪能量饲料进行育肥试验，取得了良好的经济效益。

据测定，橡子含粗蛋白质 6.03%，粗脂肪 2.4%，粗纤维 9.95%，矿物质 2.47%，总能 14.5 兆焦 kg，单宁 1.6% ~5%。脱除单宁的方法并不复杂：将采集的橡子晒干、焙炒、磨碎、经冷水浸泡 24 小时（每 6 小时搅拌一次；中间换水 2~3 次），捞起、沥水，晒干后即可用作饲料。其营养成分并无明显损失，而单宁含量降至安全、适口范围。

经有人试验证明，小猪占日粮 10%；中猪占 20%～30%；大猪占 30%～35%，平均日增重 600kg。

橡子人们利用制作淀粉、酿酒、烤胶、涂料及制作饲料，全国年产橡子大约 200 万吨，是一种巨大的野生饲料来源。

二、松针粉

松针粉的原料来源于松树林抚育和采伐时，遗弃于林地上的新鲜枝丫、梢头、嫩枝和绿叶等废物。由于它含有丰富的蛋白质、脂肪、微量元素及其他生物活性物质等，营养价值引人瞩目。据测定，松针粉含粗蛋白质 7%～12%（比优质牧草苜蓿高 0.5～1.5 倍；松针粉蛋白质含有赖氨酸、天门冬氨酸等 18 种氨基酸，总含量占 5.5%～8.1%），粗脂肪 7%～12%，无氮浸出物 37%，灰分 2%～6%（其中微量元素铁、锰、钴含量高于草本豆科作物，含硒量高达 3.6 毫克/kg）。松针粉含有维生素（A、B、C、K、P、E 等），其中维生素 C 含量达 540～6500 毫克/千克，比柑橘、马铃薯高几十倍。胡萝卜素是松针粉最有营养价值的组成部分之一，马尾松松针粉中含量高达 200～300 毫克/千克。此外，还含有硫胺素、核黄素等。叶绿素对猪有止血、降低血压作用，松针粉含叶绿素 700～2200 毫克/千克。松针粉的半纤维素含量达 15%，具有很大的营养潜力。如将 1kg 松针干物质经碱浸透和蒸煮后，营养价值等于 1kg 中等质量的干草。1kg 松针粉的营养价值，等于 0.37 个饲料单位。

试验表明，采用松针粉添喂猪，平均日增重可比对照组提高 15%～30%，瘦肉率增多，猪肉品质改善；公猪采精率提高 8%～10%。每增重 1kg，可节约原料 110 克；猪的抗病力明显增强，胃肠道病、维生素缺乏症等大为减少。猪采食松针粉饲料后，食欲旺盛、食量大增、皮肤红润，毛皮光滑，体态健壮。1 头猪从 10kg 养至 90kg，可提前 2 个月出栏。

为了查明松针粉喂猪的饲养效果是否高于槐叶粉，江苏省无锡市饲料公司等单位作过一次生产性能对比试验。将 98 头杂交去势仔猪，随机分为 2 组，每组 49 头。基础日粮配方均为：玉米 20%，四号面粉 10%，碎大豆 7%，大麦 12%，米糠饼 8%，菜籽饼 5%，棉籽饼 5%，麦麸 15%，鱼粉 2%，小麦粉 6%，贝壳粉 1%，四环素渣 0.3%，食盐 0.3%，矿物质添加剂 0.1%，骨粉 0.5%。补饲青菜、山芋秧等青饲料，每日喂 4 餐。结果，饲养 120 天称重，添喂松针粉 8% 的试验组平均日增重，比添喂 8% 槐叶粉的对照组提高 5% ~13%；每增重 1kg，比对照组降低成本费 0.05 元，节约原粮 110 克，且可改善猪肉品质，提高瘦肉率 1.8 个百分单位。

湖北省远安县饲料公司的试验表时，每 100kg 配合饲料中只需添加 5kg 松针粉，便可取代多种微量元素添加剂；添喂 3 个月后，比添喂微量元素制剂的猪多增重 2.4%，饲料成本下降 15%。

浙江省龙泉县林业科研所试验，在日粮中添加 3.5% ~4.5% 的松针粉，试验组比对照组平均每头多增重 30% ~33%，每增重 1kg，节约饲料 4kg；可缩短饲养周期 55 ~78 天。

松针粉作畜禽饲料，在国外已有 20 多年历史。我国第一座松针粉加工厂，于 1981 年在江苏省连云港市圩沟林场建成投产。浙江省龙泉县粮食局、安徽省沙河集林总场，广东省封开县林化厂、福建省龙岩县 5935 厂、福建省永安县朝阳伐木场、浙江省嵊县和平综合厂、吉林省珲春县饲料添加剂厂、云南省华坪县林业局等松针粉加工厂也相继投产。正在安装设备的还有几十个厂，全国松针粉年产量预计可超过 2000 吨。

可以加工松针粉的树种有：马尾松、黄山松、黑松、赤松、油松、云南松、樟子松、湿地松、落叶松、红松、云衫和冷衫等。在松林抚育、采伐时将剩余的新鲜幼嫩枝叶收集起来，便可加工。新鲜松枝叶含水率约50%，2kg枝叶可加工成1kg松针粉，松针粉的含水率为8%～10%。工厂化生产松针粉的工艺流程为：枝桠收集→运输→脱叶→切碎→烘干→粉碎→包装。所有设备主要有：TO—1—560型脱叶机，QJ—1—390型切碎机，厢式烘干机和FS—500型粉碎机等，由江苏省连云港市农机厂生产供应，日产量为1.5吨松针粉。

为了便于广大农村特别是山区农户就地加工松针粉，中国林业科学研究院林产化学研究所等单位，提出了一套土法生产松针粉的技术。其要点如下：

1. 采集。用手工截断或柴刀砍下松树枝丫上的嫩枝，其直径须在8毫米以下，嫩枝叶应保持特有的绿色和松针香味，而不得掺杂霉烂变质的枝叶。贮存发黄的枝叶因营养价值低劣也不宜用。

2. 干燥。将采集下来的嫩枝叶，摊铺于水泥地或民房楼板、竹帘上，厚度5厘米，自然阴晾（不可暴晒，以免造成养分损失）。7天后，嫩枝叶含水量就可降低到10%。

3. 粉碎。将阴干后的嫩枝叶，用饲料粉碎机碾成叶粉，其粒度宜控制在1.2毫米以下，即为成品，可直接添喂猪。100kg新鲜马尾松针叶可加工得45kg松针叶粉。

4. 贮存。成品可用黑色或深色塑料袋包装，也可用密织麻袋包装。宜贮存于避光、通风、干燥、阴凉、清洁的房舍内，以免其中的维生素受到损失。地面最好用木架垫高，以防产品受潮发霉。

松针粉可以取代微量元素添加剂，作为猪营养成分的来源之一。它在配合饲料中的添加量为3%～5%，或按每10kg体重每日添加20克。由于松树品种、产地不同，其营养成分有所出入。故成品应经过化验或饲养试验，鉴定配方比例并编印使用说明书。用户不可盲目加大用量，如松针粉添加量占饲粮20%～

30%，猪的生长反而受到抑制，日增重和生产率将显著下降。使用松针粉，要坚持每餐添喂，将它均匀地拌入饲料中，以防每头猪进食量不一致。如有少数猪初期不喜摄食，可酌情减量，由少到多，循序渐进，直至完全达到额定添加量。

在松树产区，也可将松针加工成浸液。具体做法是：将松树嫩枝条、针叶加工成粉末，置于干净的木桶中。每千克松针粉掺入 10kg 70~80℃ 的热水，然后加盖，在室温下焖 3~4 小时，便得到有苦涩味的松针浸液。用来喂猪或其他畜禽时，开始先给小剂量，待其慢慢适应后，才加大剂量。20 日龄的猪，日喂量为125~500 克，循序渐进，直到成年猪日喂 2~3kg。松针浸液可用来取代清水浸泡粉状精饲料或铡碎的秸秆之类的粗饲料。

三、苹果渣在养猪业上的应用效果

2012 年是我国饲料工业不平凡的一年，玉米价格突破 2500元/吨，豆粕价格也急剧升高达到 4000 多元/吨，饲料资源的紧张程度由此可见，开发非常规饲料资源势在必行。有研究报道指出，我国年产苹果渣约 300 万吨，鲜苹果渣水分含量为 70%~80%，且含有丰富的可溶性营养物质，为微生物的滋生繁殖创造了适宜条件，通过合适的加热处理生产的干苹果渣可减少微生物的滋生，同时浓缩提升其营养价值。有报道指出，使用干苹果渣替代饲用玉米和麦麸具有可操作性和可行性，300 万吨苹果渣可生产干苹果渣粉 70 万吨，约相当于增加 50 万吨玉米饲料原料（1.5~1.7kg 干苹果渣粉＝1kg 玉米营养价值），而且干苹果渣适口性好、容易贮存、便于包装和运输。研究开发苹果渣饲料的营养价值与加工利用，具有重要现实意义。下文对干苹果渣的营养组成、加工工艺及其在养猪生产中的应用效果和经济效益进行分析，以供参考。

干苹果渣含水 9.5%，粗蛋白质 6.2%，粗脂肪 6.8%，无氮浸出物 61.5%，粗纤维 16.9%，灰分 0.06%，含糖 15.08%，还有各种微量元素和各种氨基酸，猪生长所需成分比较齐全。

（一）干苹果渣的加工工艺

鲜苹果渣→品质检验→碱中和处理→机械破碎→干燥处理→粉碎过筛→成品包装。

鲜苹果渣的干燥方式可以分为自然干燥和人工加热干燥及二者结合。自然干燥是指鲜苹果渣在水泥或砖地面上铺晒晾干，一般需要连续几天的晴天方能晒干，此方法获得的干苹果渣水分含量为 10% 左右，产成率在 20% 左右，投资少、成本低，但碰上阴雨天气容易引起发霉、变质。人工加热干燥需要较高投资，但干燥效果好、质量高、营养损失少，不受天气影响。自然干燥加人工干燥是将上述两种干燥方法结合起来，先利用好天气将鲜苹果渣自然晾晒，待水分减少到一定程度时再进行人工干燥，这样可以降低加工成本。

（二）干苹果渣在养猪生产中的应用

1. 在断奶仔猪上的应用

杨福有等为验证青贮苹果酸可否替代柠檬酸在断奶仔猪饲粮中起酸化剂作用，选用 64 头 35~40 日龄长大杂种断奶仔猪，分为 4 组，对照组饲粮中含 1.5% 柠檬酸，3 个处理组饲粮分别含 2%、4% 和 6% 青贮干苹果渣（pH 在 3~4，含有乳酸、柠檬酸、苹果酸、乙酸等多种有机酸），每组 2 个重复，每个重复 8 头猪，试验期 45 天。结果表明，2%、4%、6% 干苹果渣组与对照组全期平均日增重分别为 473 克、470 克、458 克、471 克，料重比分别为 2.26、2.27、2.37、2.27，各组差异均不显著（$P > 0.05$）；仔猪严重腹泻率依次为 4.8%、4.2%、3.8%、3.9%，差异不显著（$P > 0.05$）。由此可见，适宜水平青贮干苹果渣饲喂断奶仔猪效果与 1.5% 柠檬酸饲喂效果无差异，该试验青贮干苹果渣的最适宜用量为 4%。

2. 在生长猪上的应用

张振国研究了干苹果渣在生长猪上的应用。试验选用 50 日龄杜×长×白（山西白猪）三元杂种仔猪 54 头，随机分成 3 组，试验组分别在基础饲粮中添加 5% 和 10% 苹果渣干粉。结果表明，5% 苹果渣干粉组猪日增重、采食量和料重比与对照组相比差异不显著；10% 苹果渣干粉组猪采食量与对照组相比差异不显著，而日增重和饲料转化率显著降低。李彩凤等研究了干苹果渣替代麸皮的效果。试验选用体重 28～34kg 的长大生长猪，采用配对试验设计，按各组平均体重一致的原则分为 10%、12%、14% 风干苹果渣组和 15% 麸皮对照组，每组 2 个重复，每个重复 7 头猪。结果表明，随着饲粮中干苹果渣替代麸皮量的递增，生长猪体增重、日增重、饲料利用率呈明显的梯度式下降，饲粮中添加 10% 干苹果效果较好。综上所述，生长猪饲粮中干苹果渣的适宜添加量为 5%～10%。

3. 在肥育猪上的应用

郭彦军研究了青贮苹果渣替代肥育猪饲粮中玉米和麦麸的饲喂效果。试验选用 20kg 左右的长大杂种仔猪 50 头，随机分为对照组和添加 10%、20%、25%、30% 苹果渣的处理组，每组 10 头猪，试验期 188 天，结果表明，30% 苹果渣组的日增重、日采食量和饲料转化率均显著降低，同时单位增重的饲料成本显著增加，建议肥育猪饲粮中添加苹果渣的比例为 10%～25%。

4、在种猪上的应用

干苹果渣含有丰富的可溶性纤维，采食后有利于促进母猪肠道蠕动，特别是在炎热夏季母猪便秘多发，使用干苹果渣能否有效缓解这一难题，吴正杰开展了这方面的研究。试验选用 70 头长大二元母猪，按胎次和体况尽量一致的原则平均分为处理组和对照组，处理组母猪空怀—妊娠前中期饲粮中添加 10% 干苹果渣，妊娠后期—哺乳期饲粮中添加 8% 干苹果渣，观察时间为一

个繁殖周期（140 天）。结果表时，处理组母猪便秘发生率为
2.25%，对照组为 25%；哺乳期处理组母猪日采食量为 6.5kg，
对照组为 5.7kg 使用干苹果渣后，母猪产后无乳综合征明显减
少，断奶后发情间隔明显缩短，母猪体况增强，皮毛光滑红润。
鉴于以上试验结果，吴正杰进行了大面积的推广试验，在空怀——
妊娠母猪饲粮中添加 10% ~15% 干苹果渣，在哺乳母猪饲粮中
添加 6% ~10% 干苹果渣，并代替部分麦麸和玉米，使用效果也
非常好，因此，其建议干苹果在母猪饲粮中的适宜添加量为
6% ~15%。

5. 干苹果渣在规模猪场中的应用效果及经济效益

杨和平等将直接加热烘干的干苹果渣在 1500 头基础母猪和
30000 多头商品猪规模猪场中应用并进行效果分析。该场所用饲
料是以 4% 预混料为基础，以豆粕、玉米、麸皮为主要原料混合
而成，在不影响饲粮全价的前提下用干苹果渣代替部分玉米和麸
皮，设计了苹果渣含量为高、中、低 3 个档次的猪用饲粮配方进
行饲喂。综合一年的数据分析，结果发现，1500 头长大二元母
猪使用干苹果渣后粪便干燥现象由 10% 降低至 3%；干苹果渣对
母猪的产仔性能和泌乳力（20 日龄窝重）、仔猪初生重、肥育期
料重比均没有影响，使用干苹果渣后，养殖成本大幅降低，综合
效益提高，每年节约饲料费用 70 万元。

干苹果渣价格低廉、来源广泛，因此，干苹果渣类饲料资源
的开发和利用对缓解我国饲料缺乏的现状和人畜争粮的矛盾、促
进畜牧业稳步发展具有重要现实意义，未来的研究方向主要在于
干苹果渣在猪上的消化能和代谢能值以及期丰富的纤维组成方
面，以获得更大的经济效益。

四、柑橘皮渣

我国柑橘产量超过 1 亿吨，其中 40% 用于加工。2010 年有

150 万吨用于加工罐头，约有 30 万吨加工橘汁。柑橘皮渣是柑橘加工的副产品，约占果实量 50%，柑橘皮主要是柑橘制罐头的副产物，约占果实量的 25%，随着柑橘业的快速发展，将产生大量的柑橘皮渣。

我国每年的柑橘汁生产中，可产出 80 多万吨柑橘皮渣，这些资源是很好的饲料，完全可以代替玉米。美国、日本、巴西等国柑橘加工发达国家，通常将其干燥制成颗粒饲料喂养牲畜。

韩国科学家 1987 年研究发现，在生长育肥猪添加 10% 的柑橘渣皮粉，有利于提高猪生长性能，改善胴体品质，降低背膘厚度。

程建华等 1999 年将柑橘皮渣经发酵后烘干，以 10% ～15% 比例取代麦麸添加育肥猪饲料中，结果发现对育肥猪适口性良好，对猪进食量均无影响，具有明显的经济效益和社会效益。

赵蕾 2008 年研究表明，在等量能量和蛋白质的情况下用发酵柑橘渣等饲料代替基础日粮中菜籽饼 50% ～100%，对猪生长性能、血清总蛋白均无影响，50% 替代猪的血清尿素氮含量显著降低，50% ～100% 替代粗饲料成本降低 2.43% 和 4.85%。

五、菠萝渣

我国南方广东、广西、海南等省大面积种植，年收获菠萝约 60 万吨。在将菠萝制罐头时外皮和果心将被废弃，这部分废料称为菠萝渣，其重量为全果的一半，这相当于每公顷产 10 吨新菠萝残渣能生产 1 吨干渣。菠萝又称毒垃圾，不及时处理会污染环境。

营养价值，据分析菠萝渣中一般粗蛋白质 7.28%、粗纤维 20.77%、无氮浸出物 71.93%、维生素 A 8 万单位，这笔资源很丰富，每年 60 万吨，可产干渣 6 万吨。

如将制罐头废弃物装塑料袋或缸内压实，拌入 80% 日粮中即可。广西定明县科委用此法饲养 120 头猪，在 3 ~ 5 个月可出栏，每头盈利 200 元。

六、银合欢

属于豆科多年生乔木，它几乎在不生长其他植物的干旱、贫瘠的荒地生长，具有多种用途，饲用价值很高，是一种值得开发的饲料资源，是家畜最好的混合饲料。银合欢含粗蛋白质 24% ~ 33%，如按每亩产 3500kg，每亩可产粗蛋白质 240 ~ 380kg，相当于 500 ~ 700kg 大豆的蛋白质含量，这大大超过其他热带作物，被称为热带干旱地区"蛋白质仓库""奇迹树"，在印尼被称为"银合欢革命"。联合国于 20 世纪 80 年代决定，把银合欢作为重要树种，在世界热带、亚热带推广种植。银合欢富含胡萝卜素，含量约为 4 万毫克/千克，是苜蓿的 2 ~ 3 倍，维生素 K 和核黄素比苜蓿高 1 倍，添加在配合饲料中，可作为蛋白质和维生素补充来源。

在猪日粮中添加 10% 银合欢粉，比喂 100% 混合饲料日增重提高 11%，饲料报酬最高，增加瘦肉率。菲律宾研究人员称，在猪日粮中加入 0.4% 硫酸铁，银合欢在猪日粮使用 20% 也无任何影响。我国南方这部分资源潜力很大，有待进一步开发与利用，每年可节省大量粮食。

七、泡桐树叶

泡桐树叶及花粉粉碎后，在猪日粮中添加 5%，日增重提高 21.14%，且猪体质健壮少生病。

八、葡萄渣

葡萄渣内含粗蛋白质 13%，粗脂肪 7.9%，粗纤维 31.9%，无氮浸出物 30%，据报道，在育肥猪日粮中添加 20% 葡萄渣，可提高日粮全价性，使每千克增重所消耗饲料减少 11.3% ~ 11.5%，浓缩饲料消耗减少 13% ~ 30%；在后备母猪中的基础日粮中添加 10% ~ 15% 的葡萄渣喂猪，可使猪的日增重提高 5% ~ 7%，每头猪可节省精饲料 27.1 ~ 41.0kg。

九、沙棘果渣

沙棘果渣含维生素 C、维生素 B、氨基酸、蛋白质及大量微量元素，按 20% 添加喂断乳仔猪，增重提高 9.38% ~ 21.27%，饲料转化率提高 1.83% ~ 5.57%。据苏联用沙棘果渣喂猪，比对照组多增重 12%。

十、槐树叶配制猪饲料

槐树叶大量用于喂猪的实际上是刺槐树叶。它的特点是粗蛋白质含量多，一般达 20% ~ 25%，比玉米、稻谷高 2 ~ 3 倍。经过空气干燥、粉碎后的叶粉，可代替部分粮食作物饲料，比如 1kg 叶粉能代替 1kg 谷物。畜牧业发达国家也乐于采用槐树叶粉作猪饲料，在粮食和蛋白饲料短缺地区，大力推广槐树叶育肥猪，有重大意义。

槐树叶粉营养价值甚高。据分析，含粗蛋白质 20.1%、粗脂肪 3.5%、粗纤维 19.5%、无氮浸出物 31.7%、灰分 13.8%、钙 1.9%、磷 0.07%、叶绿素 2400 毫克/kg，胡萝卜素 120 ~ 160 毫克/千克，还有维生素 B、维生素 E 和丰富的微量元素等。

在猪日粮中添加槐树叶，对促进增重、节约精饲料大有好处。据试验，选用 12 头各重 12kg 的仔猪，分成两组作对比，在基础饲料相同的情况下，试验组添喂 10% 的紫花槐叶粉，饲喂 83 天，平均日增重 0.6kg，每增重 1kg 耗混合料 3.32kg；未添喂槐叶粉的对照组，饲喂 99 天，平均日增重 0.5kg，每增重 1kg 耗混合料 3.76kg。另一项试验是采用刺槐叶粉，对 30 头仔猪按混合料的 7% 添喂；饲喂 65 天，平均每头由始重 8.42kg 增至 20.1kg，日增重 180 克，每增重 1kg 消耗混合精料 3.34kg、粗饲料 0.48kg 和青饲料 2.2kg。

槐树大都零星分布于山坡、路边、河岸等地，最好在树叶蛋白质含量高又不影响树木生长的季节里合理采集，即在 7～8 月采集为好，最迟勿超过 9 月。此期间叶子青嫩，营养丰富，粗纤维少。在生长后期采集，用长竿敲打树枝，叶子便纷纷落下；亦可结合修剪树枝和砍伐薪材时采叶。采叶量不可超过全树的 1/3。

采集的叶子，经晾干、晒干或烘干，粉碎成粉末，或机械压制成颗粒，装入塑料袋保存即可。注意防吸潮发霉，切勿用变质的叶粉喂饲。

槐叶粉在混合饲料中的使用比例，以 10%～15% 为宜。通常制成发酵饲料，猪爱吃，增重快。具体做法是：将槐树叶 40kg 切碎，与碎稻糠 16.5kg、酒糟 10kg、酵母 1kg 混拌均匀，置入池内，加适量水（干湿度以手捏能成团、指缝不溢水为宜），用麻袋覆盖，保温 40～50℃，发酵 48 小时。待混合料呈黄色且有酒香逸出，即可用于喂猪。

十一、木屑用来配制猪饲料

湖南省衡山县城关镇交通村彭美兰，用木屑养猪 4 个月 15 天即可出栏，平均日增重 600 克以上。其经验是：将木屑过筛，与米糠混合，泼水搅拌均匀（手捏成团指缝不滴水为宜），然后与酒曲、青饲料混合，配方为木屑 50%、米糠 15%、青饲料 35%。每 50kg 放酒曲 0.2～0.3kg（夏季）或 0.3～0.4kg（冬季），装入缸中压紧，密封发酵。待发酵料有浓郁的酒香味时，取出拌入精饲料（玉米、麦麸、糠饼、鱼粉等）中喂猪，发酵木屑加入精饲料中的比例小猪为 20%～30%，中猪为

30%～40%，大猪为40%～50%。

喂木屑饲料时讲究方法：应由少到多，最多不能超过50%；日喂3次，每次只喂七八成饱，以免伤食；饲喂初期，如猪拉稀状粪便，应暂停喂，并在精料中加麦芽20克、山楂25克、大黄15克，分2次喂给（如尿呈黄色另加生石膏15克），然后逐渐恢复喂木屑饲料，饲料中添加适量的添加剂或生长素，供充足清洁饮水。

十二、三料"发酵育肥法

利用锯末、秸秆粉及棉籽饼"三料"经发酵处理后，添少量玉米粉喂猪，肉料比为1:4，出栏一头猪，可比单喂配合精饲料降低成本200元左右。

具体制作及饲喂方法如下：取锯末、秸秆粉及棉籽饼各1/3，混合均匀装入大锅内，加水煮沸1～2小时，然后捞出沥至含水量以手握指缝有水，但不滴为宜，待温度降到30℃左右时，拌入0.2%～0.5%的酵母菌进行发酵（酵母菌可到附近酿造厂购买）。发酵时将"三料"用塑料薄膜封严，气温在20～25℃时，1～2天即可发酵好。将发酵好的"三料"与玉米粉根据小猪、架子猪及成猪或空怀母猪等不同阶段分别按4:3、3:2、2:1的比例混合饲喂，都具有明显的增重效果。

经"三料"饲喂的肥猪，宰后经检验，肉质呈均匀红色，有光泽，脂肪洁白，具有正常新鲜猪肉的芳香气味，完全符合卫生要求。

第七章　养殖昆虫生产高蛋白饲料

随着全世界畜牧业大发展，一些具有远见的先进国家，如美国、日本、意大利、加拿大、澳大利亚等国，从20世纪70年代广泛地开发蚯蚓、黄粉虫、蝇蛆等昆虫大量的养殖，主要用于畜、禽、龟、鱼、蛙等，代替动物蛋白饲料，率先在养殖业代替蛋白质饲料创出一条新路。这是利国利民大好事，一是发展利用好昆虫高蛋白饲料，可节省畜禽饲料30%～40%，补充了粮食的紧缺；二是有利于环境保护，大量猪牛鸡粪得了有效的处理，减少环境污染；三是节约饲料开支，增加养殖业的经济效益；四是利用在养殖业上可以改变肉类、肉蛋鸡风味，创造出"虫子鸡蛋"，可高于"洋鸡蛋"2～3倍多的经济收入；五是为我国的医药、生物制剂、食品保健等提供了新原料；六是昆虫粉可以代替昂贵的进口鱼粉，减少支出。

我国从20世纪80年代开始，有部分省、市小规模的养殖蚯蚓、黄粉虫、蝇蛆等试验。到现在全国大规模开发利用昆虫发展养殖的还很少，与世界先进国家比较差距很大。现就全国各地养殖昆虫用于养猪业等经验分别介绍给广大养殖户，供参考。

第一节　黄粉虫是高蛋白饲料

黄粉虫俗称"面包虫"，为鞘翅目拟步行科粉甲属昆虫，幼虫体软多汁，是用于特种养殖业的一种动物性鲜活的高蛋白饲料。据检测，黄粉虫含粗蛋白质60%以上，粗脂肪28.56%，含有 10 多种氨基酸和多种维生素、矿物质元素。通常 1kg 黄粉虫的营养价值相当于 40kg 麦麸、30kg 混合饲料或 1500kg 青饲料。因而已被世界先进国家广泛应用。美国、日本不仅将其配入饲料和制成饲料添加剂，而且还加工成人用食品黄粉虫饼。改革开放以来，我国江苏、广西、安徽率先引进和开发黄粉虫作为优质动物饲料，以适应特种养殖业崛起的迫切需求，取得了良好的经济效益。用于养猪，使猪皮毛色光亮、增重快、瘦肉率高，缩短饲养期一个月左右；用于喂蛋鸡，可提高产蛋率，平均增加蛋重 1/5 左右。在一般情况下，2kg 黄粉虫可增长 1kg 鳝鱼肉；4kg 黄粉虫可增长 1kg 牛蛙；10kg 黄粉虫可增长 1kg 甲鱼。黄粉虫的营养价值最高可达鱼粉的 2 倍，而其成本却只有鱼粉的 1/3 左右。故而具有较广阔的开发前景。

据概算，每生产 1 吨黄粉虫干粉大约需成本 3000 元左右，较进口鱼粉每吨一万多元价低得多。而每百千克饲料中只需添加 2～3kg 虫粉即可。几年来黄粉虫市场价格居高不下，一般活虫千克售价 30 元左右，种虫每千克售价 50～80 元。黄粉虫作为动物性高蛋白饲料的重要资源，其开发周期短、成本低、饲养方法简便，是城乡很有开发前景的新兴行业。

一、黄粉虫的人工养殖方法

近年来，随着国内特种养殖业的发展，对黄粉虫饲料的需求量增加，致使黄粉虫在市场上货紧价高，农户养黄粉虫已成为脱贫致富的好门路，现就其人工养殖方法介绍如下：

（一）饲养设施

饲养黄粉虫，设备简单，用盆、缸、木箱、纸箱、砖池等容器均可。但内壁要求光滑，深度要求 15 厘米以上，以防虫子逃跑。养成虫的容器，要用塑料薄膜或透明胶布粘贴固定好，以免虫子外爬和产卵不定位。养成虫的木箱容器，还要装一块纱窗网

（网眼孔径 3 毫米）使卵漏下去而不被成虫吃掉。纱窗网下垫一层接卵纸，便于收集卵。若大规模饲养，应做一定数量的 30 厘米×40 厘米×15 厘米的木盒，在养虫室架设木盒架，将木盒层层叠起。

（二）饲养管理技术

先在饲养盒、木箱等器具内放上用纱网筛过的细麸皮，再将新买到的黄粉虫（幼虫）放入，最后在上面放上菜叶，让虫子生活在麸皮、菜叶之间任其采食。虫、料、菜叶的比例为 1：1：1，以后要经常进行检查，及时添加补充麦麸、米糠、饼粉、玉米面、胡萝卜片、青菜叶等饲料。但麸皮含量为 50% 为宜。在幼虫生长期，还应添加适量的鱼粉，用以补充营养，为了加快黄粉虫的生长发育，饲养室温度应常年保持在 25～35℃，最低 5℃，最高不能超过 36℃，室内湿度保持在 50%～60% 为宜。夏季必须经常向饲养器具中投饲瓜皮、果皮、蔬菜之类，切不可向内洒水，冬季应减少青饲料。黄粉虫不喜欢光照，所以饲养室内光线一般较暗为佳。当黄粉虫长到 30 毫米左右时就会变成老熟幼虫，进入化蛹阶段，孵化出的蛹呈银白色，很快变成为淡黄褐色。此时应及时把蛹从幼虫中拣出来分开管理。对拣出来的蛹可直接放入产卵箱内管理。蛹期不吃食，只要控制好湿度，不让蛹霉变，2 周后便可羽化成成虫。此时应适当投入一些饲料供其采食。同时在产卵盒下垫上带有麸皮的容器或报纸，供采集虫卵用。成虫产卵时，卵从网孔中落在下边的麸皮中。接卵麸皮可每周换一次，把换下的麸皮放入饲养容器中，经 2 周便可孵出幼虫，这样周而复始地进行循环，可以获得越来越多的黄粉虫。

（三）注意事项

1. 饲养室温度保持正常，不能过高过低，以免影响虫子的正常生长发育。

2. 饲养器具中铺幼虫的厚度以不超过 3 厘米为佳，而且还需要经常扒动予以散热。

3. 要及时清除死蛹和成虫以及剩余的饲料，以免腐烂变质，同时也不能喂发霉变质饲料。

4. 饲养室中要有防鼠害、防各种敌害的设备或设施，以免造成经济损失。

5. 饲养室要保持清洁卫生、不能堆放化肥、农药等有异味物品。

（四）怎样用黄粉虫喂猪

黄粉虫是高蛋白、高能量的昆虫饲料，应该引起养猪业者的重视。李铁坚在十几年前应邀担任山东省虫业协会顾问，参与了黄粉虫的养殖与利用的一些活动，较早地知道一些这方面的常识。

在养猪场中的任何一间房子（12m²），每年平均可生产4吨（2~6吨）鲜虫，以发酵猪粪为主要原料，加上小麦麸和玉米面、黄豆粉、青菜等，只要消化能达到13.23兆焦/kg以上就可以。猪粪的粗蛋白质含量是19%，能量低，只要加上能量就可以了。

黄粉虫一般含粗蛋白50%以上，成虫含量大于幼虫，幼虫大于蛹，含粗脂肪20%左右，糖分10%左右，但受不同虫态、不同季节、不同饲料的影响，其蛋白质和脂肪含量都在20%以上。粗蛋白的含量临床为36.3%~71.4%。为稳定其营养成分含量，必须稳定其饲养环境和饲料成分。估计黄粉虫的平均粗蛋白的含量在55%左右，消化能20兆焦/kg左右，以此制定饲料配方。

黄粉虫喂猪，可以取代中等品质（粗蛋白含量为5%~55%）的鱼粉和豆饼、豆粕，使饲养成本大大降低。

对农村养猪用普通混合饲料喂猪时，添加5%~10%的黄粉虫粉，将大大加快生长猪发育过程。

平均2.65kg鲜虫，经微波炉烘烤可加工成1kg干制黄粉虫。

下面介绍几组饲料配方，可作为参考：

1. 20～35kg体重育肥猪饲料配方（%）：黄粉虫粉（鲜折干2.65：1）8.0，大麦42.0，稻谷粉15.0，米糠15.0，蚕豆15.0，鱼粉3.0，骨粉1.5，食盐0.5。消化能约13.33兆焦/千克，粗蛋白约为18.19%。

2. 20～60kg体重生长育肥猪饲料配方（%）：玉米36.0，小麦麸11.0，大麦35.0，大麦35.0，豆粕6.5，黄粉虫粉10.0，石粉1.0，食盐0.5。消化能12.64兆焦/千克，粗蛋白16.28%。

3. 60～90kg体重生长育肥猪饲料配方（%）：玉米42.0，小麦麸11.0，大麦30.5，豆粕11.0，黄粉虫粉4.0，石粉1.0，食盐0.5。消化能12.76兆焦/千克，粗蛋白12.8%。

各地可根据不同品种及杂交组合、不同类型参照饲养标准判断调整。

目前，黄粉虫干品外贸收购每吨3.3万元以上，纯利润在40%以上，主要出口美国和日本，但大部分在国内销售。

第二节　开发蝇蛆饲养可促进养猪业大发展

科学家研究发现，家蝇体内能产生多种抗病菌和抗病毒的有效物质。在1982年召开的国际生命科学讨论会上，东京大学名取俊二教授发表了一篇颇为轰动的报告，他们从家蝇的分泌物中提取一种具有强大杀菌作用的"抗菌活性蛋白"，这种蛋白具有极强的杀菌和抗病毒能力，只要万分之一的浓度，就可将各种细菌和病毒置于死地。同时还发现一种抗癌活性蛋白，对癌细胞有很强的抑制作用。1993年中国农业大学张文吉教授等从家蝇幼虫饲料的残渣中提取对棉花枯萎病、立枯病、苹果软斑病等病菌有抑制作用的生物活性物质。另外，家蝇不得病的原因还在于家蝇的口器既能伸缩，又能折叠，取食时边吃边吐边排泄，这样吃进肚里的病菌还未来得及"安家"和繁殖后代，就早早地被抛弃了。

苍蝇繁殖速度快，据测算，一对苍蝇四个月能繁育2000亿个蛆，可积累纯蛋白质600多吨。蝇蛆从产卵发育到成虫，一般只需10~11天；由卵到成蛆，只需4~5天，周期短，繁殖快，产量高。初孵幼虫0.08毫克，在24~30℃下，经4~5天生长，蛆的体重即可达20~25毫克，总生物量增加250~350倍。昆虫作为低等动物，在生态系统的能量转化中，虽然同比效率是哺乳动物的一半左右，但生产效率却是哺乳动物的15~40倍，是迄今用其他方法生产动物蛋白饲料所无法比拟的。

养殖蝇蛆原料来源广泛，麦麸、米糠、酒糟、豆渣等农副产品下脚料都可用于蝇蛆养殖。更难得的是，猪粪、鸡粪、鸭粪等畜禽粪便，也均适宜于蝇蛆养殖。一个畜禽养殖场配上一个蝇蛆养殖场，就等于又建了一个昆虫蛋白饲料生产厂。原料是畜禽排出的粪便，产品是优质蝇蛆蛋白质饲料。养殖蝇蛆后的粪便，既无臭味、不招苍蝇，又肥沃疏松土质，是农作物的优质有机肥。这一特殊的转化功能，是其他饲料昆虫所望尘莫及的。

苍蝇出没于肮脏之地，置身不计其数的病菌之中却能安然无恙，不被这些病源物感染。蛆的生命力极强，食粪便从来不得病，其他动物无法忍受的腐臭环境却是蛆的乐园，这源于其优异的免疫力功能。饲养蝇蛆，一般不用为防病费心，可大大节省防病费用。

干蝇蛆含蛋白质62%左右，含脂肪10%~15%，还含有丰富的各种氨基酸，其中必需氨基酸总量是鱼粉的2.3倍，蛋氨酸、赖氨酸分别是鱼粉的2.7倍及2.6倍，明显高于鱼粉。实践证明，蝇蛆不但可以完全替代鱼粉，而且在混合饲料中掺进适量的活体蝇蛆，喂养蟹、鱼、鳖、虾、鳗、黄鳝、蛙类、鸟类等，生长明显加快，增产显著，效果很好。据试验，喂猪生长速度提高 19.2% ~42%，且节约 20% ~40% 的饲料。人工养殖蝇蛆可缓解饲料短缺，降低饲料成本。除此之外，蝇蛆是生产医药、食品等重要原料，并能提取甲壳素、几丁质、抗菌肽等，是医药行业的最佳原料，甲壳素等具有抗癌作用，抗菌肽对细菌、病毒、念珠菌、原虫等具有极强杀灭作用，利用价值很高，是世界公认的西药抗生素替代品。

让蝇蛆养殖加入到生态农业的物质循环利用中，可以成功地解决困扰畜禽生产的粪便污染和饲料紧缺这两大难题。畜禽对饲料养分消化吸收仅 60%，其余的都流失在粪便里，畜禽粪便具有丰富的蛋白质等养分，蝇蛆能把流失在粪便里的养分几乎全部地消化吸收掉，并转化昆虫蛋白。在养殖业、种植业外增加养虫业，延长了食物链，使物质能量向更高的质量转变，成为其他各种动物可以利用的物质，提高了资源利用率。

20 世纪 80 年代初，在我国北京、天津、四川等地开展了利用鸡粪饲养家蝇及饲喂家禽的试验，代替部分蛋白质饲料，并取得了丰富的经验和效果，引起了人们的广泛关注，并从家庭饲养发展到规模化、工厂化饲养，应用领域不断扩大，并出版了这方面的专著。

一、种蝇的采集技术

在蝇蛆蛋白的生产过程中，采集种蝇是较为有效的途径，也可饲养本地区的家蝇。现介绍几种采集方法如下：

1. 网捕法：网捕一般以中小型的白色细绢网（昆虫采集网）采捕成蝇。采集时，可多注意人、畜住处，滋生物的附近，一定注意采集同种的蝇种，用肉眼粗看时要留意体形的大小和体色之间的差异。

2. 笼诱法：各式的诱蝇笼都可用来采集蝇种，常用的蝇笼是一个木框子，在框子上绷好铁纱网（铁纱网也直径 1～2.5 毫米），在笼内也用铁纱网做一个漏斗，笼的顶板要装成可开的盖子。由它可以把捕获的蝇子倒出来，随诱饵的不同和所放位置的差异，所诱获的蝇种也不同。

3. 诱卵法：用一小纸盒或小玻璃皿，内盛诱饵，并加适量的水，设置在家蝇或其他蝇种经常出入的场所或滋生地。如见有蝇卵可以移到室内饲育出成蛆。用这种方法可一次得到同种的多数雌雄蝇。

二、蝇蛆的几种养殖方法

（一）网笼养蝇蛆技术

1. 成蝇的饲养。饲养成蝇可在室内利用网笼养殖，它既适于大规模工厂化养殖，也适于小规模养殖，房子应安装纱窗纱门。网笼可大可小，一般尼龙纱网按 60 厘米长，45 厘米宽，90 厘米高规格建成一个密闭的网笼。一侧下方开一个横向 15 厘米、高 10 厘米左右大小的口，缝接约 18 厘米袖筒，以便于喂食、取卵等，平时袖筒口用皮筋束住。

网笼内放置食盘、水盘和产卵盘。食盘中放适量奶粉和红糖作为成蝇食物，水盘中盛少量水，其中覆盖一小块海绵供成蝇饮水，产卵盆内放置由麦麸和奶粉组成的产卵料（奶粉与麦麸比为 1：50），用水拌匀，其含水量为 70%。每 2 天更换一次饮水食料，每天收取一次产卵物。种蝇一般 20 天后将其全部处死，将网笼清洗消毒后重新放入蝇蛹，羽化后继续饲养。成蝇适宜温度为 18～30℃，有趋光性，在暗处不活动，不取食，在食料充足的情况下，控制温度和光照是提高成蝇产卵量的关键。

2. 蝇蛆的培养。将收取的卵送进育蛆室，室内放置框架，框架上放铁盘（50 厘米×35 厘米×8 厘米），铁盘内放含水量约

70% 的麦麸、酒槽等，厚度 5 厘米左右，具体厚度视培养料内的温度而定，温度高宜薄，反之宜厚。卵孵后 3 ~ 5 天，幼蛆长至最大（1 ~ 1.2 厘米）即可分离，也可将蛆晒干，各种育蛆原料可单独培养，也可混合使用。为降低成本，也可用人畜禽粪便育蛆。在使用粪便时，可先堆放覆盖塑料布，经高温发酵杀菌，然后用以培育蝇蛆。

一般一只网笼养种蝇 10000 只，平均每天可生产鲜蛆 1kg 左右。

（二）蝇蛆的人工养殖方法

1. 成蝇的养殖

养成蝇主要获取蝇卵。

1）蝇笼　以金属或木质为主框架，60 厘米 × 60 厘米 × 50 厘米，外面蒙以纱网，留出投料口。笼内设有饵料盘、水盘、产卵盘及若干栖息用布条。

2）笼架　一般采取三层为宜，底层离地面 20 厘米左右。

3）饵料　白糖 60% + 奶粉 40% 和适量的热水搅拌成糊状即可。由于成蝇食量小，投饵的量不宜太多，每笼每次 10 ~ 20 克为宜。

4）加水：在饮水盘内放置 2 ~ 3 层纱布或滤纸，水不宜过多，水要采取勤添加，少添加，以保持纱布湿润。

5）产卵盘　白糖 50% + 酸奶 48% + 碳酸氢铵 2% 和发酵鸡粪水混合搅拌成糊状，放在平底产卵盘作为产卵营养基，其厚度为 0.2 ~ 0.4 厘米。

6）温湿度：适宜温度为 28 ~ 30℃，湿度为 65% ~ 70%，要采取通风换气，保证每月有 10 ~ 12 小时的光照时间。

7）接种：按 6 ~ 10 厘米的饲养空间接入 1 粒蛹。一般每笼应接入蝇蛹 1.5 万 ~ 3 万粒，要求每笼蝇龄基本一致。第 21 天后取笼烫死全部成蝇，将笼洗净消毒备用。

2. 蝇蛆的养殖

蝇蛆是养殖的最终目的，要求获取最大量的蝇蛆，其方法是：

1）蛆盘：以金属或塑料制成为好，一般 50 厘米 × 50 厘米 × 30 厘米，上口开放内弯磨光，防止蝇蛆爬出，下底留活动抽板，盘底钻好若干直径为 0.5 厘米的蛆孔。

2）培养基：用发酵好的鸡粪，要求含水量达到 70% 左右，厚度以不超过 20 厘米即可。

3）接种：以每千克培养基接入 1 克蝇卵即可。

4）温、湿度：最佳温度为 25 ~ 30℃，湿度 70% ~ 80%。

5）鲜蛆收集：接入蝇卵后第 6 天开始收集鲜蛆。先抽去活动抽板，用强光照射蛆盘上口，迫使蛆下钻，通过蛆孔落入收集器中，也可用水冲洗收集。收集的鲜蛆则可以直接用于喂鸡、鱼、鳖等，多余的制成蝇蛆粉备用。

3. 蝇蛹的养殖

主要是为了获得向蝇笼接种的蛹种。

1）培养基：可在蛆盘下直接加设一个化蛹箱，大小适中即可。

2）培养基：以发酵好的鸡粪，1% 的白糖和 10% 的啤酒糟混合搅拌而成，其含水量 50% 左右。

3）接种：按培养基质量的 50% ~ 60% 接入 6 日龄的鲜蛆即可。

4）蝇蛹收集：接种之后第 4 天即可取蛹，直接向蝇笼中接种，提供蝇种，多余的也可混入鲜蛆中制成蛆蛹粉备用。

（三）注意事项

养殖蝇蛆的场地应选在远离生活区、背风朝阳之地。养殖生产过程中，要严格控制，防止蝇、蛆逃逸造成环境污染。除此之外，由于蛆、蛹脂肪含量较高，所以易变质，因此应尽可能地减少存放时间，以减少其损失。

（四）利用蝇蛆养猪效果

蝇蛆是一种优质蛋白质饲料。用蝇蛆养猪、养禽及养水产动物，都收到良好的饲养效果和客观的经济效益。黄自占等在基础日粮相同的条件下，每头猪分别加 100 克蝇蛆粉或 100 克秘鲁鱼粉，饲喂 60 天。结果表明，蛆粉组增重比鱼粉组提高 7.48%，每增重 0.5kg（毛重）成本，蛆粉组比鱼粉组降低 13.2%，见表7 – 1。

表 7 –1　干蛆粉喂饲小猪试验（黄自占等，1984）

观察项目	蛆粉组	鱼粉组
试验头数（头）	4	4
预试期（天）	7	7
初始重量（kg）	91.25	88.75
初始均重（kg）	22.81	22.18
终总重量（kg）	244.25	234.5
终均重量（kg）	61.06	58.62
总增重（kg）	153	142.75
平均增重（kg）	38.25	35.68
比对照平均增重率（%）	+7.48	

据郑建平报道，在日粮相同的条件下，每天每头小猪增喂蛆粉 80g，猪的增重速度分别比喂等量的秘鲁鱼粉、国产鱼粉组提高 0.5% 和 7%，成本分别降低 13.8% 和 10%。

第三节　蚯蚓的养殖及其重要作用

一、养殖蚯蚓前途光明

人工养殖蚯蚓与开发利用的热潮早已席卷全球，遍及世界各地。

美国开发人工养殖蚯蚓时间较早，现在大大小小的蚯蚓养殖场已遍布全国。据1997美国新闻与《世界报道》的报道，美国人认为养殖蚯蚓行业是一个有大前途的事业，他们对养殖蚯蚓这一行业给予了很高的评价，此行业是"一举三得"——盈利、健康、环保。

日本20世纪70年代，曾派代表团到美国学习人工养殖蚯蚓的经验。到了20世纪80年代，日本蚯蚓养殖业已遍布全国，大型的蚯蚓养殖场已有200多家。静冈县建立了1.65万平方米的蚯蚓养殖场，利用蚯蚓来处理有机废物和造纸厂的纸浆等。兵库县蚯蚓养殖场，为了满足人民生活需要，养殖10亿条蚯蚓，用于处理食品厂和纤维加工厂的10万吨污泥，化废为肥。在北海道，建立了有机废物再循环的试验场，其试验的目的在于利用废物转化为蛋白质，以满足人民的需要，试图改变日本人的食物结构，增加蛋白质的数量。

加拿大的法国移民克劳克，向安大略州的环保厅申请，利用蚯蚓处理城市垃圾，生产有机肥料（蚯蚓粪），再掺些泥炭加工处理后，作为园艺作物营养土，销往世界各地，获得很好经济效益。

英国的《每日电讯报》报道：他们利用蚯蚓喂猪试验，猪长膘快，瘦肉率高；利用蚯蚓作为鱼饲料，所喂的鱼比一般的商品鱼更好吃。

苏联从80年中期就开办蚯蚓养殖场，主要用处理垃圾，利用蚯蚓粪作为肥料，用于蔬菜，果树、花卉等作物。

荷兰农业大学土壤专家从事专项研究，40个八角形的蚯蚓养殖池能处理一个5万人城市垃圾。

还有德国、菲律宾、西班牙、印度、澳大利亚等先后都对养殖蚯蚓工作十分重视，采取很多措施发展蚯蚓养殖业，造福人类。

　　我国 20 世纪 80 年代末，开展蚯蚓养殖业开发与研究，利用蚯蚓处理垃圾，应用于养殖业的高蛋白饲料的应用，养鸡、鸭、猪、水类等动物；之外并从蚯蚓中提炼抗癌药——福乃康，还有的地方用蚯蚓提取"蚕保素"，提高养蚕的抗病能力，并能增卵和增丝，提高养蚕生产效益。有的科研单位利用蚯蚓提取抗脑血栓药品，全国畅销；我国台湾养殖红蚯蚓远销日本、美国、加拿大、新加坡等；基隆市用蚯蚓作为食品，并成为名菜，如龙凤巢（蚯蚓炒蛋），龙凤配（蚯蚓炖鸡），千龙鸡（蚯蚓煮鸡蛋）等。所以，养蚯蚓用途很广，方法简单，容易掌握，而且生产成本低，营养价值很高，可以在农村和城市推广与开发利用。

二、蚯蚓的人工养殖技术

　　蚯蚓是高蛋白饲料来源，含蛋白质高达 66.5%，蚯蚓不仅可以用来喂鸡鸭，还可用来养殖特种水产动物，特别是对稚鳖养殖效果最佳。它为家禽、鱼类及特种水产动物的饲料开辟了蛋白质的新来源，也为改良土壤、处理垃圾和城市环境净化等找到了新途径，还为医药、轻化工业提供了有价值的新原料。人工养殖蚯蚓，无需特殊饵料，又不与其他动物争食，用蚯蚓饲喂家禽，1kg 鲜蚯蚓可转化为 15 个鸡蛋左右，或肉 1.5kg。人工养殖蚯蚓，必将为飞速发展的家禽，特产养殖业带来巨大的经济效益，人工养殖蚯蚓成本低、产量高，是农民脱贫致富的好项目。

　　（一）蚯蚓的生活习性

　　喜温、喜湿、喜暗、喜空气、怕光、怕震，蚯蚓是变温动物，活动的温度范围是 5～30℃，0～5℃ 休眠，32℃ 以上停止生长，40℃ 以上死亡，最佳温度为 15～25℃，蚯蚓体内含水量 80% 左右，要求饵料含水量 60%～80%。蚯蚓喜暗怕光，昼伏夜出，在安静的地方生活。

（二）养殖方法

养殖蚯蚓的方法大体可分为土法养殖和工厂化养殖两种。土法养殖是利用缸、盆、箱、筐、土坑等直接散养，工厂化养殖主要有棚式、水泥池和树林中养殖。

（三）饵料的投喂

蚯蚓是杂食性动物，饲料来源广泛。各种果皮、菜叶及居民生活垃圾、畜禽粪、动物残体等均是蚯蚓的好饲料。喂蚯蚓的饲料，应经过发酵处理。饵料投放的方法不一，有的采用分层法，有的采用上投法或下投法。从目前生活实践经验来看，采用侧投法较好，即把新饵料投放在旧料的近侧面。让成蚯蚓自动进入新料中采食，栖息，而幼蚯蚓进入较慢较少，因此，有利于成蚓、幼蚓、蚓茧的分离，使孵化与养殖分开，做到分群养殖，避免三代同堂混养。

（四）管理措施

1. 蚯蚓的投放量：种蚓每平方米放养 1000～2000 条，将种子蚓所产卵茧孵出幼蚓即为繁殖蚓，每平方米放养 3000～5000 条，生产蚯蚓是以蚯蚓所产卵茧孵出的蚯蚓，每平方米放养 20000～35000 条。

2. 创造适宜的生活环境：养蚯蚓除了饲料外，还应注意生态条件，如饲料的含水量、通风性、温度、酸碱度及避光等，蚯蚓在生长期对饲料的含水量要求在 70% 左右，繁殖期为 60%～66%，适宜温度范围一般 12～30℃，最佳温度的 23℃，因此，在炎夏和寒冬，要分别采取降温和保温措施。当蚓床温度升至 32～34℃时，要早晚喷水，使温度控制在 30℃ 以下，冬季应保持在 15℃ 以上，将蚓床加厚达 40～50 厘米，饲料上用杂草、枯枝、落叶等覆盖，上面再加盖薄膜或稻草。饲料中酸碱度应保持中性，过碱用磷酸二氢铵调整，过酸可用 2% 石灰水或清水冲洗调整。

3. 防止蚯蚓逃跑：一是利用蚯蚓怕光习性，夜间设灯照；二是保持完全黑暗，这也是非常有效的防逃措施。

4. 防止敌害：蚯蚓不易生病，但有天敌危害，如粉螨、蚂蚁、寄生蝇、蜈蚣、老鼠、青蛙等。可用千分之一的三氯杀螨醇喷杀，可防止敌害入土摄食，危害蚯蚓。

三、蚯蚓的几种简易饲养方法

1. 坑道养殖法。该方法简便，可在地下挖坑作养殖场地。坑深50~60厘米，宽100厘米，长短不限，将坑底夯实，坑壁压紧，以防蚯蚓逃走。然后分层放入蚯蚓和饲料，表面用破麻布或稻草、树叶覆盖，使坑道内的湿度经常保持在60%左右，温度不得超过37℃。如夏季特别炎热，地温超过这一温度时，要经常淋水，必要时搭棚降温。此法适合野外养殖。

2. 池式养殖法。建一水泥池或用砖头砌成，建在室内室外均可，大小根据情况而定。一般深45厘米，池内铺30厘米厚的饲料；若建在室外，池边还要留一个排水孔，以便保温保湿避光。

3. 箱式养殖法。箱式养殖分为小型箱和大型箱。小型箱长50厘米，宽30厘米，高25厘米，这种箱便于排列、搬动及垒叠。大箱长150厘米，宽90厘米、高60厘米，箱上要加保护盖，这样便于遮光保湿。箱式养殖可利用旧房、大棚饲养。

4. 盆、缸养殖。将盆或缸底部钻些小孔，底部放一层肥土，然后放上饲料，高度以超过60厘米为好。上层覆盖麦秸、稻草。此法适合在阳台、屋角等窄小地方饲养。

蚯蚓的食性很广，如木屑、稻草、树叶、污泥、农作物秸秆等。总体上饲料成分的配比是粪类60%~70%，草类40%~30%，具体配方根据各地情况就地取材。管理方法上大体都一样：每平方米投种2000条，热天淋水降温，冷天铺盖破麻布、稻草、树叶保温。每星期添加一些用木菇或稻谷粉、玉米粉调成浆液，如有红白糖、猪牛生血配制更好。从种蚯蚓投放到收获需25～27天，如管理得当，每平方米可产30kg。收集方法是，利用蚯蚓怕光怕热的特点，把带蚓饲料放在光线较强的地方，蚯蚓很快下沉，然后用手或刮板逐层刮开饲料，则剩下蚯蚓在底层。

第四节　养蝇蛆与蚯蚓的典型经验

一、刘天龙养蛆发了财

刘天龙是山东省曹县位湾镇王泽铺的青年农民。1995年春天，只有小学文化程度的他在哥嫂的帮助下，投资5万元创办了我国首家"苍蝇农场"。由于他勤奋苦学，仅用一个月的时间就摸清了蝇、蛆的生活习性；刘天龙还拜访了国内几位知名昆虫专家，很快投入批量生产。由于蝇蛆生产周期短，繁殖速度惊人，饲料来源丰富。他采用蝇蛆粉养猪，猪粪养蛆的循环生产模式，当年就生产干蝇蛆粉11.7吨。由于当时人们受传统观念的束缚，他虽然拿着权威机构的蝇蛆蛋白质超过进口鱼粉的报告单，但跑遍了周围5个县市的养殖场，根本就没人相信。他望着10多吨没有市场的干蝇蛆，对自己所从事的事业彻底绝望了。哥嫂不但鼓励他干下去，同时又拿出10万元支持他，说："不要气馁，蝇蛆粉价值高，一定会被人接受的，维持现状，坚持养殖，研究高产繁殖技术，资金不够，我们想办法。"刘天龙在哥嫂的鼓励支持下，又振奋精神，走进他的饲养间，重新开始了他的苍蝇繁养。1996年7月，他终于销出第一批近20吨干蝇蛆，到年底，共销售干蛆54吨，获利20多万元，刘天龙的脸上终于露出了成功者的笑容。今年元月份，他又扩大繁育规模，花10万元巨资引进蝇蛆壳几丁质精制加工技术，使经济效益成倍提高。半年多来，他已成功提取化工原料几丁质 200 多千克，国际市场每克 20 多美元，价值达数百万元，同时还签订蝇蛆粉销售合同 100 多吨。

刘天龙的成功吸引了众多的求富者，求技术取经者络绎不绝。为使更多的人养蝇蛆致富，他还办起了笼养苍蝇学习班，帮助来自全国各地的 300 多个贫困家庭办起了"苍蝇农场"，生产的蝇蛆由他牵线搭桥销售。他凭自己的知识和不懈的努力，使小小蛆虫为他带来财源。

二、利用牛粪积肥养蚯蚓新法

由于受季节的限制，农村积肥通常是先堆放几个月，冬季积肥春耕施用，夏季积肥秋季施用。畜禽粪几个月的闲置堆放其实是一种资源浪费。在粪肥积存期间先用来养殖一回蚯蚓，既能提高畜禽粪肥效，不影响施肥，又能在短期内获得大量蚯蚓，一举两得。方法简介如下：

1. 把畜禽粪堆放成立方体，积存 20 多天以后，每立方米粪肥放养 10~25kg 蚯蚓，粪堆上覆盖 10 厘米麦秸或稻草等，夏天防日晒，冬天防寒冷（覆盖塑料膜更好）。

2. 根据蚯蚓循层采食的规律，每 30~60 天添 1 次新粪，添粪时可去掉覆盖物，刮开表土采收蚯蚓，也可不采收蚯蚓，继续养殖扩群。继续养殖时，把新产畜禽粪紧挨老粪堆旁边堆放。蚯蚓就会迁移到新粪堆中采食。数天后，老粪堆中蚯蚓已很少，可运走或施入大田，在空出的位置上再堆放新产出的畜禽类。

3. 降雨降雪时，要用塑料薄膜覆盖粪堆，这样既可防止粪土流失，蚯蚓降雪时，又能避免蚯蚓死亡或逃跑。

4. 畜禽粪被蚯蚓采食后，体积不减，每克粪中被蚯蚓输入 $2 \times 10^{5~8}$ 个益菌，转化成颗粒均匀、无味卫生的蚯蚓粪。此畜禽粪透气保水，种肥效高出 3~5 倍，既是水土改良剂，又是高效生物肥。

5. 以全年 6～12 次堆放畜禽粪，积肥总量 12 立方米计算，可产鲜蚯蚓 300～600kg，可用来养 300～600 只鸡。既提高了畜禽粪肥效，不误施肥，又生产出优质蛋白质饲料。

据资料报道，3 吨牛、猪粪可生产蚯蚓 1 吨，干蚯蚓每吨 8 万～15 万元，鲜蚯蚓每吨 6000～8000 元。

三、一堆粪培养出三种高蛋白饲料

1. 把新的猪粪或鸡粪从栏中清出，送到养蝇蛆房中，淋少许氨水诱苍蝇入室产卵。4 天后把蛆粪分离，每 500kg 新猪粪或鸡粪可产鲜蛆 25～30kg。

2. 把养过蛆的猪粪或鸡粪加入乱草或垃圾等堆积发酵，发酵调制好后养蚯蚓，每 100kg 粪料可产鲜蚯蚓 10～20kg。但是蚯蚓种以日本太平 2 号和北星 2 号杂交提纯后新一代品种为好。

3. 养过蚯蚓剩余的蚯蚓粪，其营养成分与谷物相等，而且富含磷、钙和微量元素，可做花肥、鱼类饲料。把剩余蚯蚓也可按 10%～20% 代替猪饲料，猪喂蚯蚓增重快，并可节约饲料，如此循环利用，大大地降低了养猪成本，提高经济效益。

西南农业大学生物技术研究所发展小规模化养蝇蛆实验。每 8kg 猪粪可产 1kg 鲜蝇蛆，100 平方米简易温室每月可产鲜蝇蛆 10 吨，可制成蝇蛆粉 2.85 吨，目前市场价值几万元。

四、昆虫养殖业是农民增收的新财源

2013 年一月农业部制定《饲料原料目录》开始实施，该目录把昆虫加工产品（含蚕蛹粉，虫粉等）列入。昆虫养殖的效果如何？中国畜牧兽医报记者采访了河北省保定市、山东省聊城市、河北省枣强县、山东省泰安市、广东省珠海市等昆虫养殖与发展情况。

1. 2013 年河北省保定市出入境检验检疫局，共检验检疫出口黄粉虫饲料 29 批，重量 174.6 吨，货值 106 万美元。同时分别比上一年增长 388.3%、694.6 和 409.6%、创下了保定市辖区内黄粉虫饲料出口以来最多纪录。主要出口美国、日本、英国、波兰、科威特等国家。

2. 昆虫养殖利润丰富

对于聊城市东昌府区沙镇蝗虫庙村的青年农民王存秀来说，养黄粉虫圆了他的创业梦。他在深圳打工，回家养过鸡，搞过废旧塑料回收，都没有赚到多少钱。后来，他开始养黄粉虫，当年回本后纯赚 1 万元。

2011 年 2 月，王存秀发起成立了黄粉虫养殖合作社，带动起 136 户农民养殖黄粉虫，平均每户年收入 3 万元，王存秀年纯收入达 40 余万元。今年，在山东农业大学环境生物与昆虫研究所刘玉升副教授的指导下，王存秀又开始养殖蛴螬。这是山东农大在全省的首个蛴螬养殖基地。与黄粉虫相比，养蛴螬更省心，效益更高。每 15 平方米养殖面每 3 个月能产鲜蛴螬 400kg，每斤价格 6 元左右。王存秀的首批 3000 多斤蛴螬，已经全部预订出去。

1 月 8 日，在山东农大教学实践基地，来自云南保山的"取经者"王林生告诉笔者："我养大麦虫 4 年了，一年能出四五吨鲜虫，平均价格每斤 15 元，主要供饭店。可带动 50 多户农民养大麦虫，每户年收入在 2 万~3 万元。"

2012 年，山东农大硕士研究生张大鹏毕业后，在泰安农村承包沙荒地，建起了 30 个蚂蚱养殖棚。他介绍："每平方米每年 4 茬产 8~9 斤蚂蚱，每斤价格 15 元。有一年价格高时达到 20 元，每斤蚂蚱的养殖成本大约需要 5 元，一点不愁卖。下一步，我准备再建 100 个棚养蚂蚱。"

3. 在位于河北省枣强县城郊的健婷养殖合作社，一群鸡在树林里撒欢，工人在包装鸡蛋，有客户前来，张口就要几百箱。经理孙英杰从 2004 年开始养成虫，此前，在创业路上曾近乎山穷水尽，现在已带动 300 多户农养虫、养鸡、养猪。除卖虫子外，还用虫、虫粪、虫壳喂鸡、喂猪，降低了饲料成本。猪肉全部走订单，价格每斤比普通猪肉高 1 元；50 枚一箱的虫子鸡蛋，售价 90 元，零售每枚 2 元，主要进入北京各家超市，鸡的价格每只 100 元。养虫、养鸡、养猪，合作社每年的收入达到 4300 多万元。虫粉蛋白含量高，可加工昆虫源蛋白粉。昆虫蛋白与动物蛋白之间存在异源性，避免了规模化养殖中动物饲料同源性污染（如疯牛病）的产生。据估算，到 2020 年，我国蛋白饲料原料缺口将达 0.5 亿吨。昆虫作为开发饲料资源的主攻方向，前景广阔。虫油可作为工业用油、航空用润滑油等。

4. 泰安市绿野生物科技公司总经理安增山，这一段时间正忙着谈一个昆虫深加工项目，开发虫粉、生物柴油、提取甲壳素。"项目运转后，所需的昆虫数量很大，就担心原料不足。"他说，"昆虫是世界上最大的尚未得到充分产业开发的资源。将两个如此巨大的资源结合在一起，进行产业化开发，将促进成巨大的新兴产业，是养殖业的一片'蓝海'。"

5. 一亩地年产蚯蚓 8～12 吨

广东省珠海市金湾区联英巾帼蔬菜专业合作社负责人吴良连告诉笔者，经曾在广东省珠海市金湾区一家药厂养殖蚯蚓的老乡牵线搭桥，合作社和药厂签订协议，合作社养殖的蚯蚓由药厂统一收购。随后，合作社先后投入近百万元，引进近 2 万斤"种子"开始尝试养殖。

从药厂的资料上看到，蚯蚓有八大产业链，包括蚓激酶可以做药品，蚯蚓多肽可以做保健食品，蚯蚓氨基酸可以做保健品，提取残液可以做液肥等。

"蚯蚓养殖，一亩地每年最少能赚 6 万元，而种植蔬菜年份好的时候才能赚 3 万。"吴良连告诉笔者，根据他们此前的考察，一亩地每年可以产蚯蚓 8~12 吨，而药厂承诺的收购价是6.5 元一斤。此外，蚯蚓养殖的人工投入也大大减少，"一个人就可以负责五六亩地。"

前几个月，合作社的蚯蚓养殖还处在"传种"阶段——蚯蚓不断产卵繁殖后，又提供给其他农户养殖。"现在养殖面积已经发展到 50 多亩，周边已经有十余农户加入进来。"

吴良连告诉笔者，最近合作社养殖的第一批蚯蚓将出售给药厂。

第八章　屠宰场废弃物生产高蛋白饲料代替进口鱼粉

　　人畜的生命主要靠蛋白质供养，畜禽饲料的质量好坏，蛋白质总体含量是其质量的主要标志。所以，猪的饲料除了粮食之外，为了提高总体蛋白质水平，都必须应用进口秘鲁鱼粉掺入饲料中，以此提高总体饲料蛋白水平。我国是世界第一养殖、养禽大国。对秘鲁鱼粉需求逐年增加，国际市场货源较少，价格不断上升。因为饲料占养猪成本70%，进口鱼粉价格昂贵，夺去了养猪者的利润空间，是引起猪肉价格高的一个主要原因。面临这种困境，我们充分挖掘资源潜力，利用我国的畜禽屠宰企业、养殖企业、皮革企业生产下脚料加工血粉，羽毛粉、蚕蛹粉、高蛋白饲料代替昂贵的进口鱼粉。一是降低养猪成本；二是为国家节约大量外汇；三是解决粮食短缺。多年来我国广大养猪企业和养猪户为了降低养猪成本，在生产实践中创造出许多高蛋饲料生产技术，而且资源丰富、方法简单。把这些行之有效的技术充分运用起来，解决粮食危机是十分有效的措施，使用这些羽毛粉、骨肉粉等高蛋白饲料比利用进口鱼粉，可降低成本50%左右。希望有条件的单位、积极应用和实践。

第一节　SL—1高蛋白饲料的配制技术

　　蚕蛹秘鲁鱼粉，是生猪快速育肥的高蛋白动物饲料，目前来源少，售价高。四川省泸州市紫阳生物化工厂科研人员李国华，利用屠宰下脚料、生物化学制药厂的下脚料，采用简单易行的工艺，研制成 SL—1 高效动物蛋白质饲料。其特点是原料广泛，配方简单，制作容易，价格低廉，质量优良。据重庆市饲料公司饲料研究所的检测结果，SL—1 高蛋白饲料含粗蛋白质高达58.92%，比秘鲁鱼粉（55.45%）高出 3.45 个百分点，比蚕蛹高 5.09 个百分点；还含有粗脂肪 8.81%、粗纤维 1.78%、粗灰分 13.81%、钙 0.7、磷 0.33%；据四川省抗菌素工业研究所测定，该品所含氨基酸多达 17 种，其中含赖氨酸 3.06%、蛋氨酸0.49%、亮氨酸 6.02%。利用 SL—1 高蛋白饲料，完全可取代昂贵的进口鱼粉或蚕蛹粉，能够配制成为符合生猪快速育肥的全价配合饲料，其增重速度、饲料报酬均无影响，而生产成本却大为下降，经济效益十分显著。

SL—1 高蛋白饲料的配方为：肝素钠渣 60%，羽毛粉 20%，四环素药渣、黄粉各 10%。将上述组分混拌均匀即成。其中，肝素钠渣是生化制药厂排放的下脚料，需经过压榨处理，在98℃下炒干，形成粒径 5～10 毫米的小颗粒；再在 78～82℃下烘烤（在烘房内放置醋酸）杀菌至干燥即可。羽毛粉是将鸭、鹅毛清洗后，在 4～5kg/厘米² 的压力下，经 108～112℃ 蒸煮6 小时，然后烘干、粉碎即成。黄粉是将生产淀粉的母液进行静置、沉淀处理，不断抽出清液，使沉淀物进一步密积，然后取出，经压榨机压榨后，在 78～82℃ 下烘烤至干燥，最后粉碎即成。

SL—1 高蛋白饲料在猪饲粮中的用量与秘鲁鱼粉相同，也可用于鸡、鸭、鱼的配合饲料。

第二节　利用动物血配制三元高蛋白饲料的方法

畜禽血液原为屠宰作坊的废弃物，含有干物质 10%～15%，其中粗蛋白质含量高达 70% 以上，利用血液开发高蛋白饲料已有不少成果和产品，但大都为单一的动物性蛋白饲料和植物性二元蛋白饲料。北京海淀区倒座庙 2 号于连生，研制成功一种以血粉为主要原料的三元高蛋白饲料，并已申请国家发明专利。

这种新型高蛋白饲料，是将畜禽血液配以多种非常规植物蛋白为载体，经微生物发酵，而成为含动物、植物、微生物蛋白的三元高蛋白饲料，其粗蛋白质含量达 50% ~ 55%，可以取代配合饲料中的鱼粉，从而大大降低饲养成本。

发酵工艺中所用的曲种，按下列方法制备：（1）将市售酵母曲接种到 500 毫升三角瓶中，在 30℃下培养 24 小时。再扩大至 5000 毫升三角瓶中培养成熟，即为扩大培养菌种。（2）将市售曲霉菌接种于 500 毫升三角瓶中，在 28℃下培养 24 小时。再转入 5000 毫升三角瓶中培养成熟，即为扩大培养菌种。（3）将上述二种菌种按一定比例混合，培养 24 小时；并加入辅料，再培养 24 小时（保温 28℃），即为曲种。

将制得的曲种与动物血制品、植物性蛋白饲料混拌均匀，控制混合料含水量为 40% ~ 50%，搅拌均匀，发酵 30 小时；翻料一次后继续发酵，至 70 ~ 90 小时，结束发酵。在 105℃高温下灭菌 25 分钟。然后摊晾晒至含水量 20%，送入烘室烘烤 10 分钟。待含水量降至 10% 时，粉碎，过 40 目筛，即为成品。

根据不同的植物蛋白源，可以制成不同蛋白水平的产品，举例如下：

1. 血制品（新鲜畜禽血在 100 ~ 105℃下蒸煮 10 分钟，经灭菌检查合格方可作原料）1200kg，豆饼、芝麻渣各 350kg，麦麸 100kg，曲种 5kg。将各组分均匀拌和，加水至含水量为 50%，将竹筐堆沤，加盖塑料膜，在 28℃室温下发酵 30 小时，翻料一次；重新装筐再发酵 40 小时，取出混合料用 105℃蒸汽蒸 30 分钟，摊开晾晒；至含水量降至 20% 时，送入烘干机烘干至含水量为 10%；粉碎，过 40 目筛，即为成品。

2. 血制品 2250kg，菜籽饼 1850kg，曲种 12.5kg，生产工艺流程同上。成品含粗蛋白质 52.5%。

3. 血制品 600kg，豆饼 150kg，菜籽饼、棉籽饼各 100kg，米糠 50kg，曲种 3kg，生产工艺同上。成品含粗蛋白质 53.5%。

第三节　利用肉类加工厂下脚料加工矿合肉血粉

肉类加工厂每年都排放大量的下脚料油渣和血渣。肉渣，是利用猪腹脂、花油、肥膘、铲皮油等进行蒸汽炼油后剩余的废弃物；血渣，是利用猪血生产喷雾血粉后剩余的血浆纤维干品。安徽当涂县肉类加工厂动物性饲料分厂韩陆奇、冯康，研究成功一种新型复合动物性蛋白饲料——矿合肉血粉，该技术已申请国家发明专利。

矿合肉血粉具有下列优点：一是营养价值高，饲喂效果好。据南京农业大学测定，该品含粗蛋白质 58.6%、粗脂肪 6.9%、钙 6.2%、磷 2.9%。其营养成分全面，氨基酸平衡，用于饲喂畜禽特别是肥育猪，饲养效果完全可以与进口鱼粉媲美。二是原料来源充足。在肉类加工厂，每宰一头猪就排放油渣 800 克，血渣 300 克，按每年宰生猪 4.3 亿头计算，采用本技术可以生产矿合肉血粉 440 万吨左右，用于饲喂畜禽，可节约饲料用粮 440 多万吨。三是工艺简单，经济效益显著。建成一个年产矿合肉血粉 200 吨的工厂，仅需厂房设备投资 10 万元，产品每吨成本仅 1600 元，出厂价为 2500 元，当年就可以收回全部投资并盈利 8 万元。目前进口鱼粉每吨价高达 1 万多元，如用矿合肉血粉取代进口鱼粉，便可减少外汇支出 9 亿元；同时变废为宝，消除了肉渣、血渣等环境污染源。

矿合肉血粉的制作方法如下：将油渣、血渣各等份，分别作干燥处理，使其含水量降至 12% 以下；然后搅拌均匀，粉碎，过 20 目细筛。再加入凹凸棒石粉（安徽嘉山县出产）、饲料骨粉（南京骨胶厂生产）。油渣、血渣、凹凸棒石粉、饲料骨粉的重量比为 40：40：5：15。这 4 种组分充分混合，拌匀，即为成品。

第四节 利用皮革下脚料生产高蛋白饲料技术

目前常用于育肥的动物性蛋白饲料有血粉、肉粉、虾粉、蟹粉、蚕蛹粉等，价格大都偏于昂贵，原料少，产量低，猪必需的元素钙、磷含量不足。黑龙江省双鸭山市向阳小区 59 栋 15 号杨光玉等，利用当地丰富的皮革下脚料作为原料，研制成功一种新型高蛋白动物性饲料，其粗蛋白质含量高达 65.1%（相当于秘鲁鱼粉），还富含钙、磷等必需元素，生产成本低廉，可实现变废为宝，综合利用。采用这种高效廉价的蛋白饲料，完全可以取代配合饲料中的进口鱼粉，实现快速育肥猪。该饲料的生产技术，已申请国家发明专利。操作方法简便，家庭作坊也能做到。

1. 原料筛选。将收集的皮革下脚料，除去泥沙、杂质。

2. 一次浸泡、加药。将皮革下脚料浸泡于 35℃的药液中 24 小时。下脚料、水、防风（中药）、醋酸的重量比为 1：3.5：0.003：3.5。

3. 甩干。将浸泡 1 昼夜的原料，投入甩干机，甩干 1.5 分钟，使其含水率降至 20%。

4. 二次浸泡。将下脚料再次投入 40℃温水浸泡 24 小时。水的重量为下脚料的 4 倍。

5. 二次甩干。将上述泡好的下脚料投入甩干机，运行 2 分钟，使其含水量降至 20%。

6. 清洗。将甩干的下脚料投入 30℃的清水中清洗干净，料水比为 1 : 5。

7. 甩干。将洗净的下脚料甩干，至含水量为 20%。

8. 低温干燥。将甩干的下脚料置入温度 70℃ 的烘炉中干燥 1.5 小时，使其含水量降至 5%。

9. 高温干燥。将含水量 5% 的下脚料送入 120℃ 高温炉内烘干 30 分钟。

10. 粉碎。将烘干的下脚料放入粉碎机，初步粉碎至粒径为 5 毫米。然后，再次送入粉碎机，粉碎至粒径 1.5 毫米以下。冷却至室温后即为成品。

第五节　利用屠宰场下脚料制作高蛋白饲料

肉类联合加工厂及家庭作坊排放的下脚料，如畜禽骨头、羽毛、血液、油脂以及林业废弃物松针叶等，含有丰富的蛋白质、矿物质、维生素及其他有助于生猪生长发育的营养成分。北京市延庆县川北小区 25 号楼王转京，采用蒸煮、酶化、膨化、复合、烘烤等工艺，将上述屠宰的下脚料等，制作成为一种高蛋白饲料。据测定，该产品含粗蛋白质 61.4% ~ 67.7%（超过进口的秘鲁鱼粉 0 ~ 6.3 个百分点），其中可消化蛋白质占 90% 以上；含钙 3% ~ 4.5%，磷 1.5% ~ 3%，赖氨酸 4.17% ~ 5.08%，蛋氨酸 1.17% ~ 1.89%，还有其他 16 种氨基酸，以及丰富的维生素、常量及微量元素、未知生长因子等。其营养价值可以与秘鲁鱼粉媲美，而价格只有后者的一半。据试验，在基础日粮、饲养管理条件完全相同的条件下，平均体重为 74kg 的肥育猪，试验组采用本品（高蛋白饲料），对照组按常规采用秘鲁鱼粉，二者添加百分率完全相同。结果，饲喂 20 天，试验组、对照组平均每头猪日增重分别为 1041 克、1045 克，差异极微，这就表明本品完全可以取代秘鲁鱼粉，从而实现快速育肥，而饲料成本降低

50%。这一技术已申请国家发明专利。

利用屠宰下脚料制作高蛋白饲料的方法如下：

1. 取蒸煮过的骨肉粉15kg，经膨化处理的羽毛粉35kg，动物型调味剂（由鱼头、肉粉、鱼内脏、鱼粉等经高压高温加工制成的干粉，具有鱼、肉香味）14.8kg，加入酶化血浆（干品、比重为1.152g/cm³）35kg和中草药添加剂（由五味子、干姜、八角、肉蔻、肉桂、花椒、神曲、辣椒、穿心莲、黄柏、苍术、蒺藜、黄花、艾粉、何首乌、贯众、牛膝、陈皮各等份，粉碎后拌匀）200克。上述混合物搅匀后，置入真空干燥炉内，经100~120℃温度烘干，至含水量降至6%~8%时，取出，粉碎至粒径为1~2.5毫米。

2. 待上述粉碎物冷却后，取其90kg，加入松针粉（由松针叶阴干后粉碎而成，可用苜蓿、紫穗槐粉代替）2.5kg，L-盐酸盐赖氨酸2~3kg，DL-蛋氨酸1~1.5kg，油脂3~5kg，合计100kg；再加入丙酸钠（防霉剂）250克，二丁基羟基甲苯（油脂抗氧化剂）20克，磷酸氢二铵（既可防止黄曲霉毒素滋生，又能补充磷元素）100~300克、碘化钠50~100克。上述各组分混合均匀，粉碎，过筛即为成品。

本品在肥育猪饲粮中的用量，与进口鱼粉相同，与基础日粮拌匀即可饲喂。

第六节　禽类加工厂废弃物生产高蛋白的羽毛粉

羽毛粉是由家禽羽毛经过高温、高压、水解等工艺制作而成。羽毛中蛋白质含量高达85%以上，比国产鱼粉高1倍左右，但主要成分为角蛋白，结构牢固、紧密，很难被畜禽消化吸收，因而目前大都无人问津，即使有一部分作为羽绒工业原料回收，也仍剩有不少下脚料被废弃。其实，只需经过工业处理，这些羽毛均可转化为容易消化吸收的高蛋白饲料。据测定，家禽羽毛中可消化蛋白质占70%，含有17种氨基酸，其中猪必需的赖氨酸、蛋氨酸、色氨酸含量均比较丰富，加上胱氨酸、苯丙氨酸和精氨酸等含量甚高，因而在安排饲料配方时，添加羽毛粉具有平衡氨基酸的重要作用。试验表明，在配合饲料中添加羽毛粉，可取代等量的鱼粉；当配合饲料中羽毛粉含量占3%时，可使猪的月增重提高2kg。据香港文献报道，用羽毛粉添加喂猪，能减少脂肪沉积，提高瘦肉率。

家庭作坊制作羽毛粉的技术要点是：

1. 备料。收集各种家禽羽毛，经翻晒后用水漂洗干净，沥干水分。

2. 蒸煮。用普通高压锅（大批量加工的采用特制高压锅）将洗净沥干的羽毛在 $2.5kg/cm^2$ 的压力下蒸煮1小时，其间每隔10分钟搅拌1次，然后捞起，晾干。

3. 酸煮。每千克干羽毛，浸入4～5kg 20%稀盐酸内，置入锅内加盖煮沸，不时搅拌。当煮至羽毛一拉即断时，捞出，晾干。注意勿过分延长酸煮时间，以免养分损失过大。

4. 清洗。将酸煮后的羽毛用清水充分漂洗，除净其中的盐酸。

5. 晾干。将清洗干净的羽毛用烘干设备烘干，或置于阴凉通风处晾干，使含水率降至25%～30%。

6. 粉碎。利用粉碎机半晾干的羽毛加工成粉末即为成品。

生产羽毛粉的主要厂家有：北京市门头沟地区羽毛粉厂，上海市郊塘湾乡羽毛粉厂，浙江省江山县四都羽毛粉厂，广西灵山县水解蛋白厂。

羽毛粉在猪饲粮中的最适添加量为3%～5%，最大不得超过15%。如同时掺用2%豆饼，效果更佳。其他蛋白质饲料可适当减少掺用量。

第七节　屠宰牲畜的废弃物生产血粉

　　血粉由各种动物血液加工而成。肉联厂、屠宰场和食品加工单位往往忽视畜禽血液的收集利用，使大量血液白白流失。其实，畜禽血液是一种营养价值极高的动物蛋白资源。据测定，每千克猪血含可消化蛋白质481克，消化能12.51兆焦，钙3.46克，磷1.28克。蛋白质含量高于鱼粉、肉粉，生猪必需的色氨酸、赖氨酸、含量尤其高，还有多种维生素、矿物质。据内蒙古农学院与呼和浩特市饲料公司试验，在饲料中添喂血粉后，平均日增重要比不添喂的提高265克。

　　加工血粉，必须采用健康猪的血液为原料，即事先经过严格检疫。为了防止新鲜血液变质，最好在采集血液的同时，加入相当于血液重量0.5%～1.5%的生石灰，并在血液凝固前加以搅拌，混合均匀，然后投入锅中加热熬煮，在120℃条件下经过90分钟熬煮，即得成品。

　　如条件允许，也可制成糠血粉备用，将新鲜血液盛入干净桶内或其他容器内，等血凝固后，按血重加入同样重量的米糠或麦麸，用棍棒搅拌均匀，摊铺于水泥晒坪上，厚度2～3厘米。在盛夏和初秋季节，暴晒1天即可。亦可摊铺于通风、干爽的室内，晾干1～2天。冬季可利用40℃以上的烘烤间进行烘烤，每天翻拌6～8次。干燥后的糠血粉呈粗糙团粒状，经饲料粉碎机即可加工成糠血粉。

　　血粉和糠血粉均应因地加工，保证原料新鲜、无病菌污染，所用器材须事先消毒。成品要装入小包塑料袋或缸内存储，严防受潮霉变。一头大猪的血液可制成糠血粉2～2.5kg。喂饲时，按配合饲料比例添加。

第八节　毛蛋粉可以代替鱼粉

毛蛋粉是用未出壳的死胚胎蛋，经烘干后粉碎制成的一种畜禽蛋白饲料。毛蛋粉含有蛋白质高达 69.71%、粗脂肪 10.45%、粗纤维 0.95%、无氮浸出物 5.85%、粗灰分 6.31%、钙 0.55%、磷 0.29%。

近年来，随着各地养鸡数量的猛增，各地孵化场每年都有数量十分可观的毛蛋被当作垃圾废弃，既造成浪费，又污染环境。这里介绍毛蛋粉的制作方法与饲喂效果。

制作方法：取孵化场的死胚胎蛋，先放置于恒温箱内烘烤（65~70℃）至干，后经室温冷却后进行粉碎，过 60 目筛后即可制成毛蛋粉。

在育肥猪的日粮中，添加 4% 的毛蛋粉代替等量鱼粉的试验组，与喂原鱼粉日粮组相对照，在 125 天试期内，两组育肥猪的平均日增重分别 625 克和 620 克。试验组比对照组高 5 克。以两组饲料报酬试验结果来看，喂毛蛋粉的试验组，全期料重比为 3.33：1，而喂原鱼粉日粮的对照组为 3.34：1。两组差异不显著。而从两组经济效益分析结果来看，在 100kg 育肥猪的全价配合饲料中，添加 4% 的毛蛋粉代替等量鱼粉后，可使每公斤配合料降低 0.10 元。试验组每头育肥猪的经济收入可比对照组提高 22%，效益十分显著。

第九节　骨粉和磷酸氢钙的生产技术

一、骨粉简易加工和利用

骨粉是畜禽稳妥可靠的钙、磷补充饲料，其加工原料为剔除的肩胛骨、肱骨、前臂骨、骨盆骨、股骨、腿骨、骨排、杂骨等。加工方法也很简单，只需经干燥、粉碎后即可作为补充饲料添加利用。其方法如下：

将食用或熬过汤的骨头或杂骨于锅内煮沸5～10分钟，沥水晾晒至干透后手工砸碎、磨碎或粉碎成粉末，即得生骨粉。据检测，这种生骨粉含粗蛋白质26%、粗脂肪5%、钙23%、磷10.5%。

生骨粉质地较坚硬，畜禽食用后不易消化，饲喂效果较差。使用时再经微火焙炒后与饲料混配，效果就要好一些。

骨粉做配合饲料的添加比例一般占日粮的1%～2%；浓缩饲料为日粮的5%。

骨粉的保管要注意阴凉、通风、仓库要干燥，谨防受潮腐败。

二、骨粉的锅罐一体蒸制方法

沈丘县角粒厂厂长王新胜根据历年的生产经验，吸取了同行业的先进技术，新开发出了适用于中小型企业及个体户生产骨粉的"锅罐一体蒸制新技术"。此法可以生产骨粉、角粉、羽毛粉等系列产品。新研究成功的蒸制法，打破了常规的骨粉生产工艺。所用设备——锅罐，经过粗心设计制造，改变原有的锅炉与硫化罐不一体的老式结构，变为一个整体锅罐，减少了工艺流程，降低了设备成本，提高了工效。锅罐升温快、蒸制时间短，节省燃料。使用该项技术办厂设备简单，投资小，见效快，效益高。投资3000元，可以建成一个日产两吨的骨粉厂。

锅罐一体蒸制法生产骨粉的另一个优点是省电、节能、生产过程中灵活方便，生产中除粉碎机外，锅罐不用电，而且烧煤量也降低了15%，每锅一次装骨150kg，能做到随收随装锅，减少了骨头长期存放变质的机会。使用该项技术蒸制，不但骨粉的质量好，而且比老式生产法每吨骨头多收回骨油 20kg，骨油色鲜。除此之外，利用废气、废水做成的肥效很高的有机多元素液体肥料，不但废物利用，而且增加了企业收入，减少了空气污染。

该项技术目前已在湖北、安徽、江苏等地推广，已有十多家企业采用此项技术获得了很好的经济效益。目前，采用此项技术所生产的骨粒、骨粉、角粒、角粉除供应国内化工、消防、科研、饲料等行业使用外，还出口日本、俄罗斯、西欧等国家。

三、磷酸氢钙的自主生产技术

磷酸氢钙含钙、磷比例适当，易被畜禽吸收利用。用过磷酸钙生产磷酸氢钙，原料易得，成本低廉，技术简单，效果良好，适宜饲养户小规模生产自用。

1. 浸出。将 1kg 粉状过磷酸钙缓慢加入 3kg 水中，搅拌 30 分钟，尽量澄清。澄清液比重为 1.2，否则应调整。虹吸出上清液备用，残渣用水洗涤 2~3 次，洗水留下次浸出用，残渣作肥料。

2. 除氟。按每升浸出液加 24 克食盐，不断搅拌下慢慢加入石灰乳，使乳液 pH 为 2.5~3，此时生成氟硅酸钠沉淀，用筒箕加一层白布过滤除去。

3. 沉淀。除氟后的滤液，在搅拌下加入石灰乳，使溶液 pH 为 5~6，此时即生成磷酸氢钙沉淀，过滤、晾干、备用。

石灰乳要选好质量的新鲜石灰制成，含镁量要低，筛去石块杂物，调节比重为 1.02~1.1。

经上述方法制取的磷酸氢钙，含钙 10%~12%，磷 8%~10%，氟 0.07%~0.10%，游离水分 44%~56%。3kg 过磷酸钙，可生产 1kg 磷酸氢钙，每公斤成本只 6 角。磷酸氢钙要晾干，因游离水分高，析出之后使用影响效果。

第十节　骨肉粉和肉粉生产技术

骨肉粉是由不能供人食用的病畜尸体或屠宰场的各种副产品，经高压消毒锅煮烂，除去浮在液面的脂肪，剩下的骨肉经干燥、磨碎而制成。其成分随肉、内脏、骨髓和血液所占的比例而不同，一般含有蛋白质 40%～60%、脂肪 8%～10%、矿物质 10%～25%，而矿物质中含钙量比磷多 2 倍，还富含维生素 B_{12}，因而骨肉粉是畜禽很好的蛋白质和矿物质补充饲料。

肉粉是由屠宰场、罐头厂和其他肉类加工厂不能供人食用的内脏及肉屑等残渣而制成。肉粉营养价值完善，蛋白质含量高，一般为 50%～60%，主要用于喂猪和鸡，生物学价值较高，其喂量可占日粮的 10% 左右。

第十一节　蚕蛹除臭方法

蚕蛹是一种较好的动物性蛋白质饲料，含有丰富的蛋白质、脂肪及较齐全的必需氨基酸，且各种营养成分含量较高。据测定，蚕蛹粉中蛋白质含量为 68%～70%，脂肪为 21.4%，矿物质为 2.8%，氨基酸含量较高，赖氨酸为 3.03%、色氨酸 0.69%、蛋氨酸 1.43%，缬氨酸 1.43%、精氨酸 0.6%、苯丙氨酸 1.30%。

用蚕蛹粉喂猪，平均日增重比不加蚕蛹粉的高 23.6%，并缩短了育肥期，提高了出栏率（郭芳斌，1998）；用 8% 的蚕蛹饲养仔猪，饲料报酬高于鱼粉（陈佳荣，1989）。

我国蚕蛹资源丰富，仅家蚕蛹及柞蚕蛹每年产量可达 35 万吨左右。但目前使用受到限制的重要原因是蚕蛹除臭脱脂技术问题。然而这一问题近年来正得以解决。据彭东语（1986）报道，用 2% 的纯碱液作蚕蛹脱脂除臭剂，效果较佳。用于饲喂鹌鹑，其蛋和肉中均无蚕蛹的臭味；同济大学的张功琴教授已成功研究出蚕蛹除臭及高效分离蛋白质技术，可获得白色无臭蛹、粗蛋白为 75% 的蚕蛹粉，这些为广泛开发利用蚕蛹提供了一定的技术支持。

第十二节　肉鸡屠宰废弃物充分利用

随着肉鸡饲养业的发展，将有大量的肉鸡屠宰废弃物（鸡肠、嗉囊、鸡肺、肠内容物等）作为猪饲料资源加以开发利用。笔者等曾进行试验，在喂基础日食的前提下，分别添加煮沸的肉鸡屠宰物。分为对照组、添加 40% 和 60% 的试验组。结果表明，各组试用期内平均日增重为 512.00 克、518.50 克和 518.50 克。与对照组相比，40% 组、60% 组试用期内分别节粮 37.5% 和 57.1%。因此，充分利用肉鸡屠宰废弃物喂猪具有高效节粮效果。此外，牛瘤胃内容物和兔肠内容积都可经高温消毒后喂猪。

第九章　畜禽粪便在养猪中的科学利用

　　世界畜牧业先进国家早已发现畜禽粪便的利用价值和资源再利用的节粮潜力。率先利用科学的方法把其加工成代粮饲料，他们都设有专业化生产加工厂，每年为国家节约大量粮食，而且还治理了环境污染，降低养殖业成本，可谓一举三得。农业生产为畜禽提供口粮，这些畜禽为人类生产各种副食品，其剩余的粪便，经过人们的科学的加工再喂畜禽，农业与畜牧业相互依托，相互促进，良性循环，各得其利。我国无论是猪、鸡、牛、兔数量都居世界前列，这部分资源十分巨大。可惜的是这部分资源的利用从 20 世纪 80 年代末期才起步，时至今日利用数量甚微，更没有一个专业化厂家生产，基本上都作为肥料。在我国养殖业粮食短缺中制约畜牧业的一系列矛盾十分突出，充分开发与利用这部分资源潜力巨大，它将弥补我国饲料粮的不足。关键在于各级主管部门的重视，积极引导推广各地成功经验十分重要，应在尽快的时间内把全国这部分资源利用起来，会大大地减少我国饲料粮的进口，缓解我国的粮食不足的问题，使我国畜牧业兴旺发达。

　　畜牧业发达国家早就注意畜禽粪便的饲用价值，并广泛推广应用。日本开发了一种商品名为"托普兰"的新型饲料，即是由鸡粪加工而成的，与玉米等饲料混合使用，相当于普通饲料的营养价值，且可降低 30% 的成本；美国将加工过的鸡粪作为商品投放于饲料市场；加拿大每年有数以万计的鸡粪作为饲料。

20 世纪 80 年代末期，我国开始将畜禽粪便加工饲养生猪，显示了良好的经济效益、社会效益和环境效益。南京农业大学等单位在江苏省沭阳县专业户中试验，结果表明：一个饲养蛋鸡 500 羽的家庭，日产风干鸡粪 19kg，可调制配合饲料 62kg，亦足够 25 头体重 50kg 育肥猪的日粮消耗。

第一节　畜禽粪便的营养价值

畜禽排出的粪便，特别是鸡、兔消化道短，饲料停留在消化道时间不长，一般为 3～4 小时，故其排泄的粪便中含有 27% 的营养物质没有被畜禽利用，因此，畜禽粪便具有一定的饲用价值。

1. 鸡粪：含粗蛋白质 27%，粗脂肪 2.4%，无氮浸出物 30%，钙 5.6%，亚油酸 1%，还有大量的 B 族维生素、畜禽必需的氨基酸，每千克代谢能 0.10－0.11 兆卡，居其他畜禽粪便之首，鸡粪味咸，猪喜食。

2. 兔粪：含粗蛋白质 18%～27%，粗脂肪 3.9%～4.3%，维生素 36%～46%，灰分 13%，碳水化合物 4.9%～8%，磷 1.4%，钙 1.9%，还有大量 B 族维生素。3kg 鲜兔粪所含粗蛋白质、粗脂肪和无氮浸出物相当于 1kg 麦麸。按此比例代替麦麸喂猪，每增重 1kg 可节省精饲料 0.96kg。

3. 鹅粪：粗蛋白质、粗纤维和灰分含量比猪粪高，微量元素、氨基酸含量与鸡粪相同。

第二节　鸡粪加工处理方法

鲜鸡粪含有某些寄生虫和病原菌，还夹杂刺激性物质和恶臭气味，一般需先加工处理后才宜用于喂猪。鸡粪在猪日粮中加入量为 25% ～30% 。鸡粪的加工处理方法有：

1. 煮沸法：将过筛、除去杂质的鸡粪置于大锅内，加水煮沸，水粪比为 1∶0.8，边煮边搅拌，及时捞出表层悬浮杂质，文火煮 2 小时，呈粥状即可达到灭菌效果。

2. 发酵法：鸡粪去杂，晒干，搓碎，加入清水，干湿度以手握紧指缝不滴水为宜。拌入切碎的青菜或青草等，装入缸内，压紧，表层撒 2 厘米厚的米糠或麦麸，缸口用塑料薄膜扎紧，用泥封严。冬天放入屋内，夏天置于阴凉处，经 10 天发酵，即可开缸饲用。

3. 干燥法：将鲜鸡粪中加入 10% 的工业用硫酸亚铁，拌匀后置于 120～160℃环境中烘烤，当水分降至 10% 以下时，即可喂猪。

4. 化学处理法：在鲜鸡粪中（一般含水率为 60%）按干重 0.5%～1% 加入硫酸或磷酸，使水分降至 35%，再加入 0.5% 的甲醛溶液，充分搅拌，风干至水分为 30% 左右。再拌入 20% 尿素，使其溶解。当水分降至 10% 时，即可装袋备用。注意：连加化学制剂后要拌匀，并晾晒 4～6 小时。

5. 膨化法：将去杂、干燥后的鸡粪装入热喷机中，加热 10～15 分钟，即得膨化鸡粪。成品无异味，蛋白质利用率特别高。

第三节　鸡粪喂猪的实例与效果

一、鸡粪喂猪的安全性

山东农业大学李铁坚对鸡粪喂猪的安全性做了系统研究，结论是：鸡粪喂猪对其肉品的感官品质和食用品质多项理化性状无明显不良影响。不同比例鸡粪喂猪后肉品的色泽、贮存稳定性、嫩度和多种氨基酸，特别是人体必需氨基酸的含量等品质性状差异不显著（$P > 0.05$），鸡粪喂猪后仅肉品弹硬度稍高、谷氨酸及天冬氨酸量稍低，但都属正常范围之内，品尝无异味，对肉质与风味无明显不良影响。试验证明，鸡粪喂猪不会引起畜禽疫病传播和寄生虫的感染，猪肠道内微生物环境没有变化。同时，鸡粪喂猪的肉品中 BHC 和 DDT 残留量与其猪肉无明显差异，并远低于食品卫生规定之标准，食用安全可靠。

二、鸡粪喂猪的添加比例

试验结果表明，与饲喂基础日粮的对照组相比，添加 30% 发酵鸡粪喂生长育肥猪，其增重速度、同体品质性状（屠宰率、瘦肉率）无明显差异。但添加 30% 发酵鸡粪后，每头猪节省饲料 58.25kg。对照组、试验组的料重比分为 3.54：1 和 2.48：1。如果再提高添加比例，日增重下降，但成本也降低，建议生长育肥猪添加比例以 30% ～50% 均宜。添加比例超过 30%，应加糖蜜、油脂下脚料等富含消化能的饲料原料。山东沂水县李连顺，以混合料为基础，断奶小猪添加发酵鸡粪 20%；20～35kg 中猪添加 40%，取得良好饲喂效果。

三、饲料方法

可用鲜鸡粪喂猪（在没有任何疫情的地区）。鸡排泄后立即被猪吃掉的鲜鸡粪中，结合蛋白质水平比较高，氨态蛋白质水平很低，但几小时以内迅速提高。这说明，鲜鸡粪的利用率比分解的鸡粪利用率高。实际上，分解后是在排泄几小时（而不是几分钟内）产生的，因为鸡粪中的微生物区系蛋白水解作用极强。

东南亚的一些农民早已创造了鸡／猪／鱼的综合饲养方法。他们在猪圈上 1.5 米的高处建造产蛋鸡笼，从而节约了盖鸡舍的费用。产蛋鸡的排泄物直接掉落在猪圈里，猪在几秒内吃光。往往是 3～7 只鸡为一头猪服务。整个方法的缺点是体重极小的猪吃鸡粪多，而体重大的猪吃鸡粪少，解决的办法是只要猪体重增加，可多入几个鸡笼。

山东省泰安市北集坡镇养殖专业户刘传香用 2/3 配合饲料掺1/3 鲜鸡粪喂猪，取得良好经济效益。

山东省泰安市岱岳区房村镇养肉仔鸡专业户田昌社，用肉仔鸡新鲜鸡粪喂猪生长育肥猪，平均日增重 350 克。虽取得极好经济效益，但把高蛋白的肉仔鸡粪浪费了，如果在饲料中添加富含能量的糖蜜、油脂、次粉、糖渣等，效果会更好。

张鹤亮等试验在妊娠母猪日粮中添加 40% 发酵鸡粪取得良好效果，比不加鸡粪的对照组降低成本 33.04%。同时，添加鸡粪的试验组比对照组的产仔窝重和育成率都好并提高母猪妊娠增重和泌乳力（20 日龄窝重）。原因在于发酵鸡粪富含 B 族维生素、各种酶、酸、醇等芳香刺激物质。

其配比如下：发酵鸡粪 40.0%、玉米 44.0%、豆饼 1.0%、麦麸 14.85%、食盐 0.13%、多维 0.02%。

建议，空怀待配母猪也可把发酵鸡粪饲料加到 40%，哺乳母猪可添加 20%～30%。

如前所述，鸡粪经过发酵后，不仅味道变好，适口性改善，而且营养价值提高。所以，添加发酵鸡粪是改善所有母猪群健康水平的重要措施之一。

联合国开发计划署/粮农组织在新加坡的一个试验项目中，用肉用仔鸡垫草饲喂青年母猪，以测试其对以不同垫草为基础日粮的嗜食性。在青年猪的育种日粮中，按 35% 的比例加入 7 种不同的肉用仔鸡垫草。在多种日粮中添加其他饲料成分让其保持平衡，以使所有日粮中的营养价值相似，将这些日粮与具有相似营养结构的妊娠母猪商品日粮进行了对比，结果见表 9－1。

表 9 - 1　青年母猪喂添加不同垫料来源的垫草的日粮所表现的性能

日粮中垫草来源	每头增重（克/天）	饲料效率（%）
对照（妊娠母猪商品日食）	0.273	7.4
燕麦壳垫草	0.256	7.7
苜蓿粉垫草	0.249	7.9
米糠垫草	0.314	6.3
小麦麸垫草	0.362	5.4
肉用仔鸡日食垫草	0.254	7.7
木薯颗粒垫草	0.255	7.7
玉米粉垫草	0.312	6.3

除了"苜蓿粉垫草"日粮外，其他全部日粮猪都很爱吃，所得结果与商品日粮的结果相似或好一些。加垫草可大幅度降低饲料费用。

鸡粪是高蛋白低能量的代用饲料，在使用中，一定要与能量饲料配合使用才能收到预期效果。能量饲料是 1kg 饲料干物质中含消化能 10.47 兆焦以上者，其中包括禾谷类籽实（高粱、大麦、谷子等）、薯类干粉、糠麸类以及糟渣类等。

第四节　兔粪育肥猪法

在饲喂初期，猪没有采食兔粪的习惯，可先将兔粪发酵处理后，压碎，按 30% 的比例加入到日粮中喂猪，待猪逐渐适应后，将比例加大至 50% 左右。另一种方法是小剂量加入法：体重 25kg 以下的猪，每日加入兔粪 50 克；体重 25 ~ 50kg 的猪，每日加入 100 克；体重 50kg 以上的猪，每日加入兔粪 250 克。兔粪喂猪，一定要先将兔粪压碎，均匀地拌入饲料中，最好是在早晨

1 次性采食完。兔粪喂猪，猪只特别喜欢睡觉。

山东省泰安市岱岳区房村镇董白塔村，家家养兔，兔粪养猪，全村存栏养猪 200 余头，肉猪 1000 余头。

兔粪喂猪方法有两种：

1. 用新鲜兔粪喂猪　将新鲜兔粪与落下的饲料混合，加上青菜。夏季用冷水，冬天用热水浸泡，搅拌数分钟，再加上适量混合糠料喂猪。

2. 发酵兔粪喂猪　取新鲜兔粪去掉杂质，加适量水混匀，然后装进塑料袋密闭发酵。发酵 2～3 天后成熟，具酸香味，提高了适口性，也可以与青绿饲料混合青贮。

第五节　牛粪育肥猪法

牛粪与统糠拌和发酵后喂猪，省料，猪只增重快。具体方法是：将 30% 的鲜牛粪与 70% 的统糠混合，加水适量拌匀，置于水缸或砖砌的池子里，缸口或池口用麻袋盖严，温度保持在 40～50℃。48 小时后掺有牛粪的饲料变得软、酸、香、甜略带酒味，即可起缸或起池用于喂猪。喂时需与精饲料拌匀，才可直接饲喂生猪。

牛粪喂猪另一种方法是将湿牛粪和糠麸、青绿饲料搅匀进行青贮。

牛粪可占猪饲料的 10%～15%。如果增加饲喂比例，应根据饲养标准进行营养平衡。

喂配合饲料所产的牛粪，特别是夏季的牛粪，除含有一定的蛋白质、脂肪和碳水化合物外，还有丰富的 B 族维生素、胡萝卜素以及微量元素和酵素等。可作为补充饲料供畜禽使用，能促进食欲和生长发育，但冬季的牛粪（因未采食青绿饲料），不适于作仔猪的饲料。

第十章　养猪赚钱绝招

过去在养猪生产处于价格低谷，无利可图的关键时，一些聪明、头脑灵活的养殖者，他们挖空心思，想出各种绝招努力提高养猪价值，取得了惊人的效果。如学习日本经验养出了"茶香猪"、喝酸奶长大的欢乐猪、各种地方名产的"土猪"、"中药猪肉"还有"牛奶猪"，是五花八门，各具特色。他们的共同特点，都是打着绿色、环保的招牌，普遍卖高价而赚钱。高者每斤卖398元，低者也卖30元。现将几种天价猪肉简介如下：

第一节　听音乐吃螺旋藻的天价猪肉

这种猪每天运动、听音乐，吃的是螺旋藻，还有专用的"猪厕所"，这种国内首家用螺旋藻喂养的高端生态猪肉近日从海南省澄迈县走上北京人的餐桌。其中，猪的顶级部位"梅肉"（上肩肉）的价格高达每斤398元；即使最便宜的部位也要50多元一斤。据生产厂家介绍：猪种选取自濒临灭绝并受国家重点保护的五指山香猪；全程饲喂的是获得国家专利的有机饲料，饲料中含螺旋藻、茉莉花、构树叶、昆虫等营养物质；生长全程无须使用任何抗生素，肉质胆固醇含量低并且散发清香。

目前，这种"天价猪肉"已经摆上北京、深圳、上海等地的货柜，能否获得北京市民的青睐，有待市场检验。

第二节　地方的土猪市场开始复苏

被洋猪统治 30 多年的猪肉市场，全国土猪近几年来大有收回失地的趋势，在短短几年之内由占 5% 的市场，现在已经发展到 15%，并有不断扩大的趋势，而且市场肉猪价格高，供不应求。这些地方土猪养殖周期长，生长缓慢，给饲养者带来一定技术压力和投资风险，而国内一些专家也为此担忧。本书为此找到了解决的办法，这些新方法确实可行。

其中地方土猪所必需的饲料添加剂，应用上使地方土猪日增重由 400 克达到 1.5 ~ 2kg。

山东驻军 83 部队科学小组的养猪经验对此也得到了证实。因为地方土猪特点耐粗食、抗逆性强、产仔数多，在生产实践中他们为猪添加了微量元素后，生长速度快速上升。

一是不管什么品种的猪，其生长所必需营养物质要保证齐全，否则生长速度不快。过去散养猪时，它们缺乏什么到处寻找，找到就吃，很难保证需求，所以生长缓慢是必然的，只要用添加剂之后，生长情况就会直线上升。

二是他们养的猪与众不同，瘦肉率与别人比增加了 20%，为什么？他们饲养配方中用 40% 秸秆发酵粗饲料。这种饲料不但代替了部分玉米，而且粗纤维较多，不但增加猪饱食感，粗纤维可降低猪血清总胆固醇和低密度脂肪蛋白含量，这样猪肉中不但胆固醇含量降低，还增加瘦肉率，而且地方土猪本来就有耐粗饲性，为地方土猪饲养找到了营养齐全的解决办法，缩短饲养周期，找到了答案。地方土猪基本上瘦肉率低，喂发酵草粉，节省了粮食又降低养殖成本，又可以增加瘦肉率 20%，这样克服了地方土猪的不良缺点，营养得到了补充和完备。

三是为地方土猪生产提出了新思路，也证明了不管什么品种的猪都离不开饲料添加剂，否则增产效果不佳。83 部队为我们提供了新经验，为今后地方土猪大规模饲养，增加收入提供了新的渠道。

大量事实证明，我国养猪生产落后，但是越是落后发展空间越大，只要注意采纳先进经验，精心饲养，各项经济指标一定会赶上世界先进水平。书中的各种节粮增效方法若干，这里只是重要部分简介，只要认真阅读奥妙无限。

第三节　上杭槐猪

2009 年 4 月，福建省福州市的超市出现了一种特别的猪肉，这种猪肉价格惊人，每千克平均价达到 60 元，最贵的肋排卖到每千克 130 元，据了解，槐猪脂肪多、瘦肉少，但肉嫩味美，因此在当地的名气较大。

第四节　茶香猪

2010 年 1 月 17 日，一种名为"茶香猪"的天价猪肉出现在四川成都。据称，茶香猪产于雅安市名山县茅河乡，其肉价一度达到每千克 80 元，而且据说该猪是利用生态茶叶饲料，故而肉质清香，甚至有减肥、降压的功效。

根据日本 1997 年在鹿儿岛县开始养茶叶猪的试验。并取得了很好食用效果，1998 年并打出"茶美豚"品牌推向市场，广大消费者吃到"茶美豚"猪肉味道鲜醇赞不绝口，到 1999 年该县"茶美豚"猪肉年产近 4 万头。

根据《中国畜牧兽医报》杨淑玉报道，我国已经经过实验，探索茶叶养猪在我国研究成功，并达到了日本茶叶养猪水平，具体方法如下：

在培育肥猪的过程中，加喂适量的绿茶粉末，可使"茶叶猪"肉的核酸含量增加 20%、胆固醇含量降低 10%，味道更加鲜美可口。茶末喂猪还可使猪的抗病性增强、育肥时间缩短（从断奶至育肥约 100 天）、成本低且无副作用。

一、饲料配方

断奶仔猪在 15kg 以上时，分前期、中期、后期三个不同时期配料饲喂，即可达到最佳效益。

1. 前期 40 天，猪体重 15～30kg。饲料配方为：玉米 20kg、麸皮 15kg、山芋干 15kg、菜籽饼 8kg、鱼粉 1kg、食盐 1kg、米糠 40kg、硫酸铜 20 克、硫酸亚铁 10 克、硫酸锌 10 克。

2. 中期 30 天，猪体重 30～50kg。饲料配方为：玉米 15kg、麸皮 10kg、山芋干 15kg、菜籽饼 5kg、豆饼 4kg、鱼粉 1kg、米糠 50kg、食盐 1kg、硫酸铜 25 克、硫酸亚铁 12 克、硫酸锌 10 克、绿茶粉末 60 克。

3. 后期 30 天，猪体重 50～100kg。饲料配方为：玉米 15kg、麸皮 10kg、山芋干 15kg、菜籽饼 4 克、豆饼 4kg、鱼粉 1kg、食盐 1kg、米糠 50kg、硫酸铜 30 克、硫酸亚铁 15 克、硫酸锌 10 克、绿茶粉末 70 克。

二、科学管理

1. 断奶仔猪入栏育肥前先驱虫。采用驱虫精擦猪耳背，驱除体内寄生虫；也可按 10kg 体重内服敌百虫 1 克，拌入饲料中喂服。

2. 饲料发酵饲喂。将硫酸铜、硫酸亚铁、硫酸锌用温水溶解，均匀洒在饲料中，再加适量的水搅拌，以手抓指缝见水但不滴为度。然后装入缸或木桶中密封，温度保持在 37～42℃，让饲料发酵。当饲料散发出酒香味时即可饲喂。

3. 饲喂方法。发酵的配合饲料必须生喂，每天 4 次。第一次在早晨 6 点半喂，以后每隔 4 小时喂一次，第四次在晚上 9 点钟喂。饲喂量随猪体重增加而增加。青饲料不限量，吃饱为度。配合饲料饲喂标准为：15～30kg，猪每头每日 1～1.25kg；31～50kg 猪每头每日 1.25～1.5kg；50kg 以上每头每日喂 1.75kg，坚持少喂勤添，喂后再供饮水。

4. 大小猪分圈饲喂。按猪的大小强弱进行分圈饲喂，防止猪吃食不均或抢食发生撕咬。还应调教猪定点排粪，每天打扫两次，保证猪舍干燥卫生。养到 100kg 左右即可出栏宰杀。

第五节　中药猪肉

2010 年 11 月初，广东省中山市出现了一种价格为每千克 92 元的天价猪肉，据称，这种猪从来不打疫苗，一旦有了病就依靠中药来治疗，故而价格较高。

第六节　牛奶猪

一、养猪新法——牛奶猪致富经

明明是头猪，却不吃饲料，每天要喝 5kg 鲜牛奶。日前，四川省西充县在成都向有关部门汇报有机食品基地建设情况时，肉价每千克 120 元以上的 "牛奶猪" 成为新鲜话题。西充县槐树乡养猪场老板赵伟雄创新喂猪方法，使其猪肉吃后口里留有牛奶香味。

36 岁的赵伟雄做了 18 年的餐饮，天天和猪肉打交道，一次偶然的机会他了解到人长期喝牛奶，可以使皮肤嫩滑，但是喝多了又容易上火。赵伟雄想人喝牛奶容易上火，能不能让猪喝牛奶，人再来吃猪肉呢？他觉得这当中会有巨大商机，他回到老家西充县做起了试验，"说不清喝了多少牛奶，起码猪都试了上千头。"听说赵伟雄要用牛奶喂猪培育"牛奶猪"，左邻右舍都觉得他疯了。"当时除了我姐支持我，家人都反对。那时不管是用奶粉还是鲜奶喂猪，猪都拉肚子，养一头死一头。"赵伟雄说，从2004年年初开始试验养"牛奶猪"一直到2007年冬成功育成，共花了400多万元。现在赵伟雄已经找到合适的种猪，种猪来自美国、越南等国家，用5种不同的猪交配出来，简称PIC杂交猪。

第一个养猪场建在西充县槐树乡的梁塔山上，梁塔山空气清爽，植被丰富，完全适合绿色养猪。"我们养猪是在无污染，适宜猪繁殖、生长的环境下进行的，采用科学营养配餐，禁止使用激素，安全不用药，让猪发展出最大的生理潜能。"据介绍，这些，"牛奶猪"抵抗能力很强，一般不生病，就是病了也只喝中药。

每天给猪喝3次牛奶，每天喂奶时间分早中晚3次，定时定量。"猪每天三顿餐，顿顿有鲜牛奶，平均下来每头猪每天要喝近5~6kg鲜奶。"据介绍，这些牛奶猪生长周期2.5~3个月，一头"牛奶猪"一个生命周期要喝500kg以上的鲜奶，仅此项成本就是3000元。

"我们杀猪的方法也不一样。"赵伟雄俨然专家一样，"得让'牛奶猪'安乐死，普通杀法让猪太恐惧，尿素渗透到皮肤里影响口感。"用电击晕、吊杆放血、烫拔毛，再划开清洗内脏，然后分块真空包装，通过南充机场送往广东。

"粤菜清淡才吃得出来牛奶的味道。"赵伟雄说，广东市场一天就要800kg"牛奶猪"肉，但他的养殖规模太小了，一个月只有几十头猪出栏。目前，赵伟雄和成都一些火锅接触，准备推出牛奶猪肉清汤火锅。

　　偏僻的小山村居然喂养出鲜美可口的"牛奶猪"，广东客商找上门来，香港客商订了两头，巴西订了三头，"他们尝出真是牛奶味，肯定就会大量订货。"赵伟雄说，每头"牛奶猪"80～130kg，猪肉批发给广东客商每千克120元以上。

　　小山村的养猪远远不能满足市场需求，西充县政府从中发现了巨大的商机，拔地300亩，为"牛奶猪"建厂房"扩容"，与此相配套，西充提出打造中国西部有机食品基地，建"生态县"，为"牛奶猪"的生产提供良好的外部环境。

二、科学饲养成就"牛奶猪"

　　为了解决"牛奶猪"拉肚子的问题，赵伟雄往北京跑了许多趟。在专家指点下，他终于摸索出一套经验。在一窝小猪出生时便优胜劣汰，从四肢的发育和抢食的情况选出体质优秀的乳猪作为"牛奶猪"饲养。"一窝猪中能被选为'牛奶猪'的不到7头，其他都被当普通肉猪饲养。"赵伟雄说。"经过选择后的乳猪还要经一套特殊的养殖方法才能经受住从喂猪乳转为喂牛奶的过程。"赵伟雄告诉笔者，这套技术已申请了专利。据赵伟雄透露，为了培育"牛奶猪"，当猪宝宝还在猪妈妈肚子里时，饲养员便开始采用科学的方法喂养母猪，以增强猪宝宝的抵抗力。

三、养"牛奶猪"带领周边乡亲致富

　　四川大学华西公共卫生学院以及国家粮食局成都粮油食品饲料质量监督检验测试中心对"牛奶猪"猪肉的检测报告为：粗蛋白含量高达18%，氨基酸总量达15.58%，脂肪含量低于普通猪肉的37%，每100克猪肉胆固醇含量为42.7克。赵伟雄告诉笔者："4年后的'牛奶猪'都被预订完了。"

　　据了解，每头"牛奶猪"每天要喝6升左右的牛奶，从开始喂牛奶到"牛奶猪"出栏，每头"牛奶猪"要喝大约700升的鲜奶。"牛奶猪"的出现，带动了西充县更多的农户养殖奶牛。"我们收购的鲜奶一般要比市场价略高，很受奶农欢迎。"赵伟雄说，下一步他准备养殖 100 头有机奶牛，并发展 1.5 万头"牛奶猪"养殖户，带领乡亲们一起致富。

第七节 喝酸奶长大欢笑猪

在当前国内部分商品出现了消费低迷的情况下，最近在北京、天津、苏州等地的一些超市里，有一种每千克 70 元的猪肉却卖得叫响。在春节期间就卖出了 3 万千克，销售收入达 100 万元。这就是"彼得博"乳酸猪肉，号称"喝酸奶长大"的欢乐猪。

目前记者来到了这家坐落于天津市宝坻区的天农康嘉生态养殖有限公司采访，董事长余品良是留美的营养学博士，他的外国名是彼得，他不仅给可爱的猪取了自己的名字"彼得博"，还风趣地让商标里的小猪带上了博士帽，他回国创业是想宣传一种养猪的理念，做出安全、营养、美味的猪肉产品。

在公司的核心繁育场参观，记者看到小猪们吸吮着像婴儿用的一样的奶瓶，而大猪通过营养管道来喂"酸奶"，这就是余博士带领他的技术团队研发出的高科技生物产品——"康嘉营养素"。它能够增加有益菌在猪肠道里停留的时间并提高其吸收能力，还增加猪的免疫力。由于有了特殊的饲料，所以不需要加任何香味剂、抗生素等非营养性添加剂，猪肉的营养成分高而且猪肉味香。猪肉通常不涮着吃是因为会有腥臊味，而在这里记者品尝到了不加任何佐料仍然味道鲜美的涮猪肉。

看到一个实验瓶里放着像土块一样的东西，闻一闻有点酸味，真没有想到这竟然是猪的粪便，特殊的饲料也使猪的粪便几乎没有异味。猪舍里由电脑来适时控制温度、湿度和氨气浓度，猪还可以听音乐、玩玩具。余博士提倡养猪要"以猪为本"，按照欧洲动物福利标准来养殖。繁育场的猪舍是地板采暖，地面干燥且暖，猪趴在上面很舒服。在这里取消了限位栏的应用，母猪都是单圈饲养。每个猪舍都配有运动场，运动场上夏天会支起蚊帐，冬天遮上保温设施。这里还设有公共游泳池，满足猪受滚泥的天性。余博士推行的标准化养殖场由一个拥有 1500 头可繁母猪的核心繁育场和两个育肥猪场组成，年出栏商品猪 3 万头。他并不急于扩大生产，想让猪养的保质保量，而随着生产的扩大将按照这样的单元再复制。目前生产的猪肉全部为有机或绿色食品，产品尽产尽销。

第八节　同样一头猪，身价两重天

一、山泉野菜运动场　天然养猪出奇想

双峰林场在宜丰县有"小庐山"之称，不仅山清水秀，空气清新，而且野菜资源丰富。富薪农民养殖专业合作社就位于这里。合作社负责人刘平光介绍说"这几年猪肉价格波动大，小型养猪场和散户很难把握市场，遇到价格下跌，往往血本无归。我们回归自然'土法'养殖，在降低生产成本的同时，猪肉价格提高了。而且，时下人们对饮食安全、健康和营养的讲究，也给了土猪肉不错的市场。"

库前村社员王守中从去年 4 月开始土法养猪，目前出栏 11 头，挣了近 7000 元钱。王守中说："猪种由合作社提供，生产期为 11 ~ 12 个月，每天吃野菜、米糠，喝山里的泉水，这种土方法养出来的猪，肉味特别鲜。"

笔者见一大堆鱼腥草在猪栏前，王守中说："鱼腥草有清热解毒的功效，每隔 10 天左右，我就煮鱼腥草汤给猪喝。"说话

间，王守中打开猪栏门，将猪放了出来。他笑着说："以前农村要放牛，现在要放猪了。"一天两次，每次让猪到户外运动10分钟左右，是王守中每天必做的一件事。

土法养猪周期近一年，划算吗？王守中对比以前的养猪方法，给我们算一笔账："以往行情好的时候，除去饲料、药品等成本，一头猪顶多挣80元钱，要挣7000元就要养80多头猪，按4个月一个周期，每个周期要养近30头猪，夫妻俩一天到晚都忙在猪场里。现在1年养11头猪，每头猪平均能赚600多元，一年的收入就能达到7000元，而且一个人足以应付。"

二、连散成片综合作，"土法"养殖起规模

在双峰林场东村，笔者碰到正在卖猪的合作社社员吴平兴。谈起养猪，吴平兴深有感触，以前养猪基本是养一次亏一次，有一年碰到猪瘟亏了6000多元，吓得不敢再养猪。现在跟着合作社养猪，销路不愁，价格还高。

刘平光说，养土猪，其实挣的是劳务钱，比较费工。如果由养猪基地大规模饲养的话，劳力不够，而且在市场还未开发出来之前，风险比较大。所以我们成立农民养殖专业合作社，由合作社统筹，动员农户进行饲养。

合作社鼓励农民养土猪，与农户签订收购协议，免费提供技术指导，而且对饲养5头以上的农户，每头奖励50元，猪的"医疗费"全包。合作社还负责对农户的养殖进行不定期的检查确保"土法"养殖。刚开始，大伙的养猪积极性并不高，但后来看到养殖户们都获得稳定的收益，入社农户越来越多。现在合作社的社员达到500多户。随着市场慢慢打开，散户饲养开始造成市场"土猪肉"供应的断挡。考虑这一因素，合作社目前创办了一个100多亩集野菜供应、猪运动场等于一体的养猪基地，年饲养规模可达600头以上。

三、思想不"土"猪肉"土"，品牌战略出好猪

商品要有品牌，才能更好地让消费者识别，并产生最大的经济效益。土猪肉如何才能在市场上占有一席之地，富薪农民养殖专业合作社的做法是走品牌路线，这在宜丰县城主要街道两边悬挂的"富茗"土猪肉的广告中可见一斑。

"猪肉土不土，一般消费者很难区分，为了让消费者容易区分和放心消费，我们不仅注册了'富茗'商标，做了大量的广告宣传，而且在农贸市场开设了专卖店，只要消费者到这些专卖店，就能买到真正的土猪肉。"刘平光说。

在宜丰最大的农贸市场，我们见到了"富茗土猪专卖店"。虽然与偌大的猪肉销售区相比，这家店显得很小，但前来购买土猪肉的人却络绎不绝。据店主介绍，这家店虽然开业不到半年时间，价格也比一般猪肉价格高出 70% 多，但购买的人特别多，生意特别好！

"进入农贸市场只是第一步，我们还准备把土猪肉摆进超市。目前，合作社与城区几家大型超市都谈妥了，有望在近期打入超市。再下一步就是打入宜春、南昌等周边地区。"刘平光野心勃勃地说。

第九节　养殖水果猪前景喜人

过去听说过喝牛奶、听音乐长大的猪。你听说过吃水果尤其是吃不打农药的绿色水果长大的猪吗？在天津市蓟县穿芳峪镇大巨各庄村，笔者看到孟学军的两百多亩果园里，就有一群每天三餐都是吃绿色水果的快乐小猪。

在蓟县穿芳峪镇大巨各庄村北的山场上，笔者看到，全身长满黑色或者是棕色皮毛的散养猪正悠闲地在果树下漫步，时不时

地吃着散落在地上的新鲜可口的水果。在一棵红果树下，更有四五头散养猪躺在满地的红果上休息。

随着生活水平的不断提高，绿色无公害、有机食品越来越受到人们的青睐。53岁的孟学军瞄准市场，从今年2月开始在自己的果园里散养传统黑猪。孟学军的果园里有杏、桃、梨、苹果、柿子等十几种果树上千棵，给小猪们提供了丰厚的水果食物。孟学军说："小猪开始就吃草和青菜，紧接着是16棵桑葚树天天掉一层黑桑葚、白桑葚，小猪爱吃着呢，桑葚吃完了就吃杏，杏吃完了就吃桃，现在就吃梨。水果树从开始就不打农药，水果零碎着掉下来，猪在底下零碎着吃。"

看着活蹦乱跳的"水果猪"让人喜爱。然而，在养殖初期并不是一帆风顺。孟学军说："开始把猪撒到山上去后失败了，买来的30多头猪，最后就剩3头了，都死了。"

经过摸索和实践，孟学军逐步总结出养殖"水果猪"的方法。为了保证猪肉的纯绿色、无公害，他从不给猪打针吃药，以致小猪从最初的170多头只剩下110多头。由于这些散养猪主要以水果为主，不含任何添加剂的玉米、豆粕饲料只占到食物的三分之一，再加上运动，孟学军的散养猪体重增长的特别慢，一般圈养家猪4个月达到300多斤就可以出栏了，可是孟学军的散养猪到10个月才能出栏，每头猪的体重大约只有280斤左右。由于"水果猪"猪肉的品质高、味道鲜美，尽管价格高于传统猪肉，仍然深受消费者喜爱。孟学军说："这个'水果猪'目前在周边地区还没有。我想，以这种饲养方法为试点，带动周边群众发展养猪致富。"

第十节 羊奶喂出高价猪

陕西省安康市宁陕县金川镇大学生胡理楷成为当地第一个给

生猪喝羊奶的养殖户。3 年来，他饲养的生态猪 1kg 售价高达110 元，受到市场的青睐。

第十一节　黄金梨小香猪串起循环经济链

"220 亩黄金梨现在基本收获完毕，今年收获 150 万斤，平均每斤卖到 7 元，除去成本，效益相当可观。而且我还养了一批小香猪，跟黄金梨种植实现了绿色循环，效益很好啊。"

近日，笔者来到山东省胶州市杜村镇肖家洼村的韩国黄金梨种植基地参观，负责人苗增春跟笔者合算了今年的收入。

穿过梨园，笔者跟随苗增春来到广西巴马小香猪养殖基地，里面干净整洁，没有猪舍常有的臭味。10 多个隔间里，小猪正在欢快地吃奶。"这种广西巴马香猪，体积较小，生长期短，一般 5 个月能长到 20 斤，就可以出栏。"苗增春介绍。

自从 2002 年种植黄金梨以来，苗增春曾经为修剪下来的大量梨枝和梨的追肥问题犯愁。一次偶然的机会，他看到电视上介绍绿色循环农业，一下子受到启发，心想自己也可以搞养殖，正好解决粪肥的问题。他把眼光瞄向了近年来很火的巴马香猪。"这种猪肉质鲜嫩，颇受饭店、宾馆、酒楼欢迎，是烤乳猪的好原料，一头烤好的香猪能卖到 900 元。"

为了给香猪提供良好的生长环境，苗增春投资修建新猪舍。这种香猪原产地在广西，所以室内温度不能低于 20℃，苗增春就把猪舍和火坑结合起来，让小猪睡在火炕上，用修剪的梨枝烧火，一举两得。他的这一做法引起了附近村民的好奇，纷纷来参观他的猪舍。苗增春致富不忘乡邻，总是热情地教授大家技术。"今年的出栏量估计能达到 1500 头，目前光种猪已经卖了 40 多头，每头种猪卖到 3000 多元呢。"苗增春还找到一条致富好途径，就是出栏生猪和白条猪，每头售价也高达 800 多元。

小香猪不仅经济效益好，产生的粪便也是宝，以往给梨树追肥要到外面购买猪粪和鸡粪，现在有了小香猪的粪便，一年能省下六七万元肥料钱。"以前只能春秋两季给梨树追肥，养了猪以后，随时都可以追肥。而且用有机肥种出来的黄金梨成了纯绿色食品，很多客商都慕名而来，还没到收获季节，梨就已经被订光了，今年我的黄金梨最远卖到了四川。"

提起黄金梨，苗增春还有一件烦心事，就是那些有破损的梨，为了保证品质，这样的梨不能装箱，自己又吃不完，每年都会浪费很多，现在这个难题也解决了。苗增春和北关新美香食品有限公司签订了合约，用有破损的梨加工梨干。

苗增春的绿色循环农业越做越好，今年他又扩大规模，在明山岭上承包了 200 亩林地，种植树莓、核桃、杏树、桃树等，真正实现了经济效益和生态效益双丰收。

第十二节　"森林音乐猪"卖的是生态价

在四川省邻水县龙安镇夜光村村民邓友全办的绿色森林猪养殖场，笔者看到他养的森林音乐猪不是一般的猪，居然可以卖出每千克80元的高价。近日，笔者前往夜光村探访邓友全的成功秘诀。

2010 年年初，40 岁的邓友全返乡，用借来的钱买了 10 头仔猪。为节约粮食，白天，他将小猪赶到林中吃野草，晚上再赶回家中喂少量玉米和米糠。让他欣喜的是，放养的猪所需饲料少，成本不到圈养的 1/3。2010 年年底，已经定居成都的邻水人甘玲回乡探亲，听说邓友全在森林里放养家猪，就买了几头。几天后，甘玲打来电话说，这种猪的肉质不逊于野猪，开价每斤 40 元，买下了所有猪，同时还预定了来年 45 头"森林猪"。

初尝甜头的邓友全决定扩大放养规模。2011 年年初，他借来 12 万元，在山上搭猪圈建养殖场，买回 20 头母猪自繁自养，产下的所有仔猪不喂饲料，全部在森林放养。

去年 3 月，邓友全在报纸上看到，播放音乐对猪的成长有利，他马上在森林里拉线安音箱，亲自搞起了试验。"没想到这些猪还真的对音乐有反应。自从有了音乐熏陶，这些生猪越来越聪明，天黑了它们还能自己回到养猪场呢。"邓全友指着正在森林里戏耍的猪说，"你看，这几头猪摇来摇去，那几头猪在地上打滚，它们都在随着音乐'跳舞'啊！"

邓友全决定，将自己的猪命名为"森林音乐猪"，这个概念打出去后，猪越来越好卖，客户的反映都很好，说猪肉很有糯性，连肥肉都不腻口。"2011 年一算总账，他放养的 60 头猪除去成本，赢利 30 多万元。

"森林音乐猪"销路好、评价高，2012 年年初，邓友全决定再次扩大规模。然而，夜光村交通不便成了他创业路上的拦路虎。邓友全决定自己出资修路。今年春节后，邓友全开始在照管猪仔之余修路。路通后，邓友全先扩大养殖场，又将生猪数量增加到 100 头。截至目前，邓友全喂养的 100 头猪已经销售一空。

养猪规模增加，会不会对森林生态环境造成影响呢？邓全友摇头道："当然不会。这片森林方圆 2000 多亩，我每天将猪放出去的时候，都往不同方向赶。"对此，邻水县畜牧局局长李明华表示认同："森林里动植物本来就长期共存，2000 多亩的森林空间，就算放养上千头生猪也不会破坏森林生态。"

他已经在龙安镇党委政府的帮助下，注册了"森林音乐猪"的商标，"明年订单已经有 3000 多头了，我还将扩大规模，把'森林音乐猪'养得更好。"

第十一章　世界养猪先进国家最新技术动态

第一节　我国养猪业与世界养猪强国的差距

以下是世界养猪先进国家的各项经济指标，可以看出我们与世界养猪强国还存在一定的差距。

1. 肉料比：丹麦世界公认的养猪王国，他们养猪肉料比为 2.4：1 ~ 2.8：1，世界养猪先进国家的美国养猪肉料比为 3.00：1；而我国养猪的肉料为 3.70：1 ~ 4.00：1。

2. 世界养猪先进国家良种率为 100%，而我国只有 30% 多。

3. 母猪繁殖率，丹麦年均产仔 27.15 头，而美国为 24.35 头，而我国年均 16 ~ 17 头。在美国不管规模多大的猪场，母猪年均产 19 头仔猪就得亏损关停。

4. 仔猪成活率：美国为 95%，而我国只有 84%。

5. 母猪年产仔窝数，美国、北美、日本等国，母猪年均产仔 2.41 窝，而我国只有 1.7 ~ 1.8 窝。

6. 生猪出栏率：世界先进国家平均 160%，而丹麦为 168%，而我国只有 125%，如美国某猪场养猪 90 多万头，有一年存栏减少 4.2 万头猪，由于成活率多，出栏率高，产肉量不但没有减少，反而增加。

7. 世界养猪先进国家，由于采用自动化，电脑的数字化控制等先进设备，万头猪只用 3 个人。这些指标的差距最后体现在养猪成本上。

8. 世界养猪先进国家养猪成本很低。美国养的育肥猪，2011 年每千克为 9.50 元，欧洲每千克为 11.50 元，而我国每千克成本为 17 元左右，我国是美国的 1.79 倍，欧洲的 1.48 倍，因为如此大的价格差距，在我国猪肉短缺时，美国、丹麦、加拿大的猪肉大量涌入我国市场。

第二节　世界先进国家最新养猪技术措施

1. 合作母猪场：在美国若干个种猪场共有一个饲养 1200 ~ 1600 头母猪场。一般每个母猪场有 8 个股东，取决于仔猪在保育舍内停留时间。每个股东要接收母猪场在一周内所生产的全部断奶仔猪。当这些猪离开保育舍后，该猪场再从母猪场接收又一批在一周内生产的全部仔猪。合作母猪场是全进全出式猪场的重要组成部分。这种方式有利于提高管理效率，并在两批猪之间实施更彻底的清洗消毒。

2. 仔猪个别断奶与隔离饲养法：仔猪 2 周龄左右断奶。把较重的仔猪可提前 2 ~ 3 天断奶，使体重较小、瘦弱的仔猪能有机会吃到较多的母乳，从而达到较大的断奶重。据研究，断奶体重超过 6.5kg 的仔猪能比断奶体重低于 5kg 者提前 7 天达到上市体重。把断奶仔猪放到远离母猪场的保育猪场饲养，以减少某些疾病的垂直传播。隔离饲养法可提高母猪的年产仔数和每个产仔栏的年产仔数，但可能会减少下一窝的产仔数的产仔率，要求对提前断奶的仔猪进行较高水平的管护。

3. 一条龙饲养法：把断奶仔猪直接从母猪舍转移到肥育舍，养至达到上市体重。从而减少了从母猪舍到保育舍这一传统环节，避免了由此对猪产生的一些应激反应。此法的主要优点是环境稳定，增重较快，劳力和运输费用较低；缺点是猪舍利用率较低，不能像往常那样做到每栋肥育舍每年养两批猪。一条龙饲养法还要求肥育舍有较好的保温性能，饲养员有较高的技术水平。

4. 给猪"搬家"育肥：美国密苏里州大学试验表明，给育肥猪换圈，可使猪增加食欲，生长加快。但换圈不宜过勤，以每月一次为宜。圈的大小、形式要基本相同。每组猪群不要任意调换或掺入新猪，否则猪群会感到不安，甚至相互咬斗。

5. 母猪阶段饲养法：母猪在怀孕和泌乳期内消耗大量的体内储备营养，主要是脂肪、蛋白质和矿物质。在泌乳期的最初几周内，母猪的背膘可减少 30%。为使母猪再度发情，必须迅速重建营养贮备。母猪阶段饲养法至少包括 4 种饲料：泌乳后期料、配种前期料、配种后期料和怀孕后期料。断奶后每天增加 300 千卡摄入量，可使窝仔数约提高一头。所增加的能量必须是淀粉的形式。从淀粉产生的葡萄糖可刺激排卵。有机微量元素也有利于恢复母猪体内的微量元素储备。

6. 细致的记录与环境控制：在美国，将畜牧养殖与环境保护及现代生产设备应用融为一体。养猪业造成环境问题主要是粪臭气。控制臭气的办法包括：装置昂贵的污水处理设施、改变饲料中的蛋白质和矿物质含量、饲料中加入丝兰属植物撮取物或酶等添加剂等。很多猪场采取在法律和道义上对环境保护负责的态度。90% 以上的猪场已采用电脑化的记录方法。生产者将生产记录和财务记录结合起来，通过计算机记录计算，精细控制，以降低生产成本。

7. 使母猪多产仔饲喂法：德国畜牧专家研究的方法是，从仔猪断奶的第三天起，在给母猪喂食时添加 200mg 维生素 E 和 400g 胡萝卜，到母猪发情时，将这两种添加剂减少 50%，喂至怀孕后 21 天为止。采用为种办法，可使母猪产仔数增加 21.9%，而且母猪、仔猪体质强壮，仔猪成活率高。

8. 喂柠檬酸增重：英国研究人员发现，在猪饲料中添加柠檬酸，能增加饲料的适口性，改善猪对营养物质的消化吸收能力，提高饲料的转化率。在每千克饲料中添加 30 克柠檬酸，可使猪从日增重 189 克提高到 216 克这种方法，最适合喂养体重在 5kg 至 10kg 的断奶猪。

9. 甲酸钙增肥：据芬兰研究发现，在仔猪断奶后头几周饲料中添 1.5kg 甲酸钙，可使仔猪的生长速度提高 12% 以上，饲料转化率提高 4%，并能减少仔猪的发病率。

10. 喂含氧汽水增重：据国外资料介绍，用含氧汽水喂养断奶小猪，每隔 5 天给断奶小猪饮用 1 次，小猪日可增重 200 ~ 250 克，其中含氧汽水就是在普通的饮水中加入一定比例的氧气，通常是 1 升水中注 1 升氧。如能在汽水中加些催肥剂之类的添加剂，效果更好。

11. 喂维生素 C 提高精液品质：德国研究人员发现，在公猪的饲料中，每天添加 1 ~ 4 克维生素 C，可使公猪的精液品质明显提高。另外，美国试验还证明，在临产前一周的母猪日粮中，每天添加 1 克维生素 C，可大大减少仔猪脐带出血及仔猪死亡率。

12. 喂小苏打增重：美康奈尔大学家畜博士斯蒂发现，将小苏打加到缺乏赖氨酸的猪饲料内，可以弥补赖氨酸的不足，并有利于粗纤维的消化吸收，使猪长肉多，增重快。

13. 红薯发酵喂猪：将红鲜薯去杂、去泥和烂块，粉碎成薯浆，拌匀即为红薯混合料。将混合微生物发酵剂，拌匀即为红薯混合料。将混合料的含水量调到 65% ~ 70%，再装入不透气、不漏水、消过毒的塑料袋或水泥池中。先在底层铺一层 25 ~ 30cm 厚的糠麸，然后倒入混合料，边装边压实，不留空隙，最后在顶层加盖一层糠麸。注意不要装得太满，以免发酵溢出汁液。用塑料膜严密封口压实，经常检查，有缝立即盖好。青贮发酵三天以后，发酵料有甜、酸香味时，即可取出料饲喂。

饲喂方法：根据猪的体重、年龄、性别等来确定饲喂量。一般仔猪、母猪、种猪、公猪要少喂，每天喂量应控制在日粮的20%左右：体重 35kg 以下的猪每天喂发酵红薯料和青饲料各1.5~2.5kg，配合饲料 0.8kg；35~60kg 的猪，每天喂发酵红薯料和青饲料各 3.5kg、4.5kg，配合饲料 0.9kg、1.1kg；60kg 以上的猪，每天喂发酵红薯料和青饲各 5~7.5kg，配合饲料 1~1.25kg。做到少给勤添，定时定量，供足饮水，以利于提高其肠胃的消化能力。

14. 黄霉菌素：德国人在猪饲料中添加一定量的黄霉菌素（仔猪饲料每千克加 5 毫克，肉猪饲料每千克加 20 毫克），结果使饲料转化率提高了 5% 以上，日增重提高 7%~10%。

15. 铜元素：日本人在育肥猪饲料中除添加抗生素以外，再加入微量的铜元素，可使猪食量大、活力强、增重快，饲料效率提高 8%，发病率也大大下降。

16. 沸石：日本人在猪饲料中添加 5% 的沸石用来喂肉猪，可节约 1/4 的饲料，使日增重提高 15% 左右，同时还能使猪减少胃肠炎、支气管炎、佝偻病和仔猪腹泻等疾病的发生。

17. 树霉酒：澳大利亚研究人员在饲料中添加树霉酒喂仔猪，结果使易患腹泻死亡的 3 周龄仔猪无一死亡，且长得很快。这是因为树霉酒能杀死脏水中的细菌，从而减少或避免了猪霍乱和其他肠道传染病的发生。树霉酒的添加量为每千克饲料 25~40 克。

18. 糖精：俄罗斯人将糖精溶解于水后，加在饲料中喂猪，可显著提高猪的采食量，日增重增加 7% 以上。糖精的添加量为每千克饲料添加 0.05 克。

19. 母猪饲料中添喂脂肪可增加产仔数量：据美国动物油脂提炼协会报道，用高脂日粮饲喂母猪，可以提高母猪的生产力。如给母猪在产前和泌乳阶段饲喂高脂日粮，可从每头母猪多得

0.4 头仔猪。从增加小猪销售数所得之收益大大超过给母猪饲料中添加脂肪的成本。因此，可以提高饲养母猪的经济效益。

内布拉斯大学进行了为期两年的母猪试验证明，从妊娠109 天左右开始给母猪饲喂高脂日粮，所产仔猪的初生成活率可提高 8% ~9%，或每窝可多得 0.4 头仔猪。而且吃高脂日粮母猪所产的初生仔猪肝糖较高，即能量贮存量较高，从而可以防止仔猪低血糖的发生。此外，饲喂高脂妊娠—泌乳日粮母猪的乳脂含量较对照组高 25%。

给初产母猪饲喂含脂高量的日粮，也可获得较好的效果，初生仔猪的成活率超过经产母猪 8% ~9%，以往常常出现初产母猪哺育大窝仔猪且乳量很高时，因断奶后不能发情而被淘汰，如果从妊娠后期开始给初产母猪喂高脂日粮，断奶后发情率可达92% ~96%，从而可以保留含有高产基因的母猪，使整个猪群繁殖性能得以提高。

因此，饲养母猪的农户不妨一试，在妊娠母猪的日粮中添加适量脂肪，以提高母猪的生产力，进而增加养猪的收入。

20. 采用红光照射法养猪：据匈牙利畜牧专家试验，在猪的生长育肥阶段进行红光照射，饲料利用率可提高 15%，日增重比原来增重 100 克，并可提高育成率，以每天照射 12 小时，光照强度 10 ~12 勒克斯为宜。每平方米的猪舍中，离地面 1 米处安装 1 盏 15 瓦的红色灯泡即可。

21. 提高仔猪体重和体质的新方法：刚出生的仔猪，体质差、抗病力弱、死亡率高。英国研究人员经过试验证明，给母猪饲喂高蛋白饲料，能够增强仔猪的体质和提高体重。具体做法是：在母猪分娩前 2 周开始，给母猪喂含粗蛋白 18% 以上的高蛋白饲料，一直喂到断奶期；断奶后再改喂普通低蛋白饲料。采用这种方法，不仅能提高仔猪的出生体重和断奶体重，减少患病率，而且还能够提高母猪的速产性和怀孕率。

第三节　美国《动物科学》报道的猪复配新技术

1. 常规配种后，使用结扎精索的公猪复配，可促进排卵和受孕。发情母猪常规配种两次，间隔 12 小时。每次交配 15 分钟后，再用结扎精索的公猪复配，受孕率可达 100%。相比较，不用结扎公猪复配的，受孕率仅 84%。科研人员建议把这种新技术用于人工授精。人工授精后，用结扎公猪复配，既提高了受孕率，又免除了后代不纯的现象。

2. 交配时要选当天未配过种的公猪，配种后母猪就地休息半小时以上，不要立即赶运，以保证输精量不外泄。

3. 外国洋猪并不低产，改革开放之后，世界各种名猪大批引进我国，母猪是养猪业效益核心群体，号称"小银行"。这些名猪进入我国之后，产仔率很低，让全国的养猪专家和企业家大伤脑筋，多方面找原因想办法，但至今高产的迹象还没有出现。我们认为：外国的高产母猪不肯出卖；国外的高产母猪的特征我们还没有掌握，所以引进优质种猪，并不优质，可以说全都是需要屠杀商品猪，国外的大约克、长白猪、杜洛克猪在人家那里都高产猪。如：湖南省嘉禾县城关镇麦塘村李干元饲养一头中约克母猪，从 1980 年到 1988 年每年产仔 3 窝，评价每窝产仔 10.5 头，8 年间这头母猪共产仔 250 头，平均每年提供仔猪 31.25 头，成活率 97%，平均体重 17kg。

山东省宇阳县茅庄乡前望峰村宁万平饲养一头中约克母猪，从 1982 年到 1989 年，每年产仔 3 窝，每窝 10 头左右，近 8 年来这头猪共产仔 250 头，成活率 97%，平均年提供仔猪 32 头。事实证明，国外的母猪多数是高产种猪，但是好种猪我们没有引进，外国加以控制。如日本和牛，是世界的高档肉牛品种，日本称其为国宝，不兴外卖，如果没有胚胎移植技术发展，我国也不可能有日本和牛的产出。所以我们应积极学习外国先进经验，为自己所用。日本的茶叶猪我国已经试验成功并投入了市场，并取得了很好经济效果。